复旦大学文艺学美学研究中心编

中文社会科学引文索引(CSSCI)来源集刊

美学与艺术评论

JOURNAL OF AESTHETICS AND ART REVIEW

朱立元 主编

陆扬
汪涌豪 副主编

总第二十七辑

2023年第2期

山西出版传媒集团

山西教育出版社

图书在版编目（CIP）数据

美学与艺术评论. 第 27 辑 / 朱立元主编. — 太原 ：
山西教育出版社,2023.12
ISBN 978-7-5703-3754-5

Ⅰ.①美… Ⅱ.①朱… Ⅲ.①美学—文集②艺术美学
—文集 Ⅳ.①B83-53②J01-53

中国国家版本馆 CIP 数据核字（2024）第 007339 号

美学与艺术评论　第 27 辑

MEIXUE YU YISHU PINGLUN DI27JI

责任编辑　康　健　王浩亮
复　　审　邓吉忠
终　　审　刘晓露
装帧设计　李　珍
印装监制　蔡　洁

出版发行　山西出版传媒集团·山西教育出版社
　　　　　（太原市水西门街馒头巷 7 号　电话:0351-4729801　邮编:030002）
印　　装　山西万佳印业有限公司
开　　本　787×1092　1/16
印　　张　15.25
字　　数　286 千字
版　　次　2023 年 12 月第 1 版　2023 年 12 月山西第 1 次印刷
书　　号　ISBN 978-7-5703-3754-5
定　　价　85.00 元

如发现印装质量问题,影响阅读,请与出版社联系调换。电话:0351-4729718

《美学与艺术评论》编辑委员会

卷首语

　　在本期发稿之际，正值中国当代著名美学家、本刊第一任主编蒋孔阳先生百年冥诞。复旦大学中文系与本刊联袂《学术月刊》《探索与争鸣》两家名刊，召开了《当代美学的新拓展：蒋孔阳先生百年诞辰纪念暨学术研讨会》。在学术研讨会上，来自全国高校、社科院美学研究者、学术期刊编辑及蒋先生家属、弟子济济一堂，共同缅怀先生的精神风范和学术贡献。蒋孔阳先生是当代美学家的杰出代表，他博采众长、承上启下的美学思想是一种通向未来的美学，具有鲜明的独创性与开放性，它被誉为"中国当代美学研究的总结形态"；蒋先生把生命和美奉献给人间，达成精神境界、学术境界和人生境界的高度统一。本刊正是在先生悉心努力下于1984年创刊的，几十年来，我们始终遵循先生为本刊制定的"坚持学术的自由探索，坚持理论的前沿性和原创性"的办刊宗旨和实事求是的学风。目前本刊已由不定期改为定期，并已成功入选为 CSSCI 收录集刊。为此，本期我们特辟专栏，以纪念本刊的创始人蒋孔阳先生。这一组文章是曹俊峰教授的《回顾蒋孔阳先生在美学上的杰出贡献》、姚君喜教授的《两代学人的美学超越》、罗曼副教授的《蒋孔阳实践美学的披荆之笔与思维效应》。从老、中、青三代学人的视野，来谈对蒋先生美学思想巨大影响的新思考，非常有启示。这其中曹俊峰特别谈到一个细节：蒋先生带研究生，以打基础为先。他记得入学之初，蒋先生布置给他、张玉能、朱立元三位第一届研究生精读的第一部书，就是马克思的《1844年经济学哲学手稿》，要求分析全书结构，写出全书内容的纲要。曹老师说，当时国内只有何思敬先生的一种中译本，译文艰涩，后来对照一个俄译本，方稍明朗。一周后呈上全书结构和纲要，他至今还记得蒋先生在他的作业本上写的评语是三个字：很清楚。曹俊峰后来又专攻德语，不但著述繁多，且翻译过700多页的《康德美学文集》，近译则有阿多诺名著《新音乐的哲学》，只是耕耘，不问收获，有先师的名家风范。

本辑头条是上海学术贡献奖获得者陈伯海教授的特稿《漫议"中国文论"构建之路——从王国维、朱光潜、宗白华说起》。陈先生认为，王国维、朱光潜、宗白华三人虽不足以概括近现代中国学界对构建"中国文论"乃至"中国美学"努力的全部，却是其中极具代表性的三位。如果说，王国维主要是立足传统并吸取若干西学因子以开创面向现代之路，大体算得上"中体西用"，则朱光潜的《诗论》以西学观念阐释中国传统诗歌理论与实践，即属于道地的"西体中用"；至于宗白华由学习西方现代美学进而大力倡扬中国传统艺术经验，由此来打造能适应当前社会生活及其精神向度的"中国美学"，更俨然有"会通中西"的用意。故而考察三人的探索道路，对于今天"中国文论"的创新建构，不但具有理论意义，同样也具有实践意义。

本辑的文章分为"西方美学""中国古代美学"和"当代艺术理论"三个板块。限于篇幅，刊发文章就不逐一推介了。"西方美学"部分，章文颖的《作为他者的自我——谢林美学中无意识理论的建构与演进》顾名思义，谈的是作为德国观念论哲学的代表谢林，对无意识理论的现代转向，如何起到了里程碑式的作用。故而如何成为人所谓的"第一个以现代思维中的重要方式使用'无意识'这个术语的人"。文章结合前后期谢林哲学思想的演进过程，从无意识与自然、自我、艺术和自由的关系四个方面，尝试系统勾勒谢林无意识理论的概貌，颇有新意。陆扬的《中世纪神学的空间想象》，选取朱光潜先生《西方美学史》中世纪章节中讨论的奥古斯丁、托马斯·阿奎那和但丁三位大家，来谈他们的空间想象。奥古斯丁最终认定上帝以"道"（Logos）创造世界，在这之前没有时间，也没有空间。阿奎那断言世界的存在有赖于上帝的意志，故世界并不必然永远存在。但丁《天国篇》安排阿奎那为太阳天的主人，自有深意。然而最终以最高天光辉灿烂的白玫瑰意象，展示了冠盖一切的无与伦比的美。文章亦颇有新意。

"中国古代美学"部分，李昌舒的《西方理论视野下的宋学精神与北宋审美》以现代阐释学为参照，谈北宋士人在文、诗、词、书法、绘画等方面如何别开生面，创造了中国古代美学史上又一个高峰，进而脱胎换骨为宋代审美文化的一个基本特征。就李健和杨柳的《刘勰的"正变"文学观及其理论价值》来看，"正变"作为中国古典美学的核心思想，由来已久且影响深远。刘勰以《周易》"正变"美学思想为基点，提出了"质文代变，变故存正"的文学发展观，"弃邪采正，执正驭奇"的文学创作观，以及"义正辞变，崇正酌变"的文学批评观。文章对此有深入思考，值得一读。石长平的《中国古代堪舆学理论中的环境美学思想》，则尝试分门别类，比较系统地讨论中国的风水美学，认为它不但是有别于生态美学的环境美学，甚至就是地理美学。

"当代艺术理论"部分刊发的两篇文章，则分别讨论了新文科建设背景下文学与电影的比较，以及美国20世纪60年代"大地艺术"中的禅宗因素。

本辑最后刊发了纽约新学院哲学系主任、本刊老作者保罗·考特曼与在新学院做联合培养的复旦大学博士生刘宸的访谈《从"艺术的过去"到爱的人文伦理》。考特曼是黑格尔研究和莎士比亚研究的专家，就哲学与文学这两位巨擘展开互文阐释，一如既往是他的本行。艺术终结论并不见于黑格尔本人的表述。反之当艺术成为过去的历史时，我们对艺术的敬仰才会增强。用考特曼所引黑格尔本人的话说，便是"所以艺术的科学在今日比往日更加需要，往日单是艺术本身就完全可以使人满足。今日艺术却邀请我们对它进行思考，目的不在把它再现出来，而在用科学的方式去认识它究竟是什么。"莎士比亚的《暴风雨》在考特曼看来，是精彩绝伦地预演了黑格尔的上述观点。

本刊编辑部
2023 年 10 月

目　录

漫议"中国文论"构建之路
——从王国维、朱光潜、宗白华说起

陈伯海 *

内容提要:

建设具有现代性能的"中国文论"的口号，在新世纪之交有关"古文论现代转换"的大辩论中即曾提出，而今更进入紧锣密鼓式的探讨。实际上，我国近现代一批知名学者，如王国维、朱光潜、宗白华等人，已然行进在这条道路上，且取得了一定的经验和业绩。审视他们的成果并总结其经验教训，当大有利于推进此项工作，使之逐步趋向成熟。

关键词:

传统资源；当代意识；中外结合；推陈出新

建设切合当今需要的"中国文论"问题，近两三年间一些相关人士讨论得很热闹，实际上，这一问题在世纪之交有关"古文论现代转换"的激烈争辩中即已萌发。有人积极主张对"古文论"加以创造性转化，使其得以更好地融入现代社会及其文化的建设活动，但也有人严加质问道："你们要把古文论'转换'到哪里去？'转换'后的文论还算不算'古文论'？"于是在一次古文论学会的年会上，即有学者郑重建议，我们从事的学科不应局限于"古文论"，应改称"中国文论"，就好比中医渊源于传统医学，但不称之为"古医"而名曰"中医"，便于与"西医"对举并列。我当即表示赞成这个想法，但提出了一点质疑，即"中医"眼下的职责并不限于保守和清理传统医学资源，他同西医一样仍活跃在当下，仍在从事给病人把脉、

---

* 陈伯海，男，1935 年生，湖南长沙人。上海社会科学院文学研究所研究员，主要研究方向：中国古代文学与文论。

处方、针灸、调理等一系列医疗活动，自不能归为"古医"而须称"中医"。回看我们从事的"古文论"专业，它原先也是作为活生生的诗文评点以及小说、戏曲评点而活在"当下"的，但进入现代社会之后，因难以与新文学乃至新思想相契合，遂被搁置一旁而仅作为文化遗产予以清理传承，至多以"批评史"的名义将其整合成历史形态的叙述，实际上解除了其现实的功能。长期停留于这样的状态之中，要从"古文论"跃升至"中国文论"，看来会有一定难度。若立意打造依托传统资源而又具现代性能的"中国文论"，亟须适当改造我们的"古文论"，前提是改变我们的研究方法，即不能光停留于文本考订、注释、串解乃至历史整理的层面上，当力求从既有资源中发掘其尚有活性潜能的因子，更以我们自身的创造性研究予以"激活"，使之适用于现代社会及其文化建设。按哲学大师冯友兰的说法，乃是将对前人的"照着讲"转变为"接着讲"，通过传统资源的现代阐释让其焕发新意，这也便是构建"中国文论"的必由之路了。实际上，这个论题非自今人发端，近现代一批有识之士，如王国维、朱光潜、宗白华等都已开始行进在这条道路上，尤其是宗白华明确提出构建"中国美学"的设想，并做出了很有创意的实践。回视他们走过的路，总结其经验与教训，或将有助于我们今天的建设工作，本文即做大胆一试。

（一）

王国维作为近代学者的先行者，主要活动于 20 世纪初期，其学术理念大体仍立足传统，但已受西方康德、叔本华等思想的濡染，具见于其《人间词话》为代表的词学批评之中，我们即以其词论来探测其诗学主张。

众所周知，王氏论词以"境界"（或曰"意境"）为尚①，"境界"或"意境"之说皆承自传统，但王氏在阐释中自有其发明创新之处。

按其所述，"境界"（"意境"）系由情意与境象二端合成，或以"情"（意）胜，或以"景"（象）胜，二者不可或缺，且皆须"真"。须加注意的是，所谓景物之"真"，非谓其属实有之物象，乃缘于渗入其中之诗人情意感受为"真"。所举例子如"红杏枝头春意闹"，着一"闹"字而境界始出，"云破月来花弄影"，着一"弄"字而境界亦出，着眼点均在词人真切感受之传达上，可见"情意"实居于境界之主导位置。还要看到，王氏所属意的"真情"，又并不等同于人们日常生活中偶发的各种感受。《人间词话》里鲜明地反对"游词"和"儇薄语"（以其属一时

---

① 按："境界"与"意境"之称，皆沿自传统，王氏论词亦常并用。"境界"多用于标示词的整体性能与艺术高度，"意境"则或有以"情意"与"境象"相结合作为词的构成方式的意味，但根底并无实质性差异。

之念想与戏言，非出自衷心认可），进以主张"艳词可作，唯万不可作儇薄语"①，甚至认为一些被目为"淫鄙之尤"的率意言情之作，因其情真意切而读来"但觉其精力弥满""亲切动人"②。这个看法显然已突破传统"温柔敦厚"诗教的匡范，而略具近代个性解放的色彩，可视为王氏"境界"说的新意所在。

在标举"境界"论词的主旨之下，《人间词话》进而提出"有我之境"与"无我之境"这两大类别。前者指以词人自身之情意活动为直接观照对象，故所成境界中多显露"我"之身影，欣赏时也重在"观我"；后者则多以外在物象为观照对象，词人之情意大抵潜伏其中而不显痕迹，欣赏重点也在于"观物"。实质上，不管"有我"与"无我"，皆有词人之情意感受在，否则不成其为"意境"。

还要看到，这里所谓的"我"，仅就词中所表现的对象形态而言，至于观照的主体则另是一回事，这就是王氏所谓"观我之时，又自有我在"③一语所突出的涵义。它将作为表现对象的"我"与充当观照主体的"我"明确地区分开来，且不管前者取隐或显何种姿态，而后者作为词、"主体"且负有统摄材料成一整体的责任始终不变。这两个"自我"的分立，明确体现了王氏文艺审美观中主体意识的发扬与强化，亦是其步入近代学人行列的一个重要标志。

在阐明"境界"的内涵及其基本类别之后，《人间词话》对词境建构的途径也作出了自己的解说，这就是"能入"与"能出"这对范畴所要说明的问题了。"能入"意谓词人首须进入并真切感受其所要表达的物象境界，即所谓"与花鸟共忧乐"；"能出"则特指其于感受之余，又能凭借自身的观照能力，以实现对具体物象的超逸性把握和提升，即所谓"以奴仆命风月"。"入乎其内，故有生气；出乎其外，故有高致"④，二者交相为用。但总体上说，"入"仍是"出"的先决条件，未"入"就谈不上能"出"；而"出"又是"入"的进一步拓展，它要求词人运用自己的观照能力，将感受中初步形成的物我交融境界更上升至理性反思的高度上来予以新的体认。以"出入"说来解说"境界"的酝酿成形及其进一步深化的取向，是王国维对传统诗歌"意境说"的重要总结和提升。

缘于"能入"和"能出"的运作功夫不在一个层面上，以此来区分词境之高下，便成为王氏论词的另一个重要批评标准。他据以考察唐宋词坛上众多作者，其崇尚北宋而贬抑南宋的观念虽被人目为一偏之见，却自有其理论依据。不过"出入"说的核心意义还在于突出了审美主体的能动创造作用，特别是其寓于具体生命

---

① 周锡山编校：《王国维文学美学论著集》，太原：北岳文艺出版社，1987年，第382页。

② 同上，第367页。

③ 同上，第397页。

④ 同上，第367页。

感受活动中的理性反思功能。如果说，以"能入"为标志的诗人对生命境界的体验心理（即"物我同一"境界），在前人有关诗歌意境的阐说中多有涉及，则以"能出"为指向的主体反思作用的强调，则传统诗论中尚不多见。且就王氏的命意而言，"能出"还不限于一般性的反思，乃是要求将"入乎其内"所获得的具体感受经反观、粹炼而提升至具有哲理意味的高度上来加以体认，如其所谓南唐中主词"菡萏香销翠叶残，西风愁起绿波间"之句"大有众芳芜秽，美人迟暮之感"，以及晏殊"昨夜西风凋碧树，独上高楼，望尽天涯路"词近于诗人之"忧生"，冯延巳"百草千花寒食路，香车系在谁家树"词近于诗人之"忧世"①，而宋徽宗《燕山亭》词虽真切动人而仅限于一己之身世情怀，未若李后主词泛述人生感慨，"俨有释迦、基督担荷人世罪恶之意"②。比拟未必尽然贴当，而企求将个人生活经历提升至理性反思高度的宗旨则皎然可见，这应该说是《人间词话》超轶于既往诗词批评传统的一大亮点。

从"能入"与"能出"关系的把握上，王国维又对词境作了"常人之境"与"诗人之境"的新的界分③。依据他的解说，一般抒述悲欢离合、羁旅行役之情的作品，大抵属于"常人之境"，其所写情事多为普通人众有所经历且能感受得到；只有那些"高举远慕"且具"遗世独立"情怀的作品，才称得上"诗人之境"，也只有具备人生哲理意识的诗人和哲人始得以进入其境界并加以领悟。不难看出，对词境的这一分判，恰与其"出入"说紧紧相关联。"能入"而尚未"出"，打造的词境虽具感染力，却只停留在"常人"对生活的感受上，难以进入更高层次的领会；"能入"且又"能出"，则既有对所写对象的活生生的体验，更利于将感性体验提升至理性反思的角度上来加以审视和体认，从中生发出某种对人生事象的哲理性观感与省悟，于是形成了"诗人之境"。王氏不排斥"常人之境"，却更推崇"诗人之境"，这从他竭力要从南唐、北宋词人的言情写景作品中去发掘可能含带的哲理性寄托上充分反映出来，同时表明其所向往的哲理性境界并非抽象的教言，乃要融化于具体的人事观感及物象描绘之中，与真情感、真景物构成"境界"本义的说解仍相贴合。

在这个问题上须加申说的是，王国维本人的哲学观深受西方叔本华哲学思想的影响。叔氏以生命之"欲"为人的本性，且认为"欲"的发动既构成生命的动力，而又给人生造成极大的烦恼，故哲学反思的要务即在于让人从"欲"的枷锁下解脱

---

① 周锡山编校：《王国维文学美学论著集》，第 351、355 页。
② 同上，第 353 页。
③ 按：此说不见于《人间词话》，系王氏于其《清真先生遗事》中所提出并加阐说，但"词话"论述中实已具见端倪。

出来，方案是突出一个"观"字，即通过观照自身因欲求产生的痛苦，以觉悟到须祛除欲望以返归合理的人生。王国维则以其艺术活动的实践体现了这一思路，他以"真情感"与"真景物"的结合来表征"境界"，"真情感"中自含有"意欲"的成分在。"境界"的生成在"入乎其内"后更要求"出乎其外"，即以超越的人生态度来观照所体验到的境界。至其心仪的"诗人之境"，则更寄希望于打造富于人生哲理的启示，进而提升并祛除人们日常情意感受中的一己苦闷与烦恼。由此观之，王氏不光在其《红楼梦》论评中贯彻了叔本华的思想，其词学研究也若隐若现地显示出这一影响，将其视为近代学人中立足本土而又面向世界的先行者，自是当之无愧。不过又要看到，王氏并非一味地追随叔本华。叔氏宣扬的生命之"欲"，建基于抽象的人性本然，其以自我观照用为解脱手段，亦仍然立足于个体本位。而王氏的"境界"说虽亦注重个人情怀的真切表达，却属于词人在其现实生活中所生发的情意，具有丰富的社会内容，与抽象的生命之"欲"不是一回事。尤须注意的是，当王氏倡扬以"入"而能"出"的方式以超越词中咏写的具体情事，便于词人的感受能上升到"诗人之境"所具有的理性反思高度时，其所着眼的"忧生""忧世"之类表白，均含带深切的社会人生关怀的用意，也绝不是一个轻巧的"解脱"所能概括得了的，当视以为词人身处民族危亡与社会大变革之际的真切心理写照。这意味着探讨王氏学理的构建，在承接传统与借鉴西方的交合作用外，还自有一个近现代中国的本位意识须加考量，不应当轻易略过。

（二）

不同于王国维的前朝遗老身份，晚于其二十余年后登上学坛的朱光潜，则已属饱览"西学"的通识之士了。其代表作《文艺心理学》即以克罗齐的"直觉"说为基点，综合了现代西方多家学说，建立起他自己的美学观，并尝试应用于解说当前中国社会生活中的若干审美现象。而若说《文艺心理学》主要建立在西方资源之上，则其所撰《诗论》一书因讨论对象重在中国古典诗歌，便引用了不少中国传统文论资源作为佐证，从而形成"中西合璧"式的建构，亦或可视为建设现代性"中国文论"的另一种路向。我们即以此书重点述及的有关诗的"境界""表现"与"声律"这三个问题加以考量。

在"境界"篇里，朱氏开宗明义就诗的本原问题作了一个界定："诗是人生世相的返照"[1]，此乃是承袭西方通行的"反映论"艺术观，其以"人生世相"为艺

---

[1] 朱光潜：《诗论》，北京：生活·读书·新知三联书店，1984年，第45页。

术根底的说法，跟我国传统用"诗言志"来突出作者主体本位的思路自有差别。但朱氏并未据以作进一步发挥，却笔头一转，跳到"每首诗都自成一种境界"的话题上来，并以"境界"作为其探论诗歌内在质性的中心话题，这就使西方话语与我国传统思想接上了茬。

朱氏对"境界"的把握集中表现于这两句解说之中，即："纯粹的诗的心所观境是孤立绝缘。心与其所观境如鱼戏水，忻合无间。"① 这里突出了两个要点：一是诗境有别于现实生活中的实境，它是孤立自足而无须借助实境为依托的；二指诗境由诗人心境所创造，诗人的情意贯穿于整个诗境之中，从而使诗境获得了生命。为了阐释这两句话的涵义，他引用克罗齐的"直觉"说来加以论述。按克罗齐的说法，"直觉"作为人的原初本觉，其于外在事象只有一种囫囵式的观感，即只注重把握并感受其整体形象所呈现的活力态势，而对各事物间的相互关系与实际意义不加分辨，这一直觉式的观照即构成了审美。然则，"直觉"何以能达致审美的效果呢？据克氏所言，是因为它具有"表现"的功能，即能将审美者自身既有的情怀注入其所观照的形象之中，从而使外在形象转换成饱含主体内在情感生命的意象，让审美者在观照中得以重新品味自身的情意体验，这就是审美活动的意义所在了。这一"抒情直觉"的说法，很接近于我国传统以"情景交融"来构建"意境"的方式，且更突出抒情主体在其间的主导地位，可视为西方"表现论"诗学观对传统诗论的一种阐发，但因其过于强调"移情"的决定作用，将直觉式观照仅限于自我情意的表现形态，不免忽略了诗人情意在根底上自是"心物交感"的产物，而"意境"内涵的"情景相生"与"交互融合"关系也并非"抒情直觉"一语所能概括得了的。

朱氏论"境界"，还袭取了王国维以"有我"与"无我"为境界类别和以"能入"与"能出"为境界成因的说法，但解说上自有差异。在他看来，美的境界的打造必有诗人情趣注入，不可能真正"无我"，区别只在于"我"之显身状态如何。若情趣与物象浑然一体，见不出诗人自身活动的影迹，就被视作"无我"；而若诗人的身影尚余留于物象之外，"情"于"物"处在互动状态，则将构成"有我"。故"有我"与"无我"，实质上当是"超物"与"同物"之别，这一从"物我"关系上来把握境界的说法，较之传统"情景"说自是提升了一步。据此，朱氏更进以将作为境界生成原理的"出入"说联系起来考察。按他之说，正因为诗人对宇宙人生能"入乎其内"，故能与物象打成一片而形成"同物之境"；而又缘于他有能力超然物外以宁静观照其所感知的物态人情，从而又造就了"超物之境"。故"能入"

---

① 朱光潜：《诗论》，北京：生活·读书·新知三联书店，1984 年，第 45 页。

（感物）与"能出"（观物）实属诗人必备之修养。一般人大多能"感"而不擅长"观"，往往停留于个人审美感受的阶段；诗人则在感受之余还常通过回味自己的感受，进而观照和把玩感受中所获得的境界，遂宣之而成其为诗。这样的解说未必皆合乎王国维的原意，但注意将审美直感与含带理性反思作用的观照区别开来，以突出诗歌创作中艺术思维的能动作用，确乎借助西方学理对传统"意境"说给予推进，而亦回过头来对克罗齐的"抒情直觉"论作了必要的补充，对构建当代中国文艺思想自有其独特的贡献。

《诗论》的另一个重要话题是论"表现"。在朱氏信奉的克罗齐美学思想中，"表现"与"直觉"属同义语，"直觉"作为一种原生态的"觉"，体现出人的本初感受与构形能力。因亦是主体在其审美活动中的独特的自我表现，故"直觉"的正式成形亦便是"表现"的宣告完成，至于直觉生成后更须付诸语言文字或其他形式的表达，则属于向他人传达自身审美体验的问题，不属于表现范围内的事了。这一极端化的看法自不为众人认可。按一般人的意见，作者由情思引发至意象酝酿成形，属艺术构思活动，一般不称作"表现"；至其将酝酿成形的意象（连同其内在情思）用语言文字等形态表白并发露于外，以形成艺术作品，这才称之为"表现"，同时也就具有"传达"的功能了。"表现"与"传达"都属于艺术创作的后续阶段，是艺术家自身内在构思基本成形后的行为。朱光潜对上述对立的见解似乎采取了某种折中态度。他以情感、想象和语言能力均属于人自身机能为理由，主张将克罗齐认可的"表现"由审美心理活动延伸至语言表达层面，而单将文字记载排除在外，似乎有点费解。实际上，其根本立足点仍在克罗齐这一边，即以"表现"来囊括整个艺术活动，只不过克氏只注目于审美，"表现"及于直觉心理即可告成，而朱氏探讨的是诗歌艺术，不将语言表述收纳进来便不成为诗。论"表现"一章在朱氏诗论中之不可或缺，且起着将"境界"与"声律"绾接起来的纽带作用，盖缘于此。至其将文字传达的功能仅限于"记录"而一意剔除于艺术活动之外，则仍属克氏偏见之延续了。

在突出"境界"、界定"表现"之余，《诗论》对诗歌声律给予特别关注，不单在"诗与乐""诗与散文"等章节里涉及声律的缘起与性能等问题，还在结末专设好几章来集中探讨其具体构成方式。据其考察，声律的起因当追溯于人类早期以巫术降神时的诗乐舞合奏，诗歌作为乐舞中的有机组成，自不能不遵循乐曲的节奏与旋律，且即使后来诗乐分化，诗仍保有其合律的特点，不过所遵循的不再是音乐节律，而是自身的语言声律了。讲求声律这一特点使诗歌作为独特文体与散文区别开来，在表现性能上宜于抒情而不宜于具体叙事和周密说理，这可能也是诗致力于营造"意境"的重要缘由。

书中还就"声""韵""顿"这三个方面具体论析了诗的语言声律的具体规范，且有中西诗歌的相关比照。如论"声"的一章明确指出汉语不同于古希腊和拉丁语有长短音的分殊，也不近于英语之轻重音明显，故调声以平仄相间为基本原则，但平仄的区分不如轻重、长短来得明显，且各地方音的发声不一，从而为口语化的白话新诗所扬弃。在论"顿"的章节里解析了中国传统五七言诗以"二·三"（实为2·2-1）及"四·三"（2-2·2-1）分顿的来由，指出这与汉语的一字一音以及古代单音词特别多的现象密切相关，故与西诗按"音步"分顿有所差异，但在当前白话新诗里多音节词增强而难以维持齐言体式的情况下，如何改造"顿"的既有体式而又能继续发扬其节律的功能，自须做精心推敲。至于"韵"，朱氏认为它已成为中国诗歌讲声律的一个主要标志，不但古典诗歌离不开押韵，白话新诗在四声难调、顿法变异的情况下，更需坚持用韵脚以打造诗歌声律，这跟西方自有无韵诗的格局大不一样。总的看来，其从"声""韵""顿"的不同角度对诗歌声律问题做了相当细致的探讨，有助于我们具体把握"诗"的体式以及中国诗歌的声律传统与发展取向，不足处在于其对"声律"的具体说解与前面论"境界"及"表现"似乎扣得不甚紧密，若能在详解律法的同时更关注从声情关系上来把握诗歌声律的由来与发展变化轨迹，或许能让这方面的论述站得更高，而《诗论》整体也更趋完美。

（三）

作为与朱光潜同时代的学人，宗白华显身于美学界似乎更早一些，其论学所涉及的各门类艺术也更为广泛。将其置于朱氏之后来叙述，是考虑到他由西学归返中学的特殊经历，且也只能从其与文学关系稍密切的角度试作一探。

总体上说，宗氏毕生论学，是以"生命论"为主旨的。他早年留学欧洲，接触较多的是当时流行的进化论思想和新康德主义哲学。"进化论"意味着整个自然界和人类本身常处在不断演化的过程之中，没有什么固定不变的东西可以视为世界的本根。新康德主义则继承康德的学说，要以先验的人性甚或超验的"存在"来统合人的精神世界。折衷下来，宗白华选择了"生命哲学"作为自己的信条。"生命哲学"视生命活动为万事万物的动力源，它既是一种本原，而又非固定不易之实体，恰可用以为调和"进化论"与"形上"思考的有力支撑，且更与中国传统的"生生"之说相契合。这一"生命论"的信念于是成为宗氏终身论学的主旨，其美学观亦建立在此底基之上。

宗白华的美学思想又有一个发展变化的过程。上世纪 20 年代，他以学习和信奉西方美学为主，30 年代后却转向中国艺术精神的倡扬。在前期，他接触了较多的西方近现代艺术，于其技法革新有相当的了解和肯定，但对其中着力表现的对人的意志、欲望乃至下意识心理活动的宣扬，则采取批判态度，认为会导致"物欲横流"的弊病。为此，他着力肯定歌德对生命意义的阐释和狄尔泰等人的生命哲学观与美学观，缘于其中突出了人的精神生命追求的祈向，在他看来，这才是艺术文化应有的发展方向。

宗氏对中国艺术传统的关注，20世纪20年代已有所表现，但予以大力弘扬，则始自1932年后发表的一系列文章。此后，他即以"中国美学"倡扬者和构建者的身份显形于学坛，走上了一条迥然不同于一般西学人士的治学道路。转向的导因在于他认定中国艺术的审美指向在弘扬"生命"的意义上要超越西方，其所达致的境界和采取的方法均有西学不逮之处，将这笔文化遗产发掘出来并给予理论的阐发，会大有助于人类精神生活的提升。看来其根底仍在于"生命论"的论学宗旨，即出于对"生命"终极意义的关怀所致，这也应该是我们把握宗氏思想的根本出发点所在。

宗白华"生命论"美学的核心观念在于"艺术意境"说，具见于其20世纪40年代前期发表的《中国艺术意境之诞生》一文，让我们稍稍展开来探讨一下。

文章"引言"部分的开篇即展示出"世界是无穷尽的，生命是无穷尽的，艺术的境界也是无穷尽的"这一宏大的视野，进而指明"现代中国站在历史的转折点上，新的局面必将展开"，就中国艺术——"这中国文化史上最中心最有世界贡献的一方面""研寻其意境的特构，以窥探中国心灵的幽情壮采，也是民族文化的自省工作"[1]。这一开场白不仅点明了艺术意境说与其生命论美学观的息息相连，且将其置于民族历史与文化更新的大背景下来加以体认，其着眼点当予高度重视。

进入本文第一节后，宗氏对"艺术意境"的概念先加阐释。他引述清人方士庶《天慵庵随笔》所谓"山川草木，造化自然，此实境也；因心造境，以手运心，此虚境也"之说，将自然境界（实在之境）与艺术境界（意造之境）区别开来。接着用自己的体会解说道："以宇宙人生的具体为对象，赏玩它的色相、秩序、节奏、和谐，藉以窥见自我的最深心灵的反映，化实景而为虚景，创形象以为象征，使人类最高的心灵具体化、肉身化，这就是艺术境界。艺术境界主于美。所以一切美的光是来自心灵的源泉，没有心灵的映射，是无所谓美的。"[2] 这不单讲明了艺术活动中"凭心造境"的实在依据和具体方式，还将艺境的审美性能及其缘由作了简要提挈，较之传统"意境"说多停留于情景关系的解说，在观照点上自是大大提升了

---

[1] 宗白华：《美学散步》，上海：上海人民出版社，1981年，第58页。
[2] 同上，第59页。

一步。

不过宗氏"意境"论中最具创意的内涵，还当归属于文章第四节有关"意境三层次"的分析。其以"直观感相的模写""活跃生命的传达"和"最高灵境的启示"来标示三个层次所达致的不同境界，而又将其设定为逐层推移和逐步提升的进程①，这一自成系统的说解不光具有较周密的学理性，且将"中国美学"推上了世界前沿位置。所谓"直观感相的模写"，是肯定艺术意境所必具的形象性，这对于古今中外的艺术创作概莫能外，用为"意境"的底基自无争议。"活跃生命的传达"则凸显了艺术形象内含的精神向度，这是"生命美学"论者所着意关注的艺术审美特质，也常为一般人士的审美经验所认可，其意义自是将外在的"直观感相"提升了一步，使之进入内在的生命体验。至于"最高灵境的启示"，更是将人所共有的审美体验提升至"悟道"层面上来加以体认②，属人生哲理的启示乃至终极关怀的追求，而又不凭借抽象说理或单纯膜拜，仍是在活生生的体验中求得开悟。这样的境界关怀在西方美学中探论甚少③，中国传统时或涉及，但也罕见理念上的概括解析。宗氏以"意境三层次"说给予明确分析并提升至理论高度，鲜明地体现了其构建"中国美学"的用心。

"艺术意境"说之外，宗氏探讨各门类艺术的论述还有许多，未必都能贴合文论的要求，我们且以其阐释中国传统画论的"气韵生动"说为例来略加品味。"气韵生动"一语本出自南朝谢赫《古画品录》中的"绘事六法"，属"六法"中的首法，其意义究当如何把握。按一般艺术人士讲"生动"，多用以指称作品中的形象描绘，有"形象"才谈得上生动。谢赫之说却将"生动"归诸"气韵"，"气韵"属精神层面之事，如何也要讲"生动"呢？这实际意味着中国艺术传统最关注的是表现人的精神世界，内在的精神灵动了，外在的形象才得以生动起来，且显形为一种根底上的生意盎然与活泼泼的灵气灌注。故画家不光要画出事象的具体形貌，更当究心于揭示其内在生命力量与意趣，连同画家本人对世间万象的鲜活的生命感受

---

① 宗白华：《美学散步》，第 63 页所述。

② 参见本文第五节所云："'道'的生命和'艺'的生命，游刃于虚，莫不中音……这生生的节奏是中国艺术境界的最后源泉。"（宗白华：《美学散步》，第 66 页）又："中国哲学是就生命本身体悟'道'的节奏。'道'具象于生活、礼乐制度，'道'尤表象于'艺'。灿烂的'艺'赋予'道'以形象和生命，'道'给予'艺'以深度和灵魂。"（宗白华：《美学散步》，第 68 页）

③ 按：宗氏曾谓：西洋艺术里的印象主义和写实主义相当于第一境界，浪漫主义和古典主义在生命的奔放表现或雕像式显形中各有偏胜，而象征主义、表现主义和后期印象派则旨趣落在第三层。又以为：中国自六朝以来，艺术的理想境界即是"澄怀观道"，在拈花微笑里领悟色相中微妙至深的禅境。（均见宗白华：《美学散步》，第 64 页）这表明其所标举的"艺术意境三层次"说虽具有普遍涵盖性，而能将其贯通应用的仍当数中国艺术，自是民族艺术精神优胜的重要标志。

与领悟，这才是"气韵生动"得以列于"绘事六法"之首，且于后世一直为人宗奉而得以流传广远之故，其与"境界"论之崇尚精神生命境界自是桴鼓相应，而与西方艺术审美之唯形象观则拉开了一段距离。

不过要看到，"气韵生动"说的关注点虽在事象的精神领域，而其落脚点却仍归之于艺术技法。它本就是作为"六法"中的一"法"而被推举出来的。或者也可以说，它在"六法"中被列居首位，可能就是要以它来规范和统领其他法式，为各种具体法式树立明确的导向。比如说，同列于"六法"中的"骨法用笔"这一项，具体谈论的是用笔之法，这显然属于艺术技巧问题，但明确标出"骨法"这个特点，就让它与"气韵生动"说相沟通了。我们知道，中国传统绘画（尤其是通行的水墨画）所使用的工具与原料大不同于西方近现代盛行的油画，它不能借助涂设大块颜料的方法来构成物象鲜明的立体感，也难以细致地捕捉各种色彩、光线、阴影等气氛的变化。中国画的主要凭借在于笔法，特别是以墨笔或彩笔所勾勒成的线条。"骨法用笔"的提法乃是要求将画面打造成具有骨力的各种线条组合，用以勾勒物象的基本轮廓与状貌，更进以写照其内含的精神气质，而由此亦体现出画家自身的内在精神，这不正是"气韵生动"所要达致的境界吗？以此观之，"气韵生动"之说实际上是为技法的讲求树立了一个标杆，成为运用各种艺术手段依据的准则，它一头指向了艺术审美所需追求的精神境界，另一头则连接起各种具体的表现手法，于是构成了艺术创造活动中"形上"与"形下"之间必不可少的中介桥梁；也正缘于把握住了这个中介，宗氏才得以将中国传统艺术思想的各种资源统合到其"艺术意境"之名下，为"中国美学"的体系性构建创造了条件。

为此，"气韵生动"说不仅成为"绘事六法"的总管，在其他有关技法的问题上也常发挥着某种统领作用，如宗氏早年论画时常提及画中"虚白"的问题即如此。有如上述，中国绘画的笔法是以"飞动的线纹"为基础的，于是会在画面上留下相当的空白处，这"虚白"决不能视作画中的死角，它恰恰形成为构图的基本要素，即以"虚实相生"来启发人们的想象，藉以显示画面内含的盎然生机。众所皆知，两千多年前的《老子》书即曾以"有无相生"来解说万物发生的原理，后世文艺论评中也常有"境生于象外""含不尽之意见于言外"以及"象外之象""味外之味"诸种说法，皆是要为艺术表现留下一定的空白，便于在虚白处生发想象，用以拓展艺术表现的整个空间，同时亦为发挥主体的创造性能及其内在生命力提供了更广阔的天地。据此，将这一"虚实相生"的技法拿来同"气韵生动"的理念并观，其内在联系不也清晰地显示出来了吗？至于宗白华一贯持有的"诗画同源"观念（特别是其所强调的"画中有诗"之说），以及他后来从敦煌壁画中生发出对乐舞表现生命意识的关注，多指向了"气韵生动"的规范，且经由这一规范而上达其

"意境论"所着力标举的"活跃生命的追求"与"最高灵境的启示",也就不在话下了。

总之,宗白华毕生以"生命美学"为论学宗旨,且以"艺术意境"的创造为达致其"生命"追求的基本依托,终于导致他转向弘扬中国美学,从而为传统思想的现代转化开启了一种有相当发展前景的取向。可以说,作为现代化的"中国美学"的创建者,宗氏自当之无愧,其不足之处须待后人续补。

(四)

王国维、朱光潜、宗白华三人虽不足以概括近现代中国学界对构建"中国文论"乃至"中国美学"的探讨研究,却是其中极具代表性的三位。如果说,王国维主要还是立足传统并吸取若干西学因子以开创面向现代之路,大体算得上"中体西用";则朱光潜的《诗论》以西学观念阐释中国传统诗歌理论与实践,即属于道地的"西体中用";至于宗白华由学习西方现代美学进而大力倡扬中国传统艺术经验,并试图在此基点上来打造能适应当前社会生活及其精神向度的"中国美学",更俨然有"会通中西"的用意在。考察他们的探索道路,在总结他们经验教训的基础上营造适合我们今天形势的新思路,将会使我们的构想更有依据,也更利于向深广度不断提升。

然则,他们的艰辛探索究竟为我们提供了一些什么样的经验或教训呢?我以为,有这样几条特别值得重视。

首先要看到,他们对中国传统资源做了比较深入细致的发掘工作,为打造"中国文论"乃至"中国美学"提供了一定的材料基础。众所皆知,我国古代并无"美学"抑或"文艺学"这类学科,大量有关审美的信息散见于诗歌、绘画、音乐、雕塑以至工艺、建筑等各门类艺术形态的论评之中[1],三位学者以独特的审美眼光将其挑选并聚拢来,更从中拣择出最有意义的论题加以阐发,自是创建这门学科必不可少的前提条件。宗白华以"审美"为切入口,对各门类艺术形态加以全方位考察且交互引证,功不可没。王国维与朱光潜虽专就词论或诗论从事构建,亦常关联到其他艺术类别乃至思想文化层面,其对传统的把握与开发较之前人也更具深广度。这一博览综取的手眼功夫应是他们在前人基础上继续推陈出新的一大缘由。

其次,要构建具有现代意义的中国文论或美学,还须立足于现代社会生活的高

---

① 按:甚至传统的"文学"观也与今人大有差别,"文"的源起即与"诗"迥然有别,其内涵包括大量非文学性的应用文字在内,这也是本文多选择从"诗"的角度来谈中国文论建构的缘由。

度来看待传统，要着力把握传统与现代之间的关联及其张力所在，始有可能引发传统自身尚具的活力因素，经适当改造后，使之参与现代话语的构成。我们看到，王国维论词或朱光潜说诗，虽然都引证了不少前人经验之谈，却并未停留于原有话语的层面上，而是力求从自己所处的当下境遇出发，以提出个人的独特体验和思考，其中自有其所处时代的投影。至于宗白华之着意开发"中国美学"，将各门类艺术创造的经验熔为一炉而加以提炼与粹化，本身就体现了现代人的思维方式，更不用说其处处以"西学"作为参照了。这一"中西合璧"、互参互用的方法论原理（王、朱身上亦各有体现），当属有意识地将"西学"为代表的现代观念引入本民族传统的开发和研究中来，使传统得以"推陈出新"并进入现代话语世界，不单迥然有别于守旧派的"保存国粹"，亦与欧化派的"全盘西化"调门不一，确属给后人指明了一条构建具有现代意义的"中国文论"乃至"中国美学"的康庄大道，虽仍不免有时带有某些"生糙"之痕迹。

立足传统和面向世界，是建设当代中国文论的基点，基础确立后，还有一个具体途径的问题须加考量，即如何才能有效地切入传统，使其有用的资源被尽可能充分地开示出来。回看本文所论列的三位学者，我们不无惊讶地发现，他们不约而同地选择"意境"（境界）作为中心话题，且皆围绕"意境"以组织起成系统的论述，当非出自偶然。按"意境"之说属我们民族艺术思维传统所特有，西方文艺美学中并无全然相应的范畴可与之并比，用为抓手，自足以凸显民族艺术文化之特点与精髓所在。且"意境"一语虽较为晚出，而容涵甚大，由此上推，当可涉及情景、意象、心物、形神、"象内"与"象外"、"能入"与"能出"诸多审美范畴，更进以打通"形下"与"形上"的分畛，还有可能升华至"道"的层面，以达致"最高灵境的启示"而通往"天人合一"的存在本原了。故抓住这一有效的切入口以览观全局，也应是这三位学者为我们提供的一种经验，足资参考。当然，"中国文论"的建设无须定格于一个模子之内，尽可从不同角度切入。即如朱自清先生于20世纪40年代所作《诗言志辨》一书，本意为要阐说中国诗学的这一"开山的纲领"，却广泛涉及诗歌的源起，其与政教人伦应合功能的演化，乃至"志"与"情"、"言"与"意"、"群体之志"与"一己之志"、"知人论世"与"以意逆志"众多方面问题，若更沿此下推，亦或可开出感兴、意象乃至意境诸范畴以成一完整之系统。这意味着为构建"中国文论"自可选择不同的门径与路向，进而开发出不同的模子，就像西方文论那样取姿各别而又各擅胜场一样。至于开发过程中如何来阐释这类传统资源，特别是在与现代及西方理念的交接互动中如何将其"激活"，使之生发出现代意蕴以进入当前话语系统，本人曾提出以"双重视野下的双向观照与互为阐释"为方法论原则，这个问题已在多处作了解说，毋庸赘述。

　　末了，还须强调指出的是，构建拟议中的"中国文论"，只能视为我们当前文论建设的一个方面的任务，并不意味着其整体发展的取向。实际上，缘于中国当代社会生活及其文化形态的特殊复杂性，文论形态也应该是多元化的。可以藉传统资源的推陈出新为主干而打造"中国文论"，其功能重在以现代眼光来考量民族传统并从中汲取养料；抑或取资近现代西学并结合国情而假名"西方文论"或"现代文论"，用以评论"五四"以后效学西方的新文艺创作；更当有以革命导师教言为依据而形成的"马列文论"，重在总结我们自身革命文艺实践的经验教训并引导整个文艺发展的大方向。只要立足于当前中国社会生活与文艺活动的实际，便都属于现当代中国文论话语的有机组成。故并不存在"跟着朱光潜走"还是"跟着宗白华走"的问题，倡扬"中国文论"或"中国美学"的建设仅是其中的一格（亦是必不可少的一格），不能抱有"独领风骚"乃至"包打天下"的雄心。当然，这并不意味着不同形态文论之间不存在互动与交融的关系，它们面临的是同一个世界——当今中国社会生活及其文艺审美活动，尽管言说方式与具体功能有别，也自有相互启发与会通之处，至于如何在分途并驱之时而又达致交流会合之效，则更须我们作进一步努力了。

编者按：

今年是蒋孔阳先生一百周年诞辰，本辑发表一组文章以表达对先生的无限崇敬和无比怀念。第一篇是先生的大弟子曹俊峰教授的文章《回顾蒋孔阳先生美学上的杰出贡献》，第二篇是上海交大姚君喜教授的文章《两代学人的美学超越》，第三篇是青年学者罗曼的文章《蒋孔阳实践美学的披荆之笔与思维效应》。这三篇文章恰好体现了三代学人对蒋先生美学思想重要发展和巨大影响的新概括和新思考，对我们有深刻的启迪。

回顾蒋孔阳先生在美学上的杰出贡献
——纪念恩师蒋先生百年冥寿

曹俊峰 *

内容提要：

蒋孔阳先生多年从事美学研究，他的研究范围涵盖美学的全部领域。本文认为蒋先生在美学上的主要贡献有两个方面：一是在美学本体论问题上，经过多年的深入研究逐渐认识到所谓美并不是一种实体性的存在，它既不是一物，也不是一物的性质，真正存在的是人们所从事的鉴赏活动，美学研究的真正对象应该是鉴赏活动。如果始终纠缠于并不存在的美之本质之类的问题上，则会像用手去抓取空气一样，毫无结果。二是蒋先生抓住了审美活动的起源和发展的问题，认为人类在生产劳动和社会生活的过程中，产生和发展了精神能力、精神活动，其中就有人对事物形式的观赏以及由此产生的不同于物质享受的精神性的愉快，亦即审美愉快，这样就使长期困扰人们的美学难题变得清晰可辨。

* 曹俊峰，男，1939 年生，黑龙江省尚志县人。文学硕士，黑龙江社科院文学所研究员，哈尔滨师范大学文学院兼职教授，博士生导师。主要研究方向为西方美学史，重点是德国古典哲学美学。

关键词：

美学本体论；鉴赏活动；审美活动的起源

　　今年 1 月 23 日是恩师蒋孔阳先生百年冥寿纪念日，笔者忝列门墙，立雪三年，亲睹拈花，敬承教诲，致使朽木（笔者入先生门下时已年届不惑）复萌，再做蒙生，与青年英髦共处一室，诵经习文，其乐何似？先生淹通中西典籍，传道严谨，解惑精辟，弟子受益之处无以言表。

　　入复旦第一年和第三年，先生让我们三人每周五晚上一起去他家中，在书斋里促膝漫谈，而授业解惑尽在其中。先生在大学所学专业并非美学，而是经济学，所熟知的是金融与货币等概念，美学是他自学而得，因此他有丰富的自学经验。在与他漫谈时，先生随时随地把他多年自学和研究美学的经验一点一滴地传授给我们。当我们在学习中遇到困难时，向他请教，他数语解之，即如醍醐灌顶，豁然顿悟。

　　笔者身为弟子，本不宜赞一词，然百年冥寿，是为大祭，心中久怀崇敬感念之意，未尝表白，常耿耿于怀，逢此良机，不敢错失，故甘冒蛇足之讥，略陈哀曲，以偿多年夙愿。

　　先生带研究生，以打基础为先，在打基础时，又特别重视学习和掌握马克思主义的基本原理。记得入学之初，先生要求我们精读的第一部书就是马克思的《1844年经济学哲学手稿》，并要求我们分析全书结构，写出全书内容的纲要。当时国内只有何思敬先生的一种中译本，可能是因为草创的缘故，译文艰涩，几不卒读，后来找到一个俄译本，互相参照，才稍有长进。我们花了一星期的时间把全书啃了一遍，并按先生的要求写出全书结构和纲要，交给先生审阅。我还记得先生在我的作业本上写的评语是三个字：很清楚。关于马克思的《1844年经济学哲学手稿》我个人的体会是，吃透这本书，终生受用不尽。

　　先生还注意培养我们自修的能力和习惯，我们入学以后的第二年，先生应邀远赴日本神户大学任客座教授，我们就按先生指教的方法自行研读不辍，正如佛家之所谓"迷时师渡，悟了自渡"。先生虚怀若谷，乐于接纳百家之言，每见国内外有新学说出现，他决不盲目排斥，而是仔细研究，吸取有价值的思想。有一次，荷兰的福克玛教授来复旦讲学，先生因故未到场听讲，事后抱憾不已。晚上与先生见面时，他便详细询问我们，那位知名的比较文学专家讲了什么题目，包括哪些内容。先生不仅学富五车，著作等身，其德行在当今学术界也堪称典范，他真诚、正直、仁厚、乐于助人，不慕虚荣，不羡朱紫，对世间蝇营狗苟之辈，无不避之如瘟疫。先生豁达大度，对于以他为垫脚石而青云直上者也能不计前嫌，待之如初，不曾睚眦相报。这一点早已为国内学界所共知，也为历届弟子树立了安身立命、为人处世的榜样。

一篇纪念文章，只应表达怀念之情，不宜过多讨论学术问题。但先生是一位海内外知名的美学家，一生只对学术孜孜不倦，生死以之，纪念他，怀念他，就不能不涉及他的功业，不能不提及他的学术成就，本文也不能不对先生的美学思想以及相关的文献作些简要的评述，如果因此而显得杂沓，还请大雅宽宥。

先生的美学研究涵盖了全部美学领域，这里就选取他着力最多、对美学贡献最大的几点稍加论列，与朋友们一起重温蒋先生在美学上的卓越贡献，以此纪念先生。笔者以为，这是纪念先生最好的方式。

美学最根本的问题是"美是什么"，在西方最早提出这个问题的是古希腊人，他们的先哲柏拉图的《大希庇阿斯篇》就是专门讨论"美本身是什么"的一篇哲学对话。但这个问题太难了，那篇对话翻来覆去反复诘问也找不到确切的答案，最后代表柏拉图思想的苏格拉底不得不说了一句无可奈何的千古名言："所有美的东西都是难的。"（此句英译为 All that is beautiful is difficult，朱光潜先生把这句简化为"美是难的"）那篇讨论美本身的对话就因这句话戛然而止。表明这个问题只能追问到此，回答到此。那么，答案中"难的"这个表语究竟是什么意思呢？他的含义可能是"很难见到""很难造成""很难捉摸""很难解释""说不清"等。笔者愚蒙，思之再三，觉得这两个字最深层的含义可能是"美是不存在的"，笔者这个想法看似唐突，但并非毫无根据，《大希庇阿斯篇》中的苏格拉底就产生过一个重大疑问："美是真实存在的吗？"（［beauty］Which bas a real existence?）这表明大智如苏格拉底、柏拉图者也说不准是否存在。这个问题意义重大，是研究美学必须首先解决的问题。

笔者翻出古希腊的陈年旧账，是因为这个问题与蒋先生的美学思想大有关系，笔者认为蒋先生的美学最后由美的认识论转向了美的本体论，并实际上否定了美的真实存在，先生没有直接点出美学本体论的命题，没有明确宣布美不存在，但他在不同的著作中多次曲折地表述了美的实体并不存在这层意思，而且这类表述都言辞凿凿，态度坚决，把那些零星的陈述综合起来，就会通向"美不存在"这个结论。他在这方面最早的表述是"美不是美的东西"（《美学新论》，60 页，人民文学出版社，1995 年），也就是说美的东西不是美，那不美的东西就更不是美了，如此，"美"就不是任何实存的东西。他还告诫我们："应当打破传统美学的一些观念，（那些观念主要是）把'美'看成是某种固定不变的实体，无论是物质的实体或精神的实体。"（《美学新论》，136 页）显然先生认为"美"既不是物质实体，又不是精神实体。他还不止一次肯定"美不是事物的某一种属性"（《美学新论》，59 页）。

这样一种既非物质实体，又非精神实体，还不是物体之属性的东西，当然不可直观，不可描述，不可测量，不可分解，不能摄取其影像，也不能设计出某种实验来加以证实，难道它可能是一种实存之物吗？世界上有谁见过这种难以想象的虚幻的"存在"物？难道东西方历代学者历尽艰辛所写出来的足以汗牛充栋的美学著作所讨论的竟是连影子都不见的空无吗？当然不是，那么，在美学范围内真正存在的到底是什么呢？答案并不繁难，那是审美活动。蒋先生曲折地证明了"美"并不是实体性的存在，真实存在的是当主体以审美欣赏的态度对待对象的表象时，主体和表象之间所形成的审美欣赏的关系，这才是美学研究的出发点和真实的对象。这些论述虽然还没有使大多数人确信"美"不存在这一事实，却可能使关心美学的人在"美是什么""美的本质是什么""美是主观还是客观"等长期争论不休的问题上，少浪费一些力气，转而去研究那些可见可闻的现象，这样才会一步步地接近审美欣赏活动的真实情况。不能不说这是蒋先生的一大功绩。先生使用"审美"一词颇为谨慎，他是经过深思熟虑的，并非信手拈来，随意遣之，这个词是蒋先生美学的核心。在此有必要对这个词作些说明，以消除可能产生的困惑。

如上所述，美并不存在，而我们大多数人都对美的存在深信不疑，总认为世上早已有美，而且无处不在，只等我们去审，因而创造了"审美"一词，在美学著作中，这个词俯拾皆是。由于这个词十分重要，故而先生的《美学新论》一书开宗明义，第一段就分析了"审美"一词，指出这是个动宾结构的词语，其次又指出这一词语必然含有的内容，要有审美主体，即有审美能力和需求的人，还要有审美客体，这两者之间在适当的条件下会发生美学上的关系，这就是审美关系，而这种关系正是《美学新论》一书论述的出发点。不过这个动宾结构的复合词很可能引起一些误会，使人误以为世上先有美，而后才有审美活动，主客体之间才会发生审美关系，这不符合蒋先生的思路（详见下文）。另外，"审美"一词天然地包含着分析哲学所说的"本体论的承诺"，即当人们对某事物有所陈述时，就暗含着此事物存在的预设（神话故事及其中的人物是分析哲学家们所说的"伪装的模状词"），这在美学中会造成美是一种实体性存在的误解。这里我们要注意，《美学新论》前后两部分对"审美"一词的用法有所变化，前半部分用的是没有连带成分的"审美"二字，后半部分则在"审美"之后加上了"欣赏"二字，变成了"审美欣赏"这样一个词组，这表明先生已经意识到"审美"一词会引起误解。除上面所说的之外，这个词组还限定了审美对象只是单一的所谓的美，而实际上在审美欣赏活动中主体所欣赏的还有崇高、滑稽等多种概念所表达的现象，据此，笔者认为美学论著中"欣赏"或"鉴赏"要优于"审美"这个词语，并认为用这两个词代替"审美"在学理上或许更顺畅一些。

可能是因为美既不是实体性的存在，又不是实物的性质，大多数美学家在讨论美的概念和美的本质时，都显得底气不足，甚至他们所写的一些重要的美学著作很少用"美之学""美之研究"等标题。

由于近些年国内大多数美学工作者都把注意力集中在审美活动和审美关系上，蒋先生也顺应潮流，在《美学新论》一书中围绕"审美"这一概念展开讨论，力图揭示审美能力和审美情感发生发展的路线图。宋人吴泳曾有言曰"学到源头理自通"，我以为此语可信，如果把审美能力、审美情感、审美活动的酝酿、萌生、发展、演变的脉络都弄清楚，我们就更加逼近美学难题的解决。

先生在实际上否定了美的实体性存在之后，就转而以审美关系为中心来建立美学体系，着力于审美意识和审美欣赏活动之起源的研究，因为这种研究具体、实在，避免了传统美学长期未能克服的空洞玄虚难以捉摸的弊病。如上所述，美无影无形，看不见，摸不着，如果伸手去抓大多数人认为无处不在的美，结果总是两手空空，而审美鉴赏活动却是完全可以直观的。这就如同上帝不可见，不可触，但崇拜上帝，供奉上帝，求告上帝的活动却是肉眼可见的。

对于审美欣赏的起源论或发生论，蒋先生论述得很详尽，他首先详述了审美欣赏活动是如何从人类的社会实践中逐渐萌生和发展起来的，这些描述、推演乃至理论运用都很全面、严谨、详细、充分、系统，有根据，令人信服。从他的论述中，可以整理出审美欣赏和美感产生的如下一条脉络：起初人类只有动物性的本能活动，没有意识，没有精神，也没有人类特有情感，这种浑浑噩噩的状态持续了极其漫长的时间，后来人类把动物在其生命活动中直接使用树枝、木棍、石块的行为发展为有目的的、能制造和使用工具的劳动，逐渐从本能的生命活动中脱离出来，并有了由狩猎和采集等集体活动演化而来的自发的社会组织，人类互相之间的交往也因为劳动时的互相配合而越来越紧密，动物性的与生命活动直接相关的情绪逐渐提升为喜怒哀乐等人性化的情感，动物性的简单记忆和条件反射演化为筹算、推测、区分、联系、分类等初阶的思维活动，由于蛋白质的摄入日益增多，大脑容量日益扩充，这样便一步步产生和发展起精神能力、精神需要和精神活动，同时也产生了人类所独有的超感官的精神世界，产生了不同于生活满足的精神性的愉快，产生了意识和自我意识，有了主客体之分。对于美学而言，人类社会中一个重大的事件就是：人生活在世界上，必有外在的自然环境和社会环境，外在的环境以及其中的事物对人来说，有时显得美好，有时显得恶劣，有时让人愉快，有时让人痛苦。因为人有精神生活，他在现实中所感受到的愉快和痛苦也不能不影响到精神生活，产生了精神上的愉悦或不快。当人尚无精神能力时，他所感受到的愉悦和不快是物质质料引起的。但人的精神能力不断提高，把握和占有世界的范围也就随之由物质质料扩大到事物的形式，人类不仅想要占有和享用对象的物质质料，也要享用对象的形式，这种享用事物形式并因之产生愉快的活动就是审美欣赏的活动，在这种活动中人是主动者，人和外物之间是否会形成审美欣赏的关系，决定于人的态度。人有了审美欣赏的能力，又处于生活无忧的境遇，心情畅快，便会以欣赏的态度对待外在对象的形式，这时主体头脑中所产生的影像就是审美表象。这里要特别注意的是，我们的鉴赏判断所针对的真正对象并不是事物本身，不是事物的实体，更不是单纯的质料，而是这个审美欣赏的表象，它与事物本身有很大的差异，它是人以自己的感性、知性、理性、思想意识、情感状态、政治倾向、道德情操、文化水平、艺术修养、审美观念等与主体所直观到的形式相融合而自发地甚至可以说是无意识地创造出来的包含多种因素的影像。这里所说的多种因素在实际的审美欣赏活动和美感（特别是艺术欣赏中）中都普遍存在，有人据此就说审美有阶级性、政治性、道德性、功利性、力比多，等等，其实这些都是混杂在美感之中的非审美因素，在日常的审美欣赏活动中不可避免，但在学术研究中却可以把它们一一排出。还要特别注意的是：审美表象仅仅存在于人的头脑之中，这个表象与外物的形式本身也有很大差异，这是由人的视觉能力的局限，观赏者与对象之间的距离和角度，对象当下所处的环境等造成的。蒋先生论述得更为精辟："人不仅是物质的，还是精神的，不仅是动物的，还是社会的，精神性和社会性，成了真正的属人的本质。"（《美学新论》5—6页，人民出版社，1995年）蒋先生掌握了马克思主义的基本原理，又接纳了中外美学家各种有价值的思想、学说，挖到人和现实之间审美关系最深层的根源，描画出人类审美欣赏活动的实际过程，为解决美学的千古难题做出了重大的贡献，虽然没有为美学封顶，没有使美学达到完成式，却使我们在美学的"黑森林"中找到了可走的途径。以上所提到的就是蒋先生对美学的主要贡献，这些学说必将流传于后世，成为人类永久的精神财富。

　　先生不幸早逝，把接力棒交给了我们。此时此刻，我们应当像车尔尼雪夫斯基那样，向自己提出一个问题："怎么办？做什么？"笔者的愚见是，不妨像美学界的一些同仁所说的那样做加法，不避烦难地把先生经过批判的评价肯定下来的各种美学主张全部综合起来，然后不急不躁地相机损益之，有的要补充完善，有的要取其精华，摒其杂尘；有的要借助于新时代的新学说、新方法重新解剖加工，使之涅槃于前，重生于后，互相矛盾的命题可以暂时并存或互相抵消，国外的新观点可借用为它山之石，相邻学科和自然科学的新成就也可移植过来，善加利用。这样，年复一年地努力不息，总有一天会到达灵山，修成正果，把猜测性的美学磨炼成无可置疑的科学学说，以此告慰先生的在天之灵。

两代学人的美学超越
——从实践美学到实践存在论美学

姚君喜 *

内容提要：

实践美学是 20 世纪五六十年代中国美学大讨论中的主要流派，对于中国美学理论的发展产生了重要影响。实践美学是立足于马克思主义实践理论范畴的重要论述，系统建构理论体系，形成了具有中国特色的美学理论观点。早期实践美学主要是由李泽厚先生等学者加以论述并得以发展的，随后在蒋孔阳先生等学者的努力下，实践美学理论迈向新阶段。在此基础上，朱立元先生系统论述并提出实践存在论美学。朱立元先生的实践存在论美学理论，一方面是蒋孔阳先生实践美学理论的继承和发展，另一方面是对以往实践美学思想的超越。在两代学人的努力下，实现了中国实践美学理论的超越。

关键词：

两代学人；实践美学；实践存在论美学；超越

今年是我国著名美学家蒋孔阳先生诞辰百年纪念，忆及和蒋先生的几次见面，先生亲切慈祥的面容依然历历在目，轻言慢语的教诲始终萦绕耳边。翻阅保存的蒋先生的亲笔回信，倍加感受到老一辈学人身上弥足珍贵的精神气质和超然物外的人格魅力。随后在跟随朱立元先生学习美学、文艺学理论的过程中，朱先生严谨认真和勇于探索的学术精神也深深影响了我。我们晚辈后学也越来越深刻地认识到，经

---

* 姚君喜，男，1968 年生，甘肃通渭人。上海交通大学媒体与传播学院长聘教授，博士生导师。主要研究方向为中外传播思想史与传播理论、新媒体文化与文化批评、视觉传播与实验美学等。

两代美学前辈学人的不懈努力和探索，不仅丰富和发展了中国实践美学理论，而且也实现了中国美学理论从"实践美学"到"实践存在论美学"的超越。

一

中国美学理论经过 20 世纪五六十年代大讨论形成主观论、客观论、主客观统一论和实践美学四大派别观点以来，实践美学最终成为"中国当代美学史上最重要、最有影响的学派，特别是 20 世纪 80 年代以来上升至中国美学主导地位的学派，是最具有中国当代特色和原创精神的美学理论"①。以李泽厚为代表的早期实践美学主张美是客观性和社会性的统一的观点，并重点从马克思《1844 年经济学哲学手稿》中关于"自然的人化"的经典论述出发，认为人类社会实践的过程是自然的人化过程，美和审美活动也正是在人类实践即人化的自然过程中所获得的客观的社会属性。也正是基于马克思主义唯物史观的实践范畴，李泽厚先生对实践美学的基础性问题作了阐释，并形成了他早期关于实践美学的基本论述，从而建立了"主体性实践美学"或称之为"人类学本体论美学"理论。但是，李泽厚关于实践美学的论述尚存在理论上的不足，实践美学依然具有很大的发展空间和余地。

实践美学的核心范畴是实践概念，如何全面系统地理解实践概念，无疑成为实践美学的基础性问题，也自然是实践美学能否建立完善的理论体系的关键性问题。朱立元先生就主张必须要对马恩经典的实践概念做出全面梳理，并明确指出，《1844 年经济学哲学手稿》（以下简称《手稿》）中对审美主客体关系的辩证阐述，归根到底是建立在人的本质力量的对象化即实践活动基础之上的。朱先生认为："实践观点，是贯穿《手稿》的一条红线，也是《手稿》研究经济学、哲学（包括美学）问题的基本出发点。"② 这个关于实践概念的重要认识和判断，对于丰富和发展中国当代实践美学起到非常重要的关键性影响，也正是对实践这条红线的全面把握，才使得自李泽厚以来的中国实践美学思想不断深化和突破。

以李泽厚先生的实践美学理论为代表的实践概念，其内涵主要指人类能动地改造和探索现实世界的客观物质活动，特别指的是主体人类有目的、有意识地征服和改造客体自然的物质生产劳动。李泽厚认为："实践论所表达的主体对客体的能动性，也即是历史唯物论所表达的以生产力、生产工具为标志的人对客观世界的征服

①　朱立元主编：《美学》，北京：高等教育出版社，2016 年，第 45 页。
②　朱立元：《历史与美学之谜的求解——论马克思〈1844 年经济学哲学手稿〉与美学问题》，上海：上海人民出版社，2014 年，第 58—59 页。

和改造，它们是一个东西，把二者割裂开来的说法和理论都背离了马克思主义。"
基于该立场，在李泽厚的观点中，则重点强调了马克思主义实践范畴中"制造和使用工具"的物质生产劳动的内涵，并且认为只有人类的物质生产活动才"是实践的基本含义和根本标志"①。李泽厚也将《手稿》中"自然的人化"的主体归结为物质生产实践，认为只有"生产斗争是人类最基本的实践，通过这种实践，人在自然界打上了自己的意志的印记，使自己对象化，同时也使对象人类化"②。李泽厚虽然强调马克思实践概念中物质生产实践的内容，但却使得本来具有丰富内涵的实践概念片面化和简单化。

蒋孔阳先生则立足于人与现实的关系层面探究实践概念的内涵，从而突破了以前实践美学对马克思主义实践概念的片面化理解。蒋先生在超越经典哲学认识论思维逻辑的基础上，把美的问题置于广阔的人与现实关系的实践活动中，从而为实践美学的发展开拓了新的思路和方向。蒋先生首先通过对马克思劳动概念的全面认识，认为人的劳动就是人创造自身本质的实践活动。通过对《手稿》中"人的本质力量对象化"论断的历史和逻辑考察，蒋先生明确指出，马克思是在对黑格尔和费尔巴哈片面观点的否定中，提出人的本质既不是抽象的精神属性，也不是抽象的物质属性，人应当是"现实的、活生生的人"的经典论断③。同时也"是处在一定条件下进行的、现实的、可以通过经验观察到的发展过程中的人"④。蒋先生认为，马克思所论述的人的本质，重点指的是既有精神意识的属性，又有物质自然的属性的本质。"我们应当把它们统一起来，在人的'感性活动'中来理解人。所谓'感性活动'，就是实践。在实践中，人作为活动的主体，他首先就是一种自然的存在的。"⑤ 蒋先生这里对实践概念的论述是十分重要的，他通过对马克思经典论述的认识和理解，充分认识到人首先是作为自然存在物而存在的。那么，正如蒋先生所指出的，就逻辑而言，基于"感性活动"的实践，无疑是作为自然存在物的人的本质力量对象化的基础活动。

蒋先生进而认为，在作为自然存在之外，人还具有超越自然属性的心灵、意识，还有能够建立属于自己的主体世界的自我意识和精神力量，也正是这种精神力量所具有的"自觉性、目的性和创造性等特点，使人的本质力量突破自然的物质束缚，向着精神的自由王国上升"。由此，蒋先生指出："人除了自然的本质力量之外，更

---

① 李泽厚：《李泽厚十年集》第 2 卷，合肥：安徽人民出版社，1994 年，第 465、379 页。
② 李泽厚：《美学旧作集》，天津：天津社会科学院出版社，2002 年，第 79 页。
③ 《马克思恩格斯全集》第 2 卷，北京：人民出版社，1957 年，第 118 页。
④ 马克思、恩格斯：《德意志意识形态》，北京：人民出版社，1961 年，第 20 页。
⑤ 蒋孔阳：《蒋孔阳全集》第 3 卷，合肥：安徽教育出版社，1999 年，第 184 页。

具有了精神的本质力量。只有当人具有了精神的本质力量，他才告别动物，具有丰富复杂的内心生活和精神生活，成为真正的人。"① 这里蒋先生对于马克思主义经典理论对人的完整性的理解中，包含了人的实践活动对人的本质展开的丰富性的全面认识。不同于以往实践美学对实践概念片面性的理解，蒋先生将实践内涵的丰富性首先建立在人的本质力量展开的丰富性程度上。

蒋先生指出，人的本质力量的对象化是基于社会历史实践的创造性活动，因此，人的本质力量不是单一的，而是一个多元的、多层次的复合结构。这个复合结构，不仅既有物质属性，又有精神属性；而且在物质与精神交互影响之下，形成千千万万既是精神又是物质、既非精神又非物质的种种因素。蒋先生说："这些因素，随着社会历史的实践活动，随着人类生活的不断开展，又非铁板一块，万古不变，而是永远在进行新的排列组合，进行新的创造，从而永远呈现出新的性质和面貌。因此，人的本质力量，并不是固定不变的，而是万古常新的、永远在创造之中。"② 在这段话的论述中，蒋先生实际已经将人的实践活动的意义讲得非常清晰了。也就是说，正是因为人基于社会历史的实践活动，才使得人具有超越物质和精神的永恒创造力，才使得人的本质力量能够不断展开。这里关于人的创造性实践活动的观点，无疑也是蒋先生美学理论中闪光的思想内容之一。在其后的研究中，朱立元先生充分继承和发扬了蒋先生关于实践概念的认识，立足于人的本质力量对象化和自然的人化观点，通过对实践概念的全面理解，突破传统理论认识论框架的束缚，从而展开对美学理论的各类问题的探究，无疑是中国实践美学发展的新路径。

二

蒋孔阳先生的美学思想作为实践美学的重要理论构成，将实践美学理论发展到新阶段。如前所述，与李泽厚基于认识论框架的实践美学理论不同，对于实践概念的认识，蒋先生已经开始突破认识论而向存在论深入，即走向实践论与存在论相结合的新阶段③。因此，蒋先生的美学思想中已经包含着实践存在论的基本理路。对此，朱立元先生就明确指出，在哲学基础上，蒋先生的美学思想与以往实践美学根本不同，蒋先生的美学思想已"开始突破和超越知识论（主要是认识论）的哲学基

---

① 蒋孔阳：《蒋孔阳全集》第 3 卷，第 185 页。
② 同上，第 186 页。
③ 朱立元：《寻找存在论的根基——蒋孔阳美学思想新论探之二》，《学术月刊》，2003 年第 12 期。

础"，并指出他的"审美关系"说已经看到"审美关系与认识关系是不同的，它并不从属于认识关系"①。对此，蒋先生已经表述得很清楚，他说道："从哲学的认识论和思维的逻辑顺序来说，是先有存在后有思维，先有物质后有意识，先有美后有美感；但从生活和历史的实践来说，我们却很难确定先有那么一个形而上学的、与人的主体无关的美的存在，然后再由人去感受和欣赏它，再由美产生出美感来。我们只能说：美和美感都是人类社会实践的产物。在实践的过程中，它们像火与光一样，同时诞生，同时存在。"② 这里蒋先生将人类社会实践中的审美关系比作火和火光的依存关系，这也正是蒋先生对作为实践美学哲学基础的实践概念的理论超越，从而为实践美学理论开拓和建立了更为坚实的基础和广阔的视野。总体而言，蒋先生的美学思想集中体现在"审美关系""美在创造中"等理论观点中。进而由人与世界的审美关系的认识出发，蒋先生对美学理论作了全面论述，这些论述极大地发展、丰富和发展了实践美学的内涵及本质，从而使得实践美学理论得以不断突破和超越。

首先，蒋先生把审美活动置于广阔的人类社会生活实践背景中，并明确指出审美活动是人类特殊的存在方式。早在 20 世纪 60 年代，蒋先生在《论美是一种社会现象》中指出，对美的问题的探讨不能拘泥纠缠于名词概念，而要从具体的美学事实出发，由此可以发现"美是一种客观存在的社会现象。这一种现象，它既不是物本身的自然属性，也不是个人意识的产物，而是人类社会生活的属性，它和人类社会生活一道产生。由于人类社会生活是客观的，所以美也是客观的。当然，我们应当说明，美虽然是社会生活的属性，但美并不等于社会生活。社会生活的范围要远远地大过美的范围"③。蒋先生关于美是社会现象的论述，已经明确突破了客观论和主观论美学的窠臼，事实上就已经开始把人的审美活动作为美学研究的逻辑起点，认为审美活动作为人的社会活动的构成，也只有在人的社会活动的基础上，才能进一步探究人的审美活动。显然，作为人的"社会历史的实践活动"，自然是人的社会活动的核心内容。由此，作为人的社会生活的实践范畴也自然成为美学理论的逻辑基础。

蒋先生认为人和现实发生关系的所有活动，构成了人类社会活动的全部内容。对于这种现实关系，蒋先生在《美学研究的对象、范围和任务》中指出，人在社会活动中的现实关系包含各种形态，有实用的功利关系，也有道德伦理关系等。在这

---

① 朱立元：《美感论：突破认识论框架的成功尝试——蒋孔阳美学思想新探》，《文史哲》，2004 年第 6 期。
② 蒋孔阳：《蒋孔阳全集》第 3 卷，第 270 页。
③ 同上，第 545 页。

些丰富多样的人和现实的关系中，也自然包含着人和现实的审美关系。蒋先生指出：
"人对现实的审美关系是美学研究的根本问题，美是美学研究的基本范畴。"① 在
《美学新论》中则表述得更为明确："人对现实的审美关系，是美学研究的出发点。
美学当中的一切问题，都应当放在人对现实的审美关系当中来加以考察。"② 蒋先生
立足于人的社会实践活动的逻辑基础，进而详细论证了人和现实的审美关系的基本
特征，具体包括：第一，通过感觉来和现实建立关系。第二，是自由的关系。第三，
是人作为一个整体来和现实发生关系，人的本质力量能够得到全面的展开。第四，
是人对现实的感性关系。在蒋先生的论述中，并没有将审美关系等同于其他社会活
动，而是做了明确的区分，蒋先生"已经自觉地把人对现实的审美关系与认识关系
严格区分开来了，实际上已在一定程度上突破和超越了知识论的哲学框架"③。纵观
蒋先生的美学思想的发展过程，其实始终坚持这样的逻辑思路和脉络。

其次，蒋先生将审美关系与人的自由创造的实践活动联系起来，明确指出"美
是一个在不断的创造过程中的复合体"的论断。蒋先生说："美的创造，是多层次
的积累所造成的一个开放系统：在空间上，它有无限的排列与组合；在时间上，它
则生生不已，处于永不停息的创造与革新之中。而审美主体与审美客体的关系，则
像坐标中两条垂直相交的直线，它们在哪里相交，美就在哪里诞生。自然物质层，
决定了美的客观性质和感性形式；知觉表象层，决定了美的整体形象和感情色彩；
社会历史层，决定了美的生活内容和文化深度；而心理意识层，则决定了美的主观
性质和丰富复杂的心理特征。正因为这样，所以美既有内容，又有形式；既是客观
的，又是主观的；既是物质的，又是精神的；既是感性的，又是理性的。它是各种
因素多层次、多侧面的积累，我们既不能把美简单化，也不能固定化。美是一个在
不断的创造过程中的复合体。"④ 蒋先生这里反复强调的，也正是审美活动对于
"人的本质力量对象化"的展开的丰富程度和连绵不息的生成过程。也正是在审美
创造活动中，无论自然还是人、社会历史、心理结构，无论物质还是精神，无论理
性还是感性、主观还是客观、形式还是内容等，都融会贯通在美的创造之中，都成
为人的本质力量的对象化层面上不断绽放的生命之花，这也正是蒋先生所描述的
"人是世界的美"的真谛。这里对审美关系论述中包含的创造和生成的逻辑内涵，
无疑是蒋先生美学思想永久常新的重要质素。

---

① 蒋孔阳：《蒋孔阳全集》第 3 卷，第 582 页。

② 同上，第 3 页。

③ 朱立元：《寻找存在论的根基——蒋孔阳美学思想新论探之二》，《学术月刊》，2003 年第
12 期。

④ 蒋孔阳：《蒋孔阳全集》第 3 卷，第 156—157 页。

三

在蒋孔阳先生实践美学的逻辑思路的基础上，特别是针对蒋先生美学思想中的实践存在论内涵的理解和阐释，朱立元先生对蒋先生美学思想进行了全面深入的理解、认识和再发现①。朱先生总结道："蒋先生的美学思想展示出一个以人生实践为本原，以审美关系为出发点，以人和人生为中心，以艺术为典范对象，以创造—生成观为指导思想和基本思路的理论整体。这个理论整体为我们建设和发展实践存在论美学初步奠定了基础。"② 在蒋先生开创的理论基础上，朱先生通过对马克思主义实践概念的全面研究和解释，使得中国实践美学理论具有更加坚实的基础，具有更为完善和丰富的理论体系，由此推动中国实践美学走向实践存在论美学，从而完成了实践美学向实践存在论美学的真正超越。

从马克思《1844 年经济学哲学手稿》出发，结合马克思《神圣家族》《关于费尔巴哈的提纲》《德意志意识形态》等经典著述，朱先生对于马克思实践概念的形成发展逻辑过程作了系统梳理，特别对《手稿》进行了近乎句读式的解读和研究。这些对实践概念所做的全面系统研究、理解和认识，为实践美学的全面发展打下坚实的理论基础③。

首先，朱先生明确指出，马克思主义的实践概念，经历了由前期关注人与自然的关系，到后期更关注人与社会的关系的思路和走向的过程。但是，究其实马克思始终关注的是广义的感性活动，并不仅仅局限于物质生产劳动。马克思的实践概念在本质上都关注人的基本生存状况，都强调彻底改变现存社会制度和社会关系的革

---

① 这些论文包括：《寻找存在论的根基——蒋孔阳美学思想新论探之二》，《学术月刊》，2003 年第 12 期；《美论：寻求对本质主义思路的突破——蒋孔阳美学思想新探之三》，《复旦学报》（社会科学版），2004 年第 5 期；《美感论：突破认识论框架的成功尝试——蒋孔阳美学思想新探》，《文史哲》，2004 年第 6 期；《蒋孔阳审美关系说的现代解读》，《文艺研究》，2005 年第 2 期；《蒋孔阳美学：一种通向未来的美学——兼评章辉博士的〈蒋孔阳：实践美学的总结者与终结者〉》，《探索与争鸣》，2007 年第 2 期；《论审美关系及其生成性——纪念蒋孔阳先生九十诞辰》，《北京联合大学学报》（人文社会科学版），2012 年第 4 期等。

② 朱立元：《略说实践存在论美学》，南昌：百花洲文艺出版社，2021 年，第 13 页。

③ 这些论著包括：《历史与美学之谜的求解——论马克思〈1844 年哲学经济学手稿〉与美学问题》，上海：上海人民出版社，2014 年；《马克思与现代美学革命——兼论实践存在论美学的哲学基础》，上海：上海交通大学出版社，2016 年；《走向实践存在论美学》，苏州：苏州大学出版社，2008 年；《略说实践存在论美学》，南昌：百花洲文艺出版社，2021 年等。

命实践。朱先生认为，马克思在《手稿》中系统论述实践概念时，重点强调的是人的现实物质生产劳动"通过实践创造对象世界"，由此"证明了人是有意识的类存在物"，因此，"劳动的对象是人的类生活的对象化"①。对此，朱先生指出，马克思这里所说的实践，并不是抽象的精神活动或精神领域中人的本质的对象化，无疑首先指的是人的现实的物质生产劳动，但显然，马克思的实践概念内涵不仅限于此。结合马克思对实践概念的其他论述，朱先生明确指出，马克思所指的实践"不仅是人直接改造自然的物质生产活动，而且成为人们改变整个世界（主要是现存的社会制度和社会关系）的全部活动，包括政治、道德、宗教以及其他各个领域中的社会斗争和活动，也包括艺术、审美等在内的精神生产活动"②。这里朱先生对马克思实践概念内涵全面而精确的表述，完成了实践存在论美学建立的哲学基础。

通过全面深入分析，朱先生对马克思的实践概念作了系统总结，认为马克思实践范畴主要体现为五个方面：第一，把物质生产劳动提升到实践范畴的核心和主导地位。第二，把实践定位为新世界观的全部理论基石。第三，把实践确立为人、人类社会存在发展的总根基。第四，把作为人的感性活动的实践理解为人的存在方式。第五，把实践确定为统一的哲学范畴。朱先生说："马克思的实践观超越、突破、发展了西方传统的思想理论，特别是德国古典哲学的实践观，开辟了独特而创新的理论视野。从这一理论视野出发，我们才有可能比较准确、完整地理解和阐释马克思的实践观的概念内涵。"③ 朱先生对于马克思实践概念的系统论述，无疑厘清了以往对实践概念的片面化、简单化的理解，不仅回归到马克思实践概念的基本含义本身，同时也极大地丰富了马克思主义的实践内涵。朱先生总结说："从美学角度看，我们认为，必须超越把实践单纯理解为物质生产劳动的狭隘观念，在物质生产、革命实践和个体生存实践的总体关联中寻找审美活动的根基。就是说，以马克思的统一实践概念为基础去探究美学问题，真正为美学找到存在论的哲学根基，这也许更加贴近马克思实践哲学和实践美学的本真含义和面貌。"④ 对实践概念的认识，自然而然地从逻辑上可推导演绎出实践存在论美学的理论构成。

更为重要的是，通过深入理解马克思关于实践概念的经典论述，朱先生认为，在马克思的实践概念中，马克思把实践论与存在论有机地结合起来，使实践论立足于存在论根基上，同时使存在论具有了实践的品格，显然这正是马克思存在论思想最独特和高于其他存在论（包括海德格尔的基础存在论）学说之处。因此，朱先生

---

① 马克思：《1844年经济学哲学手稿》，北京：人民出版社，2014年，第53—54页。
② 朱立元：《走向实践存在论美学》，第119—120页。
③ 同上，第118页。
④ 同上，第124—125页。

指出:"在此是用实践范畴来揭示此(人)在世的基本在世方式,表明了实践与存在都是对人生在世的本体论(存在论)陈述。"① 朱先生充分继承和阐释蒋先生的审美关系说和美在创造中的观点后,提出蒋先生美学思想中包含的"关系—生成论",从而提出"'关系—生成论'乃是实践存在论美学在哲学根基处超越原有实践美学的根本之处"的主张②。

其次,在对实践概念和存在论哲学进行全面理解的基础上,朱先生则系统提出了实践存在论美学的基本主张,认为实践存在论美学的基本逻辑架构包括审美活动论、审美形态论、审美经验论、艺术审美论、审美教育论五个方面,其基本理论主张包括实践是人存在的基本方式、审美活动是一种人的基本存在方式和基本人生实践、美是生成的而不是现成的、审美是一种高级的人生境界等方面③。显而易见,与以往的实践美学的主张不同,朱立元先生所主张的实践存在论美学,一方面是蒋孔阳先生实践美学理论的继承和发展,另一方面是对以往实践美学思想的超越。

实践存在论美学的突破和超越主要包括:第一,对马克思主义实践概念的全面认识、深刻理解和阐释。在实践存在论美学中,将实践概念放置于存在本体论立场,把实践概念中所包含的人的本质力量对象化的全部内涵加以揭示,并赋予人的社会生活实践活动以充分的创造力和生命力,把人的实践内涵理解为人最基本的存在方式,在蒋先生的"人是世界的美"的论断基础上,将人的"此时在世"的生存世界作为真正的美的本源。第二,对于审美现象生成性的理解。以往的实践美学也主张美与美感是在人的社会实践中生成,但实践美学所说的生成仅仅指的是人类总体的历史生成,而实践存在论美学所理解的审美现象的生成,不仅包括人类总体性的历史维度,还包括感性个体的当下维度,美和美感的生成既联系历史又联系当下,因而将审美活动中的社会与个体、历史与当下共同置于人的存在维度。第三,对于审美关系、审美活动的解释。与以往实践美学对人与世界的审美关系主客分立的观点不同,实践存在论美学认为不存在脱离具体审美关系、审美活动的审美主体和审美客体,而存在于人的审美实践活动中。所谓审美主体、审美客体等都不是孤立的存在,而都是在人的社会历史实践活动中不断生成的,亦即审美关系的建构、审美活动的开展与审美主客体的生成完全同步,而且具有连绵不息的过程性的特征。正是这些完整系统的论述,使得实践存在论美学无论是在哲学基础,还是理论体系和逻辑结构等方面,都形成了自己完整的理论和逻辑框架,实现了从实践美学到实践存

① 朱立元:《略说实践存在论美学》,第11页。
② 同上,第18页。
③ 朱立元:《实践存在论美学——朱立元美学文选》,济南:山东文艺出版社,2020年,第108—123页。

在论美学的超越，并成为新时代中国美学理论中极富生命力的美学思想。

可以说，正是基于对马克思主义经典理论中实践范畴的全面认识，从而实现了实践美学的两次超越。这两次超越不仅推动了实践美学的新发展，加强了实践美学的理论基础，极大地拓展了实践美学的研究领域和视野，同时对于建立和发展新时代中国美学理论，完善和丰富当代中国特色实践美学理论体系，更具有重要的时代意义。今天，我们在缅怀蒋先生的同时，更为重要的是把他所开创的美学思想继承和发扬光大，以推进新时代中国美学理论的新发展。

附记：

20 世纪 90 年代，我大学本科毕业后在西北高校从事美学教学和研究，获得硕士学位后，计划攻读美学博士研究生。记得当时国内只有中国社科院、复旦大学等两三所院校招收美学博士研究生，仅有的几位博导是当时我国美学界的泰斗李泽厚、蒋孔阳等先生。于是我冒昧给复旦大学蒋孔阳先生写信，详细介绍了自己从事美学教学和研究的情况，很快就收到了蒋先生的信，真令我激动不已，没想到先生这么快就回信。信中蒋先生颇有歉意，说自己年事已高，已不再招收博士研究生，同时也鼓励我在学术道路上继续坚定地走下去。这些话语就像一位至亲长者对晚辈的谆谆教导和殷切期待，也深深地影响了我随后的学术人生。蒋先生在信中说："你工整的字迹，清丽的文笔和勤奋的学习精神，给了我深刻的印象，我也十分乐意招收你为博士研究生。"蒋先生鼓励说："李白说'天生我材必有用'！你既然有志于学术研究，那就坚持走下去吧，相信一定能够取得成绩。"这些真挚鼓励的话语，对于尚在学术成长期的年轻教师来说，无疑是一种巨大的精神力量，也成为我人生不断努力的动力。随后复旦大学朱立元先生也开始招收博士研究生了，于是经蒋先生推荐，我又继续报考朱老师的博士研究生。因为当时朱老师正在韩国访学，蒋先生负责招生面试等工作，经过考试、面试等环节，最后我有幸被录取。在此之前和朱老师书信联系时，朱老师也很快给我回信，信中反复叮嘱，考试是公平公正的，并提醒我美学研究必须要学好外语，并争取考出好成绩。同时也要加强文艺学、美学基础理论的学习，特别是要重视中西美学思想史理论的系统学习，并鼓励我做好考试的充分准备。朱老师严格无私的做事态度，严谨认真的学术精神，都给我留下了深刻印象，这些教导也成为我以后人生中恪守的做人做事的原则。也正是两位前辈师长情意恳切的两封信，对后学的关怀教诲和殷切期待，鼓励引导着很多像我一样的年轻学人坚定地走上了学术道路。在随后的美学理论学习中，我也认识到，也正是在前辈先生们的不懈努力探索下，中国当代美学不断向前发展，至今硕果累累。这两封信，也正是两代美学前辈学人不懈探索精神的真实写照。

蒋孔阳实践美学的披荆之笔与思维效应

罗　曼*

内容提要：

蒋孔阳的实践美学思想具有重要的承上启下的作用，既有对 20 世纪 50 年代美学探讨的反思，也有 80 年代美学的新拓展，同时立足于综合统一，以继承、批判、重构的视角进一步解析当代美学，既体现了变革思维逻辑的反思性美学，也形成了综合统一的体系性美学和富有生命活力的开放性美学，其对美学的深入思考和独特见解，为我们提供了一种新的审美视角和美学思考路径，在 21 世纪美学发展中投射出"蒋孔阳美学效应"。

关键词：

实践美学；蒋孔阳；当代美学；思维；效应

2019 年，李泽厚先生在他的著作《从美感两重性到情本体——李泽厚美学文录》中对蒋孔阳美学理论进行再次阐发，并批判当前部分美学理论未能在哲学上有所突破，缺少对"人"的价值的重视①，引起了实践美学界的广泛关注和讨论，实践美学各派均及时作出了回应，并且反对这一批评，且对各派美学理论的合理性及其在当代社会的重要价值进行阐述，实践美学呈现蓬勃发展的再次复兴之势。从实践美学发展过程来看，其主要经历了三个阶段：第一阶段为 20 世纪五六十年代的笼统直观认识阶段，由美学大讨论形成关于美的本质问题论争，其中"美学四大派"为论争主体；第二阶段为 20 世纪 80 年代的分析研究阶段，以"美学热"为表现，

＊ 罗曼，女，1979 年生。哈尔滨师范大学文学院副教授，主要从事文艺学、美学研究。

① 李泽厚：《从美感两重性到情本体——李泽厚美学文录》，济南：山东文艺出版社，2019 年，第 276 页。

探讨了包括美感经验、审美教育、审美范畴、中西方美学史、应用美学、技术美学、中西美学的比较研究等诸多美学思想，且形成了传统实践美学的基本格局；第三阶段为 20 世纪 90 年代至今的综合创新阶段，以"后"实践美学和"新"实践美学为论争主体，以批判、超越、继承、改造传统实践美学为主体研究方向。

实践美学在半个多世纪的发展历程中，涌现出许多新的角度、新的美学理论与主张，也提出了许多新问题，并形成了很多突破性的结果，实践美学对于当代中国美学的重要意义也早已不言而喻，彰显出中国当代美学的思维转换及不同时代背景下美学家对于美学的认知变化和哲学思考。在这其中较为特殊且对当前美学论争有重要启示价值的当属蒋孔阳的实践美学思想。综合来看，蒋孔阳的实践美学思想在时间属性上归属第二阶段"分析研究"阶段，但其美学思维和研究方式却属于第三阶段"综合创新"阶段，他的实践美学思想具有重要的承上启下作用，既包含对 20 世纪 50 年代美学思想的反思，也对 80 年代美学理论进行了拓展，他以继承、批判、重构的视角进一步解析实践美学，其总的特点为综合统一，既属"实践美学的总结者"①，也是独特的实践美学"第五派"②。蒋孔阳以其对美学的深入思考和独特见解，为当代美学提供了一种新的审美视角和美学思考路径，对新世纪美学发展投射出"蒋孔阳美学效应"。

一、变革思维逻辑的反思性美学

对美学已有理论的反思，是美学发展的基本前提，也是美学发展的基本环节。反思本身也就是一种发展。所谓"对实践美学的反思"，就是要从批判地反省关于实践美学的观念中，发现它包含的理论矛盾，找出阻碍它发展的症结，进一步深入、准确地理解马克思主义美学的实质，把握马克思主义美学精神，以便确立进一步发展这一理论的正确基点，创造美学发展所必要的理论条件。

"美学大讨论"时期，围绕美的本质所进行的论争已然引起学界对美学本质主义的"怀疑"，并发出美学要改革、要现代化的呼声。问题究竟何在？马克思主义美学是否已经过时，应当以一种新的理论去取代它？怎样才能打破它的僵化状态，使它不仅跟上时代步伐，而且走在实践和科学的前面，成为推动时代前进的强大动力？要推进马克思主义美学发展，这些问题就需要解决，蒋孔阳先生显然也看到了

---

① 章辉：《实践美学：历史谱系与理论终结》，北京：北京大学出版社，2006 年，第 67 页。
② 朱立元：《中国美学界独树一帜的"第五派"——略论蒋孔阳教授的美学思想》，《复旦学报》（社会科学版）1991 年第 2 期。

这一点。与传统实践美学把基本立足点放在对"美"本质思考上、放在为"美"下定义的经典论述的基础上不同，蒋孔阳一直在寻找美学思考的新着力点，而他首先做的就是对美学思维模式进行调整。

在人类对客观对象进行分析、理解、把握并作出评价时，均要应用思维方式，其属于人类思维活动中的基本模式，因此，如果思维方式发生变化，则属于根本性变化，在新思维的形成过程中，即可有效解放思想。蒋先生在思考中抓住了实践美学发展过程中的关键性问题，对于形而上学、静止美以及将美作为一种固定模式的实体事物、将美或者美感作为要素所构成的现象，均提出反对意见①。在他看来，马克思主义美学同以往在根本性质上的不同，就是它彻底否定了那种追求永恒的绝对真理的做法。因此，研究美学，不是研究固化的、静止的本质主义美学，应当对观察视角进行调整。他指出，宇宙运转中世间万物均具有相互关系，应在这一关系认定的基础上，对审美现象与审美活动展开研究。美学所有问题均能够置入人对现实的审美关系进行分析，因此，"美学的研究虽然不限于人对现实的审美关系，但应当以人对现实的审美关系作为出发点"②。蒋先生的这一论断打破了过去将"美是什么"当作终极真理的追寻，另辟蹊径对美作出全新的解释说明，其对于当时流行的美学观念具有某种超越性，"审美关系"成为美学研究的起点，美与美感被放置在"关系"中去思考，这样美学就摒弃了二元对立而走向动态生成。同时，关系具有复杂性、发展性特征，因此，在审美关系中，对于各类艺术的理解均有所不同，在整体结构中，各类艺术均具有独特的地位，人作为审美主体，与审美对象之间的关系也处于持续变化中。

蒋先生这一美学研究逻辑起点的转换，超越了以往的认识论、美学形而上以及主客体二分的传统思维，这一观点将美学实体论转变发展为美学关系论，不仅摒弃了中国当代美学主客体对立哲学理论，同时也是马克思主义美学在新的时代变革中的一种新的思考点。因为马克思主义的实践观点，绝不是用来回答认识的基础、来源和真理的标准等认识论问题的一个原理，而是用以理解和说明全部世界观问题、区别于以往一切哲学观点的新的思维方式。马克思主义美学的产生之所以引起了整个美学理论观点的革命性转变，从根本上说也是因为思维方式发生了变革。而马克思主义实践论指出，无论是对象还是意识，均是在实践过程中形成的。人必须与其所处客观世界之间互动交流，由此才能够在主体和客体之间形成对象性关系。基于此，在展开美学研究时，应当将人对现实的审美关系作为基础，由此对人类的所有

---

① 蒋孔阳：《美在创造中》，桂林：广西师范大学出版社，1997年，第3页。
② 同上，第3页。

审美活动以及审美现象展开进一步探究。

　　一种理论的发展，在一定意义上说，就是它的已有方式在新情况下合乎逻辑的进一步展开和发挥，蒋孔阳所做的恰是如此。传统实践美学强调关注所有美的事物的特性，主张思考探究"美本身"这一问题，这是基于认识论、本质论的美学探究，而蒋先生的美学研究重心则强调将审美关系中的主体"人"作为研究对象，由此，美学问题从"美"转变为"审美"，转变为一种审美论和价值论的美学，人的审美自由、审美解放等问题也随即绽放，这样在美学研究的思维上，蒋孔阳开启了美学研究的新路径。这种美学研究模式重建了一种开放的马克思主义美学，这种美学思想的新意也在于重新寻找马克思主义美学的基本立足点，因此，周来祥先生提出，在对美学展开研究时，应当将关系思维以及系统思维作为重要基础，这是蒋孔阳先生学习总结中外美学史，在持续探索研究后所总结出的成果，这一美学研究的重要成果，在促进中国美学发展方面意义重大。①

二、走向综合统一的体系性美学

　　美学从根本上来说是一种体系性的学说，这是美学理论的基本特点所决定的。通常意义上所讲的体系，有两种表现形式。第一，在某一论述的构成过程中，多个思想之间具有内在的逻辑关系，表现出思想的统一性、连贯性以及制约性特征。这种逻辑关系通常是隐形的、内在的联系，因此被视为思想层面的体系；第二，某一学说通过理论的方式，以稳定的范畴、原理之间有机的和统一的联系而表现出来。这种体系的搭建常见于学术建构中，在已形成的理论论述之中，自觉地有意识地形成逻辑，因此被视为理论层面的体系。蒋孔阳从不坚持要创造"体系"，并一再说明自己无意要建什么学派、创什么新体系，但是深究其美学思想却形成了内在的无形的逻辑联系，因此，他的美学思想在对美的思考中已经形成思想层面的体系，并通过继承、反思、创新传统实践美学而走向综合统一的"新"实践美学。

　　蒋先生美学内在逻辑体系是通过对实践美学核心范畴的重释得以形成的，这其中包含美论、美感论和艺术论三个层面，以及围绕这三个层面所集中阐发的五个核心理念——"实践""创造""关系""艺术""人的本质力量对象化"。这其中，"实践"是核心，"创造"是升华，"关系"为条件，"艺术"属对象，"人的本质力

---

　　① 复旦大学文艺学美学研究中心编：《美学与艺术评论》第 6 辑，上海：复旦大学出版社，2002 年，第 25 页。

量对象化"则为内涵。通过对这五个理念的深入阐析，蒋孔阳美学思想体系形成了天然内在逻辑，并进一步推进和创新了传统实践美学。

在马克思主义美学以及当代中国美学中，"实践"始终是美学研究的重要概念和范畴，"实践美学派"也正是因为以马克思主义的实践观来构建美学思想体系的基础而得名的，因此每一位实践美学家都会对"实践"问题进行剖析，蒋先生也是如此。他从一开始便以物质劳动和精神劳动的统一来界定实践，在他看来，应当以社会生活实践作为基础对美展开深入研究，美并非人的心灵或者是意识可以随心所欲，也不可完全脱离人类的社会生活，美作为一种特殊的物质，是在人类社会物质劳动以及精神劳动中逐渐形成的①。这就是说，实践既包括物质劳动，也包括精神劳动，实践创造了美，美产生于社会历史。更进一步，蒋孔阳对劳动实践的发展历程进行分析，在劳动实践中，可同时产生审美主体及客体。审美对象、审美主体的审美能力，均是社会历史发展中所形成的重要产物，是在人类劳动实践中逐渐发展的，因此，审美对象以及审美能力已不属于自然的范畴，在社会范畴中，美不是一种自然现象，而是一种社会现象。故而，在实践活动中，在人与世界之间，除了能够形成认识关系、道德伦理关系，更形成了审美关系。

然而，实践的真正内涵在于"人的本质力量的对象化"。人在参与劳动时，不仅能够获取一定的物质享受，同时还能够获得精神层面的享受。在劳动过程中，人类能够创造出各类物质产品，也能够充分展示出劳动者的情感、智慧等，在这些本质力量的实现过程中，人感到了快乐，美也就此诞生。由此，"人的本质力量的对象化"创造了美，也创造了"美感"。所谓"人的本质力量对象化"，也就是在审美活动过程中，审美主体将社会性内容对象化至审美对象中，由此展现出人的精神趣味，在主客体融合中产生独特的美。可见，美，不仅是主体对于客观世界的感知，同时也是审美体验环节创作出的社会性特征以及主体能动性，美是主客观的统一。客体层面，美具有社会性；主观层面，美具有能动性，因此，美就体现在"创造"的过程中，是一个"恒新恒异"的创造过程。

就美论而言，蒋孔阳以"美在创造中"对"美的本质"问题作了最为简洁的回答。他通过对中外美学史的梳理而提出"美的相对性"，他指出，应当突破常规形而上学的观点，在持续的变化以及复杂的多层次结构中，对美展开深入研究。并且，美是一个复杂的开放性系统，是时空复合所形成的结构，同时也是自然物质、心理意识、社会历史等各类要素积累所形成的，因此，在欣赏美时，应当综合考虑各类因素，并且促进不同要素之间相互渗透与融合，进而形成一种全新的形象。美的创

① 蒋孔阳：《简论美》，北京：作家出版社，1957年，第269页。

造过程，也即一种多层累积的突创，"美的特点，就是恒新恒异的创造"。① 蒋先生所说的"美在创造中"，强调美具有动态性特征，在对美的定义展开研究时，其没有认为美是创造，而是提出美在创造中这一命题。美在创造"中"体现出美是一个动态过程，并非独立、静止的固化静态，因此，美处于持续变化中，是各类要素共同积累、相互影响、交汇融合所形成的。此外，蒋先生也告诉我们，美并非纯粹、单一的，而是复杂、多样的。因此，在对美的本质展开探究时，应当清晰地认识到美的这一特征，并且从多层次以及多个角度，对美的形成以及创造过程进行研究。

最后，蒋先生将研究的视野放在了"艺术"这一对象身上。在蒋孔阳的美学体系中，艺术论尤为重要。他提出，文学艺术的范畴并非局限于美，但是，在对美的问题展开研究时，应当将艺术作为关键的研究对象②。这就是说，美学应当将艺术作为主要对象，通过采用艺术方式，对人与现实之间的审美关系进行分析，对人类的审美意识与经验进行分析，对各类形态以及不同范畴的美深入分析。并且，蒋孔阳虽然和李泽厚一样都把艺术作为美学研究的主要对象，但二者的研究角度选择不同，李泽厚从哲学与美学角度出发，对艺术美的本身进行探究，而蒋孔阳则从创造美学的角度出发，对艺术美的创作过程进行探究。由此，在艺术论层面，蒋孔阳走向了独立、创新。

综合来看，蒋先生的五个核心概念既相互独立又不可分割，实现了融合共生，在"实践"核心基础上，美、美感、艺术、审美主体、审美客体、审美关系都联系在　起，蒋孔阳的美学体系也呈现山明显特点，　是美学具有"人学"特质，需将人和对象之间的审美关系作为核心，在"人学"的基础上对美学展开研究。二是美学的"实践"基础，在"自然人化"以及"人化自然"基本观点下，以实践论为基础对美学展开研究。三是提倡美学中的"生成—创造"论，将美的创造性作为美学价值理念中的基础内容。于是，在继承传统实践美学观念的基础上，蒋孔阳将马克思主义实践美学的内涵深化拓展并开拓创新，将马克思主义"实践"研究专门化、多样化，从而完成了他的"思想体系"大厦的构建。

三、赋有生命活力的开放性美学

一种理论只有在具有生命力与科学性的基础上，才能够持续地变革、创新、丰

---

①　蒋孔阳：《美学新论》，北京：人民文学出版社，2006 年，第 150 页。
②　同上，第 40 页。

富。因此，在当前美学背景下研究蒋孔阳美学的价值就取决于它是否观照未来，具有生命力。蒋先生的美学思想体系具有明显的创新性和鲜明的开放性，就像有的学者评价的那样，蒋孔阳的美学研究创新"使得其美学具有走向未来的开放性"①。

"生命力"和"开放"意味着在治学态度上不故步自封，不夜郎自大，在学术研究上真诚、理性地去对待美学中的一切思想和一切观点。蒋孔阳美学为什么是具有生命活力的开放性美学？深究其因就是在做学问的方法上，他选择了"综合创新"，"综合创新"乃是蒋先生美学创新的重要法门。蒋先生指出，在对文学艺术以及美学展开研究时，应当避免故步自封，需拓展视野，将古今中外的美学研究成果进行深入研读与综合对比分析，取其精华，去其糟粕，集百家之长，由此创新。因此，蒋先生对于古今中外美学不同学派、不同代表人物的美学思想观点和种种不同的研究途径与方法，从不轻易否定或肯定，他会加以批判地审视，进而从中吸取合理的内核。

在 20 世纪 50 年代的美学大讨论中，当有人问他是哪一派的时候，他明确表示，在学习了解每一派时，都能够收获很多知识，并且不能将人作为线，而是应当将真理作为线。因为在浩瀚无边的真理海洋中，如果能够自成一家，则必然有过人之处；但是，如果仅有一家，则必然有局限性，甚至是错误的观点。同时，在人类发展历史中，在对真理展开持续研究时，必然会形成正确的哲学理论，因为错误哲学或者是没有价值的哲学，一般很难保存并流传。在蒋先生看来，马克思的伟大之处就在于他勇于承认他的观点并非占有真理，而只是不断地发现真理，让真理去占有他。因此，马克思警示人们，真理是过程而并非一个结论。真理并非持续不变，而是具有开放性特征，在这一开放性系统中，所有人都应聆听真理的召唤，纠正自身错误的认知，吸取他人长处持续进步，应当达到"真理占有我，而不是我占有真理"。蒋先生清醒地指出，他之所以能够取得进步，就是因为他从没有把自己封闭起来，而是从不同的方面吸取不同的意见从而去丰富自己②。需要指出的是，蒋先生在1979 年发表的《建国以来我国关于美学问题的讨论》普遍为学界所认同，也正是因为他既不是"客观派""主观派"，也不是"主客观统一派"或是其他派，而是站在时代的高度，以实践美学发展的广阔视野，实事求是去评价各派的美学观点，所以才能做出令人信服而又比较客观、公正的评价。

当然，必须明晰的是，"综合创新"中的综合，不是为综合而综合，综合的目的是为了创新，综合与创新是密不可分的。综合是创新的基础和前提；创新是综合

---

① 章辉：《实践美学：历史谱系与理论终结》，第 67 页。
② 蒋孔阳：《美在创造中》，第 271 页。

的旨归和目的。因此，在蒋先生的著作中，他基于马克思主义美学传统的当代发展及美学基本问题域的变化语境，通过当代语境中美学理论相关问题的探究，将马克思主义实践美学研究深入到美学基本问题及其批评实践的过程中，从而将马克思主义的美学思想重新解读，并得出了"美在创造中""人是世界的美""美是人的本质力量对象化""美是自由的形象"等重大美学命题结论。

更进一步，在蒋孔阳看来，"综合创新"这种方法意味着要始终坚持唯物辩证法。在对多种方法进行对比分析后，蒋先生指出，唯物辩证法是最为有效的研究方式。首先，唯物辩证法是历史上最先进的方法，其他方法中可能并不包含唯物辩证法，但唯物辩证法却能包含其他各种研究方法。其次，唯物辩证法具有开放性特征，不仅不会受到各类条件的限制和影响，而且是实践的指南。随着实践的持续发展，唯物辩证法也会越来越完善。因此，站在唯物辩证的基础上看整个宇宙就是一个动态的时空复合结构，宇宙中的一切事物都不是固定的，而是处于相互联系和永远变化之中，处于不断地否定、革新和创造的过程之中。美是人类社会发展中的重要现象，所以，在人类社会发展中，美也在持续地变化与创造。因此，在对美展开研究时，就不能局限于固定化的理解，应以发展的眼光进行分析，持续创造。

应该说，在当前美学思想大发展的时代背景下，在实践美学、后实践美学、新实践美学论争所带来的实践美学的复兴中，蒋孔阳的"综合创新"美学方法论给我们带来了重要的启示性意义。当今社会，多元文化充斥，但是，现有文化思想体系均无法为人类发展提供唯一的答案，因此，通过综合比较、多元对话走向思想创新，是实现美学思想的互识、互证和互补的有效途径。现代美学理论研究的创新，不是基于推翻前人的理论研究成果，构建"唯我独尊"的美学体系，而正是要脱离对立的思维模式，走向综合与创新。我们也欣喜地看到，当前美学研究的论争显然已经从原有的对立与抗衡，开始走向对话和融合，这也是当前美学研究与美学切入方式的新趋势。因此，在我们回头去看蒋先生美学研究中的可贵尝试时，他在美学研究中运用的多元化、平等性、交往式思维模式，他对"变化"与"生成"的强调，他对美学"创造"性的解读，他的"综合创新"方法都体现了一种与时俱进的思维模式。蒋孔阳在继承前人、综合创新的基础上，突破了前人和同时代人的流行观点并高度重视其他学者的优点，在综合的基础上生发、推进，形成自己的独创性见解。也因如此，蒋先生的美学思想能够突破时代的局限而孕育出全新的思想，他的美学成为了真正具有活力的开放性美学。

综上所述，蒋孔阳先生运用马克思主义的实践观点研究和回答了他所在时代面临的美学论争，为实践美学的前行之路提供了一种全新的思维方式，并由此开启了实践美学理论研究的新路径。对蒋孔阳美学的研究有利于在学理层面进一步梳理和澄清马克思主义美学深入当代美学实践的基本过程，从而为当代美学基本问题研究提供一定的理论论证与分析阐释的视角。诚然，蒋孔阳所做的主要还是创立新美学理论的奠基性工作，但当他呼吁"美在创造中"时，就是他对当代美学史做出的伟大贡献。如果把这一"新"实践美学比作一座大厦，他完成的只是基础工程，至于大厦本身远未完成，而这也是留给后人的任务，"新"实践美学家们①正是沿着蒋先生所开辟的历史基点而走上了实践美学舞台，因此，蒋先生阐释和践行的反思、综合、创新的美学发展之路，不应该是沉没的历史，而应该是开放的未来！

---

① 这里主要指朱立元"实践存在论美学"，张玉能"新实践美学"，邓晓芒和易中天的"新实践观美学"，徐碧辉的"实践生存论美学"等。

作为他者的自我
——谢林美学中无意识理论的建构与演进

章文颖 *

内容提要：

　　谢林的无意识理论在西方美学史上具有重要意义。谢林早期对绝对者问题的思考基本设定了他无意识理论的框架。在自然哲学中，谢林把无意识界定为自然的本体，且将其作为意识的先验存在融入"自我"。在先验哲学中，谢林将意识区分为"未及"和"高于"两种无意识形态。无意识完成了从自然无意识向人格无意识的进化。在艺术领域，无意识分别在艺术活动、艺术家和艺术作品三个层面得到实体化。谢林后期观念转变，他不但直面了无意识的非理性属性及其在绝对者创世活动中的根基地位，而且深化了无意识在人格塑造中的决定性作用，在更广阔的视野中看待审美问题。谢林美学中的"无意识"作为构成"自我"的一种内生的"他者"，是向着生命、爱和创造酝酿无限可能性并促成个体去行动的积极力量。

关键词：

　　谢林；无意识；自然；自我；自由

　　20 世纪以来，"无意识"作为精神分析学派的核心概念深刻影响了现代人文社会科学的各个领域。但无意识问题并非弗洛伊德首创，它在西方学术史上早有渊源，

---

　　* 章文颖，女，1982 年生，上海市人。上海戏剧学院导演系副教授、硕士生导师。主要从事西方美学和艺术理论研究。本文系教育部人文社会科学研究青年基金项目"谢林美学对现代西方美学和艺术的意义及影响研究"［项目编号：18YJCZH256］、中国博士后科学基金特别资助项目"谢林美学对现代西方美学和艺术的意义及影响研究"［资助编号：2018T110404］阶段性成果。

研究涉及哲学、医学、神学、神秘学、文艺、自然科学等领域①。在无意识从神秘主义的假说发展到现代自然和人文科学的基础理论的过程中，德国观念论起到了关键作用：它使无意识不再是偶然的、经验的、个体的心理现象，而是人类心灵中固有的先天基础。

作为观念论哲学的代表，谢林对无意识理论的现代转向起到了里程碑式的作用。安德鲁·鲍维（Andrew Bowie）称谢林或许是"第一个以现代思维中的重要方式使用'无意识'这个术语的人"②。他不仅明确提出了"无意识"的概念，还结合自己的体系，发展出了一整套无意识理论，将无意识从传统认知领域拓展到情感和意志领域。和他同时代的爱德华·冯·哈德曼（Eduard von Hartmann）在《无意识哲学》（*Philosophie des Unbewussten*，1869）里评价谢林是第一个热切地沿着康德所暗示的原初存在的无意识的理智直观和人类知性的衍生关系这条理论线索追寻下去的人，并赞赏谢林对无意识概念的把握具有"完全的纯粹性、清晰性和深刻性"③。

谢林前期从理性因果逻辑，后期从意志自由的角度来研究主体与自然之间的关系。其间，"无意识"作为自我与世界的边界领域是贯穿谢林哲学的核心命题。本文将结合前后期谢林哲学思想的演进过程，从无意识与自然、自我、艺术和自由的关系四个方面，较为系统地勾勒他无意识理论的概貌，并在此基础上领会其对现代美学发展的启发意义。

一、意识之外的"绝对者"

谢林早期受费希特知识学的影响，将"绝对自我"作为体系的最高本原，使知

---

① 关于精神分析学派的无意识概念的理论渊源问题，可参阅 Lancelot Law Whyte，*The Unconscious Before Freud*，New York：Anchor Books，1962 和 Henri F. Ellenberger，*The Discovery of the Unconscious：The History and Evolution of Dynamic Psychiatry*，New York：Basic Books，1970 两本著作。两位学者从跨文化和跨学科的视角，在 17—19 世纪（甚至更早）西方广泛的宗教、哲学、文学和科学的思想活动中，找到了现代精神分析学的文化传统。

② Andrew Bowie，"*The philosophical significance of Schelling's conception of the unconscious*," in *Thinking the Unconscious*，Eds. Angus Nicholls，Martin Liebscher New York：Cambridge University Press，2010，p. 57.

③ Eduard von Hartmann，*Philosophy of the Unconscious：Speculative Results according to the Inductive Method of Physical Science*，Trans. William Chatterton Coupland，London and New York：Routledge，2014，pp. 23—24.

识的形式与内容相互给定，从而为完整统一的知识学体系奠基，实现哲学的科学形态①。此后，为体系确立一个无条件的最高本原（绝对者）的思想始终都是谢林哲学的基本出发点。

"绝对者"这一概念在逻辑上包含着一个致命的悖论：这个使一切存在和认识的实在性得以成立的绝对前提本身的实在性难以确认，因为它根本不能进入主体意识，是一个意识之外的存在！因为任何意识都要以主客体的对立为前提②，而绝对者本身是无条件的绝对同一，不能用概念反思和感性直观来把握。为此，谢林引入了"理智直观"的概念来解决对绝对者的洞察问题③。理智直观是创造者与被创造者、直观者与被直观者同一的绝对自由的创生活动，它是绝对者唯一的存在和认识方式④。然而，正是由于这种无客体性，理智直观本身也不可能出现在意识里⑤。

"绝对者"和"理智直观"作为谢林前期哲学为体系实在性奠基的核心概念有一个共同的特征——无意识的无限性。这说明谢林在形而上学的层面关注到了一个极为重要的无意识领域。事实上，谢林在此所触及的无意识问题已经基本确立了他后来在这个问题上的思考方向。首先，无意识的绝对者与经验自我的形成有根本性的关联，无意识始终是"自我"的一部分。"绝对者"是经验自我永恒的先验根据。它在自身之内包含着绝对的、无条件的因果性和实在性，在此基础上，经验自我有

---

① Friedrich Wilhelm Joseph von Schelling, "Über die Möglichkeit einer Form der Philosophie überhaupt," in *Sämmtliche Werke*. Vol. 1. Ed. Karl Friedrich August Schelling. Stuttgart und Augsburg: J. G. Cotta' scher Verlag, 1856, pp. 100—101. （科塔出版社版《谢林全集》：Friedrich Wilhelm Joseph von Schelling, *Sämmtliche Werke*. 14 vols. Ed. Karl Friedrich August Schelling. Stuttgart und Augsburg: J. G. Cotta' scher Verlag, 1856—1861. 以下简写为"Sämmtliche Werke"卷号）

② Friedrich Wilhelm Joseph von Schelling, "Vom Ich als Princip der Philosopie oder über das Unbedingte im menschlichen Wissen," in *Sämmtliche Werke*. Vol. Ⅰ, 1856, pp. 165—166.

③ Ibid, p. 181.

④ 在早期的《关于独断论和批判论的哲学通信》中，谢林曾指出理智直观出现在"对我们自己来说不再是客体的地方，或（退回到自身之中的）直观的自我与被直观的自我同一的地方"。(Friedrich Wilhelm Joseph von Schelling, "Philosophische Briefe über Dogmatismus und Kriticismus." in *Sämmtliche Werke*. Vol. Ⅰ, 1856, p. 319.) 在《先验唯心论体系》中，谢林认为理智直观是绝对自我对自身的认知活动，他说"这种知识活动是一种同时创造自己的对象的知识活动，是一种总是自由地进行创造的直观，在这种直观中，创造者和被创造者是同一个东西"。(Friedrich Wilhelm Joseph von Schelling, "System des transscendentalen Idealismus," in *Sämmtliche Werke*. Vol. Ⅲ, 1858, p. 369. 译文参考谢林：《先验唯心论体系》，梁志学、石泉译，北京：商务印书馆，2006年。或有改动，下同)。

⑤ Friedrich Wilhelm Joseph von Schelling, "Vom Ich als Princip der Philosopie oder über das Unbedingte im menschlichen Wissen," in *Sämmtliche Werke*. Vol. Ⅰ, 1856, pp. 181—182.

限的因果性和实在性才成为可能①。其次，无意识在理论和实践两方面发生作用。它既可以是一种认知对象，也可以是一种认知活动，还可以是决定存在形态的某种意志行动。最后，既然无意识的绝对者在自身之内生成了主客体世界，那么无意识既是一切现实存在的本源的驱动力，也是将主体与世界对立又统一起来的力量，"一种自我与客体世界不可分的分离之物"②。以上三层含义主导了谢林前后期美学中无意识理论的建构，谢林在不同阶段会侧重发展其中的某些方面，不断丰富"无意识"理论的内涵。

二、无意识是"自然"

谢林所处时代面临的大问题是"如何不借助神学来理解我们作为有自我意识的自然存在物的状态"③。这其实就是要解决笛卡尔身心二元论导致的主体与自然的分裂。所以，他前期致力于在自然和自我之间建立起稳固的联系，把说明"自然"与"自我"的"某种彼此会合的活动"作为哲学的核心任务④。面对自然和自我这对看似对立又密切关联的概念，只要找到两者交叠的领域，就能触及它们之间的界限，同时揭开其相互关联的秘密。

于是在自然哲学中，谢林用有机自然观把自然还原为精神性的存在，它与自我意识先验同一，并可以向经验意识转化。如此一来，自然实际上就是尚未成为意识的"无意识"。谢林认为，自然不能仅仅被视为纯粹受因果必然律支配的客体存在物，而是区别于主体意识的另一种精神性的存在。自然的整体是一个创造性的生命体，它是它自己的产物，既是客体也是主体。作为客体的自然是"被生的自然"（natura naturata），作为主体的自然是"能生的自然"（natura naturans），而自然中"那种绝对非客观的东西正是自然原初的创造性（die ursprüngliche Produktivität der

---

① Friedrich Wilhelm Joseph von Schelling, "Vom Ich als Princip der Philosopie oder über das Unbedingte im menschlichen Wissen," in *Sämmtliche Werke*. Vol. Ⅰ, 1856, pp. 234—235, p. 240.

② Matt Ffytche, *The Foundation of the Unconscious：Schelling, Freud and the Birth of the Modern Psyche*, New York：Cambridge University Press, 2012, p. 153.

③ Andrew Bowie, *Schelling and Modern European Philosophy：An Introduction.* London & New York：Routledge, 1993, p. 45.

④ Friedrich Wilhelm Joseph von Schelling, "System des transscendentalen Idealismus," in *Sämmtliche Werke*. Vol. Ⅲ, 1858, p. 339.

Natur）"①。谢林实际上把自然设定为无条件的创世创造力，它根源于主体意识之外的更高的无意识的绝对主体，与有意识的主体自我处于双生对应的关系之中。能生的自然本身是无形无限的，它之所以能够作为产物在意识中显现，是因为自然内部有一种"原初的双重性（Duplicität）"动力结构：一方面是肯定性的向外扩展的趋势，是无限创造的力，指向绝对同一；另一方面是否定的向内收缩的趋势，它反抗前者，使其受到限制，从而形成确定的差异和个体，自然作为产物在意识中实在地显现②。所以，有现象的地方就有相互对立的力量，普遍的双重性和普遍的同一性在自然内部形成对立统一的张力，构成了一切现实存在的基础③。可见，自然是超出现有意识领域的"一个行为，这个行为不是亲自进入到意识之内，而仅仅是通过它的结果而进入到意识之内"④。

自然的无限创造是有目的、有方向的。谢林将自然的创造力称为"构形本能"（Bildungstrieb），它是一切生命和有机体的原因⑤。它源自最高理智，以一种无意识的方式将各种盲目的、僵死的自然力向着合目的的方向建构，赋予其生命的活力，因而是"大自然的共同灵魂"⑥。整体的自然是一个绝对连续的自我进化的系统。它遵循精神性从低级到高级的发展原则，从无机物到有机体，不断地展现自己，最后在人的自我意识中达到精神活动最高阶段——理智的自我确认。这样，谢林就把"自然"和"自我"两个领域用一种绝对连续的方式连接了起来。自然被纳入自我之中，以显隐两种方式与自我发生关联：作为本体的、能生的自然是尚未进入意识的自我的先验存在；而作为产物的自然则是被理智规定了的、进入意识的客体化了的自我。同样，"自我"也被纳入了自然的系统性整体之中，理智的自我是进化到高阶的有意识的自然。在此意义上，谢林认为"自然应是可见的精神，精神应是不

---

① Friedrich Wilhelm Joseph von Schelling, "Einleitung zu dem Entwurf eines Systems der Natur-philosophie oder über den Begriff der spekulativen Physik," in *Sämmtliche Werke*. Vol. III, 1858, p. 284.

② Ibid, pp. 287—288.

③ Friedrich Wilhelm Joseph von Schelling, "Von der Weltseele, eine Hypothese der höheren Physik," in *Sämmtliche Werke*. Vol. II, 1857, p. 390. （译文参考谢林：《论世界灵魂》，庄振华译，北京：北京大学出版社，2018 年，或有改动，下同。）

④ Friedrich Wilhelm Joseph von Schelling, "Zur Geschichte der neueren Philosophie," in *Sämmtliche Werke*. Vol. X, 1861, p. 93. （译文参考谢林：《近代哲学史》，先刚译，北京：北京大学出版社，2016 年。或有改动。）

⑤ Friedrich Wilhelm Joseph von Schelling, "Von der Weltseele, eine Hypothese der höheren Physik," in *Sämmtliche Werke*. Vol. II, 1857, p. 565.

⑥ Ibid, p. 569 .

可见的自然"①。

在自然哲学中，谢林把无意识界定为自然的本体，且将其作为意识的先验存在（潜在的意识）融入"自我"。这既和浪漫派的自然观相似，也有弗洛伊德把无意识视为人的自然本能的理论雏形。但是，谢林的理性主义的立场决定了他的自然无意识和两者有根本的区别。首先，和浪漫派不同，谢林并没有把自然置于不可知的神秘主义的境地；相反，无意识的自然处于自我的先验领域，是一切经验认知的先验根据。因为"客观世界的起源"就在无意识自然那里，所以"我们的认识本来就是完全彻底经验的，又是完全彻底先验的"②。其次，前期谢林以一种积极的态度来看待自然，将其视为一种尚未明晰的理智。他说："完善的自然理论应是整个自然借以把自己溶化为一种理智的理论。自然的僵死的和没有意识的产物只是自然反映自己的没有成效的尝试，不过所谓僵死的自然总的来说还是一种不成熟的理智，因而在它的现象中仍然无意识地透露出理智特性的光芒。"③因此，谢林用"Das Bewußtlose"来指称自然④，本意为"失去意识"或"无知无觉"的东西，区别于直接加否定词缀的"无意识"（unbewußt），就是强调自然无意识是一种可能拥有理智意识的无意识状态，这和弗洛伊德的非理性本能无意识根本不同。

三、自我中的"无意识"

通过将自然阐释为人的先验无意识，谢林实现了自然哲学和主体先验哲学的结构性融合。"无意识"因此从某种外在于人的神秘力量转变为主体心灵内部的未知的东西，成为自我的一部分。在《先验唯心论体系》中，谢林明确地提出"无意识"这个术语，并将无意识与意识在自我之中的辩证运动作为自我意识连续发展的核心线索贯穿始终。

谢林认为，"绝对者"作为观念世界和现实世界的共同本原是"永恒的、不包

---

① Friedrich Wilhelm Joseph von Schelling, "Ideen zu einer Philosophie der Natur," in *Sämmtliche Werke*. Vol. Ⅱ, 1857, p. 56.

② Friedrich Wilhelm Joseph von Schelling, "System des transscendentalen Idealismus," in *Sämmtliche Werke*. Vol. Ⅲ, 1858, p. 528.

③ Ibid, p. 341.

④ Ibid, p. 339.

含在时间里的自我意识的活动（Akt）"①。它"是赋予一切事物以存在（Daseyn）的东西……客观上表现为永恒的生成，主观上表现为无限的创造"②。绝对者是时间之外的永恒存在，是本原的自我，经验自我必须通过它的创造活动才能形成。由于绝对者的绝对无限性，经验自我的形成必然与一系列无意识活动密切相关。

第一，经验自我始终是在与世界的整体性关联中，通过意识与无意识的对立活动构建起来的。在自我意识发展的不同阶段，"世界"表现为不同意义上的"自然"，伴随着"自我"而生成。绝对者通过它自身内部的"越界"和"受限"两种对立活动不断进行创造性直观，从而形成"自在之物"和"自在之我"③。这就是说，无意识活动作为一种实在性的"物"的存在（即"自然"）会始终伴随着观念性的自我，自我意识在它们的对立活动中向最高理性的方向发展。理论阶段是自我意识的先验开端，经过原始感觉、创造性直观和反思三个环节形成了一个认知的自我④。在整个理论阶段，绝对者的无意识活动形成了独立于意识的物质的自然，自然作为客体世界始终与作为主观世界的自我意识同步发展。在理论哲学的终结处，自我被抽象为对立于自然的理智，清晰的自我意识形成。于是，个体自我出现了，意识从单纯的认识活动上升到意志活动，由此进入实践哲学的领域。在实践哲学阶段，意识与无意识活动的对立统一通过人类历史来体现。个体自我要进行有意识的认知并创造。创造行动的实质是自我要将内心的理想在客观世界里付诸实现，而无数个体自我的意志活动在现实时空中的集合就构成了人类的历史。在历史中，个体只管尽情地"自由表演"⑤，但行动的结果却会根据某种意识之外的目的去发展，并不完全受控于个体意识。历史以类族的理想、文化习俗和法律制度（Rechtsverfassung）等社会公意的表现形式无形地干预着个体有意识的行为⑥。历史的这种在意识之外、不为个人意志左右的特质决定了它的客观性。在谢林看来，历史是第二"自然"，而且是在感性自然基础上建立起来的更高的理性的自然⑦。

可见，无意识始终代表着某种先于或高于经验个体的必然存在，成为与主体意识相对的不同形态的客观自然：在认识活动中，无意识形成了作为"第一种世界"

---

① Friedrich Wilhelm Joseph von Schelling, "System des transscendentalen Idealismus," in *Sämmtliche Werke*. Vol. Ⅲ, 1858, p. 376.

② Ibid, p. 376.

③ Ibid, p. 430.

④ Ibid, p. 399, 454, 505.

⑤ Ibid, p. 587.

⑥ Ibid, p. 583, 589.

⑦ Ibid, p. 583.

的物理自然，以客观世界的形式与自我意识对立统一；在实践领域，无意识则形成了作为"第二种自然界"的历史，自然以人类历史的形式仍然与自我意识保持对立统一①。

第二，自我意识是在无意识与有意识的对立活动中历史地发展起来的。谢林认为"全部哲学"就是"自我意识不断进展的历史，而那种具体表现在经验里的东西则仿佛不过是作为这部历史的纪念碑和证据之用"②；又说"哲学是自我意识的一部历史，这部历史有不同的时期，那个唯一的绝对综合就是由这些时期相继组合而成的"③。经验意识绝非自我意识的全部，它只是绝对自我在实现自身的过程中产生的过程性的产物或印记。无意识的东西要在经验意识中通过历史性的展开来实现自己，完成绝对者对自身的启示。所以，无意识的"自然"不仅是经验意识的形而上根据，同时也是它形成的前史，是有意识自我兼在逻辑和时间意义上先在的"过去"，自我的现在和未来永远受到"过去"的自我的影响。不过，谢林的自我无意识并非心理学意义上的个体经验记忆，而是先验哲学意义上普遍自我的过去。这个"过去"包含着整体的自然，也包含了类族的文明和历史的积淀。

第三，意识与无意识的辩证运动决定了个体自我的形成。意识与无意识活动在经验领域形成的主客观世界的对立是个体自我形成的关键环节。意志活动是一个"自由的自我决定"行动，将先验自我从普遍性中决定为个体，拥有"个性"，这个在时间中生存的个体是今后这个个体自我一切经验行动的根据④。既然有意识的个体自我是从先验无意识活动中抽象出来的"自我"，那么每一刻的经验自我都是与先验无意识分离后所形成的"现在"的"我"。由于意识与无意识活动是绝对连续地发展的，所以自我在经验时间中的延续也能保持同一性。因此，个体自我既是经验与先验、偶然与必然、特殊与普遍的统一，也是流变与同一性的统一。这其实已经具有了现代心理学中"人格"观念的雏形。

在先验哲学中，"无意识"完成了从自然无意识向人格无意识的进化，在自我的认知、实践和个性三个领域都发挥着根基性作用。至此，谢林的"无意识"已经区分出了两种不同的内涵：一种是尚未发展到明晰的意识水平的无意识

① Friedrich Wilhelm Joseph von Schelling, "System des transscendentalen Idealismus," in *Sämmtliche Werke.* Vol. Ⅲ, 1858, p. 537.

② Ibid, p. 331.

③ Ibid, p. 399.

④ Ibid, pp. 548—549.

(bewußtlos)，这是与有意识对应展开的无意识的东西，即自然的无意识①；另一种高于意识，是超越于意识与无意识的对立之上的绝对同一性。谢林将绝对者称为"永恒的非意识"（ewig Unbewußte），"它虽然从未变成客体，但在一切自由行动上标出了自己的同一性。"② 所以，无意识的自然是在先验领域推动绝对自我实现自身的潜在动力；而非意识则是这种行动在超验领域的最高原理，是一切意识与无意识活动的原因。

四、无意识在艺术中实体化

根据谢林的先验哲学原理，在经验世界我们或可根据无意识的产物推测其存在，但对于其活动本身却始终无法直接感知。只有在艺术和审美活动中，自我中被分离的有意识的东西和无意识的东西才能合并达到对两者同一性的意识③，"绝对者"和"自然"两种意义上的无意识才能得到实在的显现。

第一，艺术创作活动本身体现了无意识的实体化。谢林认为，唯有艺术直观能够承担起解释主客观事物在自我之中原初同一这个先验哲学的最高问题。因为艺术直观符合两条规定，一是"有意识活动与无意识活动在同一种直观中变为客观的"；二是"自我在同一种直观中对自身既成为有意识的，同时又成为无意识的"④。现实地来看，自我在艺术创作活动中必然是有意识地（主观地）开始而在无意识的东西中（客观地）告终的，"自我就其创造活动而言是有意识的，但就其产物来看则是无意识的"⑤。无意识在整个艺术活动中"仿佛始终通过有意识的活动来发挥作用，以至于达到与有意识活动的完全同一性"⑥。艺术创作活动虽然看似起于艺术家有意识的自由创造，却始终有无意识的力量参与其中，影响着艺术家有意识的行动，并最终形成无意识的产物，或曰有意识的产物中无意识的部分。因此，"艺术建立

---

① Friedrich Wilhelm Joseph von Schelling, "Einleitung zu dem Entwurf eines Systems der Natur philosophie oder über den Begriff der spekulativen Physik," in *Sämmtliche Werke.* Vol. Ⅲ, 1858, p. 271.

② Friedrich Wilhelm Joseph von Schelling, "System des transscendentalen Idealismus," in *Sämmtliche Werke.* Vol. Ⅲ, 1858, p. 600.

③ Ibid, p. 351, 611.

④ Ibid, p. 611.

⑤ Ibid, p. 613.

⑥ Ibid, p. 613.

在有意识活动和无意识活动的同一性的基础之上"①。

第二，无意识在艺术家身上得到了充分的人格化实现。艺术家的无意识活动是其内心中一种不可理解的"本能欲求"（Trieb）和创作激情②。这种"模糊的未知的力量"可以将某种客观的东西，未经主体认识，甚至违背他的意志而添加到有意识的事物上，从而实现主体意志未曾设想的目标③。艺术家身上有意识的东西则是他理智的创作意图和通过练习获得的艺术技巧。"美感创造"（ästhetische Produktion）始于艺术家内心意识与无意识分离的"貌似不可解决的矛盾"感，结束于两者达到同一的"无限和谐"感④。绝对者通过艺术家的创作过程，在产物的同一性中达到"完善的自我直观"⑤。艺术家这种将客观无意识的东西添加到有意识的事物上，使观念与现实、自由与必然在创造过程中统一起来的能力，谢林称之为"天才"⑥。"天才"是意识与无意识的绝对综合能力，分为狭义的"艺术"（即"技艺"）和"诗意"（Poesie）两个对立统一的要素⑦。其中，技艺是有意识活动，它可以被思考和习得；诗意是无意识活动，它是天赋本质的先天恩赐⑧。天才艺术家是沟通意识彼岸的理念世界与此岸的现实世界的灵媒，即将绝对理性中自由与必然的同一性客观化的人。所以，谢林认为他们是人的本质"在灵魂和身体里"的客观化，是审美意义上完美的人⑨。

第三，是无意识在艺术作品层面的体现。"艺术作品向我们反映出有意识活动与无意识活动的同一性"，它的"根本特点是无意识的无限性（自然与自由的综

---

① Friedrich Wilhelm Joseph von Schelling, "Philosophie der Kunst," in *Sämmtliche Werke*. Vol. V, 1859, p. 384. （译文参考谢林：《艺术哲学》，先刚译，北京：北京大学出版社，2021年。或有改动，下同。）

② Friedrich Wilhelm Joseph von Schelling, "System des transscendentalen Idealismus," in *Sämmtliche Werke*. Vol. III, 1858, pp. 615—616.

③ Ibid, p. 616.

④ Ibid, p. 617.

⑤ Ibid, p. 615.

⑥ Ibid, p. 616.

⑦ Friedrich Wilhelm Joseph von Schelling, "Philosophie der Kunst," in *Sämmtliche Werke*. Vol. V, 1859, p. 461.

⑧ Friedrich Wilhelm Joseph von Schelling, "System des transscendentalen Idealismus," in *Sämmtliche Werke*. Vol. III, 1858, p. 618.

⑨ Friedrich Wilhelm Joseph von Schelling, "Philosophie der Kunst," in *Sämmtliche Werke*. Vol. V, 1859. p. 459.

合）"①。这就是说，通过艺术作品，我们能够在经验世界中现实地洞察到无限的绝对同一。因为绝对者是绝对无限和非意识的，所以能够呈现它的真正的艺术作品必然具有无限的意蕴。这样的作品除了体现艺术家明确的主观意图之外，还能体现出他意识之外的客观的无限性。这就是所谓"诗无达诂"或"言有尽而意无穷"，即真正的艺术作品可以被无限阐释的原因。

在艺术哲学中，无意识是使艺术真正成其为艺术的东西。自然无意识作为对立于主观意识的某种客观必然的力量，在艺术家身上体现为创作本能和天赋灵感。绝对者（非意识）是艺术直观中意识与无意识形成辩证运动的根本原因，它作为最高的"构形原理（Bildungsprinzip）"②贯穿在整个艺术活动中，最终在艺术作品中表现为无限意蕴。和弗洛伊德不同，谢林的"无意识"根源于形而上的超验领域，是高于人类理智的绝对理性的演化。自然无意识不是非理性的生物本能，而是有其理想的目的。无意识是自我未知未显的一部分，它无形中干预着主体的认知和行动。自我唯有通过有意识的行动，在现实世界中不断去实践和创造，才能更多地实现意识彼岸的理想。所以谢林认为，虽然无意识的"诗意"和有意识的"技艺"两者缺少了任何一方都不能创造出完美的作品，但比起没有技巧的诗意来，没有诗意的技巧成就会更高③。

艺术是自我与自然同一的实现，它承载了谢林同一哲学体系的最高理想。"这一绝对非意识（Unbewußten）和非客观的东西被反映（Reflektirtwerden），只有通过想象力的美感活动才是可能的。"④ 对绝对者的艺术直观不是概念化的认知，而是"在一种美感活动中被实践性地领会"⑤。通过艺术作品这一载体，艺术创作和鉴赏两种活动都能实践意识与无意识、有限与无限者同一，从而体认到绝对同一性的原理本身。这种体认同时伴随着一种强烈的审美情绪和深邃的感动，因为无意识活动在意识中的实现是自我对更本真的自己的认出，同时也是更完整的自我的实现。

---

① Friedrich Wilhelm Joseph von Schelling, "System des transscendentalen Idealismus," in *Sämmtliche Werke*. Vol. Ⅲ, 1858, p. 619.

② Hans Stauffacher. "Schellings Unbewusstes und das Andere der Vernunft," in *Andersheit um 1800: Figuren – Theorien – Darstellungsformen*, Eds. Elisabeth Johanna Koehn, Daniela Schmidt, etc. München: Wilhelm Fink Verlag, 2011, p. 200.

③ Friedrich Wilhelm Joseph von Schelling, "System des transscendentalen Idealismus," in *Sämmtliche Werke*. Vol. Ⅲ, 1858, pp. 618—619.

④ Ibid., p. 351.

⑤ Hans Stauffacher. "Schellings Unbewusstes und das Andere der Vernunft," in *Andersheit um 1800: Figuren – Theorien – Darstellungsformen*, Eds. Elisabeth Johanna Koehn, Daniela Schmidt, etc. München: Wilhelm Fink Verlag, 2011, p. 200.

五、自由与无意识

在谢林前期哲学中，无意识的属性是理性主义的。无论是自然、自我无意识还是艺术灵感，本质上都是绝对者的延伸。但即便是在达到体系"拱顶石"的艺术哲学中①，无意识的实在化仍然是不彻底的，因为它始终是一种说不清道不明的东西。其实无意识之所以为无意识，正因为它不受因果必然律的束缚，是无限且"自由"的。但如果无意识是受绝对理性规范的活动，那么它的自由如何实现？

正是对自由问题内在悖论的思考，开启了 1809 年后谢林后期哲学的重大理论转向。他不再乐观地相信理性具有掌控一切的权威，而是正视非理性因素对世界存在的根本作用。他在《〈世界时代〉残篇》中把无意识界定为理性的对立面，一种"原初的否定性力量"，但"哲学必须解释这个不可理解把握的东西，这个与一切思维积极对抗的东西，这个发挥着作用的晦涩的东西，这个倾向于阴暗面的东西"②。所以，谢林后期深入到体系的根基，重构了绝对者（或"上帝"）内部的结构，发现了比绝对理性更为本原的强大的非理性的力量。

首先，绝对者内部有一个非理性的本质，它先行于绝对理性，是所有无意识活动的根源。绝对者内部存在一个分裂结构，并非天然同一。在《论人类自由的本质及相关对象》中，谢林特别区分了两个概念，即上帝之内两个密切关联又毕竟不同的本质："实存者（sofern es existirt）"和"实存的单纯根据（Grund）"③。上帝要经历从根据到实存的转化，才能获得他存在的现实性。因为上帝是最高的存在，所以他实存的根据在他自身之内，是一个虽与上帝不可分割、却不同于他自身的本质，是"上帝内部的自然（Natur）"④。上帝实存的"根据"是他内部黑暗、混乱、无

---

① Friedrich Wilhelm Joseph von Schelling, "System des transscendentalen Idealismus," in *Sämmtliche Werke.* Vol. Ⅲ, 1858, p. 349.

② Friedrich Wilhelm Joseph von Schelling, "*Die Weltalter. Bruchstück,*" in *Sämmtliche Werke.* Vol. Ⅷ, 1861, p. 212. （译文参考谢林：《世界时代》，先刚译，北京：北京大学出版社，2018年。或有改动。）

③ Friedrich Wilhelm Joseph von Schelling, "Philosophische Untersuchungen über das Wesen der menschlichen Freiheit und die damit zusammenhängenden Gegenstände," in *Sämmtliche Werke.* Vol. Ⅶ, 1860, p. 357. （译文参考谢林：《论人类自由的本质及相关对象》，先刚译，北京：北京大学出版社，2019年。或有改动，下同。）

④ Ibid, pp. 358—359.

意识的东西，是尚未被塑造成形的先验"物质"（Materie）①；而他的"实存"则是光明的、理智的、有意识的那个上帝自身。上帝的理性是从无意识上升到意识后实现的统一体。在上帝形成统一体的过程中，理智虽占主导地位，但无意识的根据却提供了所有的质料和动力，是更为原始和基础的东西。作为受造物，人的实存也源自上帝的根据，只是人的根据与自己的实存不能完全统一，而是可分的②。所以上帝内部的自然同样也是人类无意识的根源。人塑造自身的过程亦是这个根据上升为理智的结果，即"把我们内部无意识的现成已有的东西提升到意识……达到一种清晰性"③。

此处，谢林前期哲学中的"自然"，从居于绝对者下位的产物上升为孕育绝对者实存的先行根基。尽管无意识仍然是不明晰的、未及理智的东西，但它不再是理智的附属，而是在统一体内和理智对立的另一个本原。"根据"是无限和无定的，因而是"自由的根基"④。它为了摆脱混沌的状态而意欲将自己生成，从而形成了有限、有形、有序的意识和个体生命。

其次，无意识是个体人格形成的基础和动力。"人格性"（Persönlichkeit）是"一种已经提升为精神性的自主性（Selbstheit）"⑤。人格形成于精神和自由意志的结合，生命的统一性被理智从自然根据中召唤到实存中来的过程之中。这既是上帝获得永恒精神、实现自身实存的过程，也是人从自然根据中绽出并形成自主性的过程⑥。"人格"的内涵有四个要点：一是有自我意识。"精神"是根据欲望与理智观念结合，从无序状态上升至规则状态后被表达出来的"话语"（Wort），因而是有意识的意志；二是生命的现实性。自然根据内封闭着一个与"生命图景"（Lebensblick）有关的隐蔽的统一体，当渴望受到理智的激励，这个统一体就会凸现出来，

---

① Friedrich Wilhelm Joseph von Schelling, "Stuttgarter Privatvorlesungen," in *Sämmtliche Werke*. Vol. Ⅶ, 1860, p. 435. （译文参考谢林：《斯图加特私人讲授录》，见《论人类自由的本质及相关对象》，先刚译，北京：北京大学出版社，2019 年，第 107—191 页。或有改动，下同。）

② Friedrich Wilhelm Joseph von Schelling, "Philosophische Untersuchungen über das Wesen der menschlichen Freiheit und die damit zusammenhängenden Gegenstände," in *Sämmtliche Werke*. Vol. Ⅶ, 1860, pp. 363—364.

③ Friedrich Wilhelm Joseph von Schelling, "Stuttgarter Privatvorlesungen," in *Sämmtliche Werke*. Vol. Ⅶ, 1860, p. 433.

④ Friedrich Wilhelm Joseph von Schelling, "Philosophische Untersuchungen über das Wesen der menschlichen Freiheit und die damit zusammenhängenden Gegenstände," in *Sämmtliche Werke*. Vol. Ⅶ, 1860, p. 371.

⑤ Ibid, p. 370.

⑥ Ibid, p. 361, 364, 404.

统摄各种力量形成生命纽带——灵魂，产生个体生命①；三是自由意志。人格的自主性是根据本原与观念本原统一而成的精神。它是一个有意识的自由意志，超越自然进行创造和行动。对上帝来说，他凭借万能的意志塑造无规则的自然界；对人来说，他从受造物提升为超越于受造物的东西，可以超越整个自然界而行动②；四是生命情感。人格中最本质、最高的东西是"爱"，这一源自上帝本身的激情是决定欲望与理智、实在与观念形成对立统一的生命体的最根本的力量。上帝之内的根据与实存之所以能够形成统一性的关联，是因为二者之先还有一个更高的"真正的原初本质（Ur-Wesen）"，它是根据与实存包含的共同本质③。原初本质处于无意识状态（Bewußtlosigkeit），一切东西都浑然不分地在一起，上帝尚未有任何"表达（Aeußerung）和启示"④。这个原初存在（Urseyn）是上帝肯定自身的"意欲"（Wollen）⑤。当原初本质分化时，这个意欲就生成了"爱"，将实存与根据这两个本原联系在一起⑥。根据渴望只有在爱的推动下，才能与理智观念结合⑦。所以，爱是绝对者中最高的东西，它先于根据与实存存在于非根据之中，激励着黑暗与光明本原的结合统一⑧。爱贯穿于所有的东西而发挥作用，"是一切中的一切"⑨。

最后，无意识还是将无意识与意识分离从而生成现实的自我的先验决断（Entscheidung）力。"决断"就是自我设定（Selbstsetzen）行动，一个"原初的根据意愿"（Ur-und Grundwollen），使自我成为某个东西并奠定了自己全部的本质性（Wesenheit）⑩。上帝和人都须经过这个决断才能获得自身的实在性，成为一个自由的主体。对上帝来说，决断是他"自身启示的永恒行为"（die ewige That der Selbst-

① Friedrich Wilhelm Joseph von Schelling, "Philosophische Untersuchungen über das Wesen der menschlichen Freiheit und die damit zusammenhängenden Gegenstände," in *Sämmtliche Werke*. Vol. Ⅶ, 1860, pp. 361—362.

② Ibid, p. 361, 364.

③ Friedrich Wilhelm Joseph von Schelling, "Stuttgarter Privatvorlesungen," in *Sämmtliche Werke*. Vol. Ⅶ, 1860, p. 422.

④ Friedrich Wilhelm Joseph von Schelling, "Stuttgarter Privatvorlesungen," in *Sämmtliche Werke*. Vol. Ⅶ, 1860, pp. 432—433.

⑤ Friedrich Wilhelm Joseph von Schelling, "Philosophische Untersuchungen über das Wesen der menschlichen Freiheit und die damit zusammenhängenden Gegenstände," in *Sämmtliche Werke*. Vol. Ⅶ, 1860, p. 350.

⑥ Ibid, p. 408.

⑦ Ibid, p. 361, 406.

⑧ Ibid, p. 406.

⑨ Ibid, p. 408.

⑩ Ibid, p. 385.

offenbarung）①。他要有一个决断来彰显充分的自由，决定自己在某个节点去存在，生成规则有序的世界。对人来说，他要通过决断使自己走出自己的根据无意识，进入时间和现实的世界②。"通过这个行为，人摆脱了受造物，获得自由，本身成为一个永恒的开端。"③ 人的决断行动在时间之外，隶属于永恒性，贯穿在人全部的时间性生命之中④。因此，决断必然先于自我意识，无意识地生成了自我。也正因为决断的先验性和永恒性，个体自我才能确保在经验世界中的自我同一（而不是时时变化自己的本质），虽然人永远无法知道自己的开端。人作为一个独立于上帝的自由主体，可以通过自我的决断选择善恶不同的方向去塑造自我⑤。在这个意义上，决断也是一个道德行动，并在人的经验意识中形成稳固的影响。从此，人获得了自己的意识、生命和现实性，开启了自我的历史。

但是，决断是在统一性关联中分离自我有意识与无意识的部分，并非断裂。当主体的实存从他的根据渴望中绽出时，根据要将自己封闭起来，保存好酝酿实存的种子，以便自己"永远保持为一个根据"⑥。这就是说，根据在生成意识的同时也会永远地将自己的另一部分保存为无意识，以便保留持续生成意识的动力和可能性。谢林说："（根据无意识）这种无规则的东西是实在性的捉摸不定的基础，除不尽的余数（der nie aufgehende Rest），一种即使通过最大的努力也不可能消解在理智中，而是永恒地保留在根据里面的东西。"⑦正是根据无意识保存了意志创造的自由，在给出了一个确定性的同时又封存了不确定性，以便可以继续为下一个确定意识的形成提供新的根据，因而是世间万物（包括自我意识）持续生成并流变的原因。

谢林后期的无意识理论仍然是在自我与自然的互动关系中展开的。但因为他改变了对目的论自然的必然信念，对无意识的理解也就发生了质的转变。谢林在后期其实已经将非理性置于理性之先成为整个体系的根基了，这一点是他与黑格尔的绝对精神体系之间一个根本的差别。他感到"隐蔽的自然力"　　　（Verborgene

---

① Friedrich Wilhelm Joseph von Schelling, "Philosophische Untersuchungen über das Wesen der menschlichen Freiheit und die damit zusammenhängenden Gegenstände," in *Sämmtliche Werke*. Vol. Ⅶ, 1860, p. 359.

② Ibid, p. 374, 385.

③ Ibid, p. 386.

④ Ibid, p. 385.

⑤ Ibid, p. 381, 389

⑥ Ibid, p. 361.

⑦ Ibid, p. 359—360.

Naturkräfte）是"一种无名而可怕的东西"①。不仅是人，就连上帝之中都有黑暗的、疯狂的东西，这些东西都隐藏在自然根据之中，先行于理智意识的实存。但是，自然无意识并非完全消极的力量，它是一切生命和个体创造的根本动力和物质基础。它在盲目冲动中蕴含着一个明确的欲求，就是趋向实存、渴求理智、表达自己。谢林将这种创造性冲动的现象称为"动物本能（Instinkt）"，分为生殖冲动、艺术冲动（Kunsttrieb）和预感（Divination）三个不同的层次，它是自然界内部不断将其提升为更高存在的欲求，分别在现实世界激励着生命、艺术和个性行动的创造②。

无意识始终是自我的一个部分。它虽是自我中较低级的部分，但却是自我意识、个性和生命永恒的源头。我们的意识都是从自我内部无意识的东西中提升上来的，而无意识本身又是无限的，且总会在脱离意识的瞬间封闭自己剩余的部分。人格的塑造是我们不断将自己内部高级的部分提升到低级部分之上，使自我中无意识的部分达到清晰的过程③。人的整个生命是不断在奋争中提升自我、塑造自我、实现自我本质的修行过程，但因为无意识的无限性，没有人能够在此生达到完全清晰的自我意识④。人格塑造的过程具有艺术的审美性，因为主体不断经历着无意识的无限性与意识的有限性之间的斗争与和解，这是美感创造的本质。就此而言，人的生命实存堪比戏剧艺术⑤。而所有人的行动构成的历史则在更高的层面、更广的范围实现了两个本原的对立统一的过程，因而可以看作是"一部伟大的悲剧"，体现出最高的壮美⑥。

后期谢林不但直面了无意识的非理性属性及其在绝对者创世活动中的根基地位，而且深化了无意识在人格塑造中的决定性作用，把艺术和审美活动从人工艺术的领域拓展到了整个世界和人生实践。

六、结　语

谢林的无意识理论伴随着他的哲学体系不断发展，后期经历了一次重大转折，

---

① Friedrich Wilhelm Joseph von Schelling, "Ueber den Zusammenhang der Natur mit der Geister-welt," in *Sämmtliche Werke*. Vol. IX, 1861, pp. 27—28.

② Friedrich Wilhelm Joseph von Schelling, "Stuttgarter Privatvorlesungen," in *Sämmtliche Werke*. Vol. VII, 1860, pp. 454—456.

③ Ibid, p. 433.

④ Ibid, p. 433.

⑤ Ibid, p. 480.

⑥ Ibid, p. 480.

而转折本身正是哲学家将根本问题向纵深拓展的结果。这使得他的无意识理论有了更为丰富和深刻的内涵，对现代西方美学有着重要的启发意义。

第一，谢林无意识理论对现代精神分析学美学有着直接的影响，精神分析学派的很多思想都能在谢林那里找到理论雏形。如无意识与意识的对立统一对人格形成的决定性作用就是精神分析学派的核心观念。我们在谢林论本能无意识，尤其是爱欲无意识对创造行动的作用中可以看到类似弗洛伊德力比多理论的因素；还有人类历史实践中的集体无意识后来在荣格那里得到发展；意识通过语言中介映射无意识从而形成自我的观念，又成为拉康的镜像理论的雏形……但和精神分析学派大为不同的是，谢林不是在病理学意义上，而是始终在形而上的本体论层面谈论无意识对自然和精神世界的本质结构及其生成活动的根本作用的。

第二，谢林无意识理论的最终指向是现实世界，且有理想主义的情怀。谢林认为，"一切现实的东西（自然界、物的世界）都以行动、生命和自由为根据"①。他之所以要深入研究无意识的先验根据，是为了在一个观念与实在、有限与无限总体关联的体系中去看待自我和世界，获得科学的世界观整体。他研究无意识不是为了沉迷于晦暗和混沌，而是要深刻领悟人类生命存在的本质使命——将自己从无意识的自然受造物的低级阶次经过人性的意识向更高的神性非意识升华。这种历史性的眼光对人实现更完整的自我至关重要。因为"只有当人把这段自我意识的发展史当作整体来看，他才能达到他从一开始就在寻找的自由与必然的同一，因为作为整体的历史由所有行动综合组成，这些行动共同构成了一个预先稳定的和谐体系，即一个有机体，一个必然的体系"②。自我在向更完整的自我意识发展的过程中，必须通过源自自己最内在的无意识的生命本能，在现实世界的创造和实践中不断实现自己、认识自己，获得更完善的知识。

第三，谢林后期的无意识理论境界较之前期更为开阔，无意识与意识统一的达成从艺术领域拓展到人生实践的全部领域，较之前期有了更强的实践性指向。人格形成于意识与无意识的统一，在此过程中，个体意志要进行善恶的抉择。谢林认为，所有以对绝对者的严肃信仰为向导而形成的意识统一体，才是趋善的人格。在此过程中，人不但可以"致良知"（Gewissenhaftigkeit），且其"道德生命"也会升华为

---

① Friedrich Wilhelm Joseph von Schelling, "Philosophische Untersuchungen über das Wesen der menschlichen Freiheit und die damit zusammenhängenden Gegenstände," in *Sämmtliche Werke*. Vol. Ⅶ, 1860, p. 351.

② Hans Stauffacher. "Schellings Unbewusstes und das Andere der Vernunft," in *Andersheit um 1800: Figuren – Theorien – Darstellungsformen*, Eds. Elisabeth Johanna Koehn, Daniela Schmidt, etc., München: Wilhelm Fink Verlag, 2011, p. 198.

"优雅和神性之美",获得幸福的光辉①。如此,谢林从根本上将艺术精神与科学、伦理精神相贯通,揭示出自由创造的真谛。科学需要用充满灵感的艺术眼光来看待,才能把握自然"演化万物的神圣创造力本身",不断在创新中获得真知;而艺术同样要有科学(哲学)精神的注入,才能开启真正的创作源泉,创作出触动灵魂的作品,而不是沉湎于感官享乐中的被动复制②。同样,人如果能用这样的创造精神去塑造和践行自己的人格,伦理生活也能获得幸福。

第四,谢林无意识理论还涉及爱欲和激情在创造性行动中的贯穿作用。天地有情,人亦如是。人只有像上帝那样用爱来统一自己所有的意志和理智的力量,才能形成向善的人格③。这种爱欲是建立在对上帝(即大全真理)信仰的基础之上,对世界、对他人、对自我和生命的爱,因此是积极的、正向的、温暖的创造性的力量。这和弗洛伊德的病态的、被压抑的,在现实世界得不到实现,又往往是非道德的爱欲和性欲有着本质的区别。所以,谢林的无意识不是被压抑的东西,而是主动的,无处不在地要实现自己的力量,"是生命与爱的可能性的条件"④。

总之,谢林美学中的"无意识"作为构成"自我"的一种内生的"他者",是自我实现存在、认知、行动和情绪性体验的根据。它是向着生命、爱和酝酿创造无限可能性并促成个体去行动的积极力量。

---

① Friedrich Wilhelm Joseph von Schelling, "Philosophische Untersuchungen über das Wesen der menschlichen Freiheit und die damit zusammenhängenden Gegenstände," in *Sämmtliche Werke*. Vol. VII, 1860, p. 392, 394.

② 邓安庆:《谢林》,台北:东大图书公司,1995年,第125—127页。

③ Friedrich Wilhelm Joseph von Schelling, "Philosophische Untersuchungen über das Wesen der menschlichen Freiheit und die damit zusammenhängenden Gegenstände," in *Sämmtliche Werke*. Vol. VII, 1860, pp. 373—374, 389—390.

④ S. J. McGrath, "Schelling on the Unconscious," *Research in Phenomenology*, 2010, 40 (1), p. 72.

先验性与经验性的联结与贯通
——论康德美学的双重特质及其现实意义

王晓敏　杨建刚 *

内容提要：

　　长期以来，学界多侧重论证和阐发康德美学的先验特质。实际上，康德美学不仅致力于探讨审美判断的先验原理，也大量论述了审美判断得以实现所需要的经验现实因素。康德美学的先验性与经验性并不冲突，而是通过审美判断的社会性与交流功能、美的艺术、健全的审美主体的诸认识能力、知识教化等中介和桥梁实现联结与贯通。这一双重特质在涵养健全人性、推动社会交往、构建审美共同体、实现美好生活方面仍具有重要的现实意义。

关键词：

　　先验；经验；审美判断；艺术；共通感

　　康德研究专家福尔克尔·格哈特曾指出："康德的道德哲学以其严肃主义（Rigorismus）而声名狼藉。这种严肃主义又代表着原则的统治、冰冷的抽象和同生命的无条件对立。……康德主义者总是得出这种误导的结论：康德的伦理学独立于经验性的条件。这种误解，一直到今天都使批判的道德哲学受到严重损害。"[②] 即是说，

---

　　* 王晓敏，女，1990 年生，山东济南人。山东大学文艺美学研究中心博士研究生。研究方向为西方美学；杨建刚，男，1978 年生，陕西三原人。山东大学文艺美学研究中心教授，博士生导师。研究方向为文艺理论。本文系国家社科基金一般项目"西方文论与中国当代文论的范式转型研究"（项目编号：20BZW025）阶段性成果。

　　② 福尔克尔·格哈特：《伊曼努尔·康德：理性与生命》，舒远招译，北京：中国社会科学出版社，2015 年，第 137 页。

康德侧重于对形而上学的先验原理进行抽象演绎，以至于给人一种与经验现实无关的错觉。这使得康德哲学显得严肃而冰冷，好像与人的现实生存形成了某种对立。格哈特认为，这是对康德哲学的极大误解。实际上，在对康德美学的理解中也存在这一倾向。作为批判哲学体系的一部分，《判断力批判》的主要目的是确立审美判断如何成为可能的先验原理。因此，研究者多侧重阐发康德美学的先验特质，强调《判断力批判》确立了鉴赏判断的先验性，满足了进入批判哲学体系的要求，或是从目的论入手，强调康德通过对审美判断的先验目的性原理的论证完成了先验转向①。这些研究进一步深化了对康德美学的先验性的理解，也强化了康德美学给人的先验印象。再加上康德本人对经验现实的论述在篇幅上确实不及先验演绎，久而久之就容易形成一种误解，好像康德谈到的审美判断只是一种抽象的先验演绎，丝毫不涉及现实生活中的审美活动，甚至使人误以为康德对经验问题持否定、漠视的态度。实际上，康德对审美判断的研究在研究形态上是经验主义的，在理论结论上是先验论的，既尊重了审美的经验性质，也在先验层面上体现了对普遍性的追求，但后世在接受康德美学时过于关注其先验性结论，直接将其定位为先验认识论美学，这种接受方式弱化了康德美学的经验性质以及研究审美经验的意义②。近年来有不少学者注意到康德美学中的经验现实性因素。周黄正蜜提出，康德论证了审美判断在先验层面的普遍可传达性，但经验层面的审美和艺术可能并非如此③；蓝国桥认为，康德的先验性学说与经验性现实之间存在潜在的冲突，"审美无功利"说中包含着对审美功用性的认识④；张能为认为，康德重视和肯定经验因素，并在先验哲学中为经验论思想保留了合法性地位⑤；陈剑澜提出，康德演绎了纯粹的审美判断如何成为可能，并把讨论的落脚点引向人的社会性与情感的普遍可传达性之间的关联⑥。这些研究澄清了对康德美学忽视经验现实的误解，也使康德美学的经验性及其与先验性的关系问题浮现出来。康德究竟如何看待审美判断的社会性、现实性？康德美学中的先验特质与经验因素如何实现平衡？这些问题还有待进一步研究。理清康德美学的先验性与经验性之间的关系，找出联结与贯通两者的节点，有助于深

---

① 胡友峰：《论康德鉴赏判断的先验理据》，《文艺理论研究》2018 年第 2 期。
② 刘旭光：《"审美"研究方法论：在经验—先验论与审美历史主义之间》，《西北大学学报》2022 年第 3 期。
③ 周黄正蜜：《向普遍性的提升——康德论教化与艺术文化的融合》，《安徽大学学报》2015 年第 5 期。
④ 蓝国桥：《康德美学及其中国化起点》，北京：中国社会科学出版社，2019 年，第 42 页。
⑤ 张能为：《康德意义：现代经验主义的解读与新路径》，《安徽大学学报》2010 年第 3 期。
⑥ 陈剑澜：《康德审美判断力批判的意义》，《北京大学学报》2018 年第 6 期。

化对康德美学的理解，对思考康德美学在当下中国的现实意义也不无裨益。

一、审美判断的先验原理

在《判断力批判》中，康德要解决的是审美判断的先验原理问题。在他看来，审美主体作出的判断是以个人情感为基础的，其体验到的审美愉悦却能获得他人的普遍赞许。只有确立先验原理，才能够协调个体性与普遍性之间的矛盾，保证审美判断的普遍赞同。

首先，作为与知性、理性并列的一种认识能力，判断力必然有其先天原则。在三大批判中，判断力批判作为中介和桥梁，连接了纯粹理性批判和实践理性批判。既然知性和理性各有其先天原则，那么依照类比原则，判断力也应该有自己的先天原则，哪怕只是主观原则。在康德看来，"自然的合目的性"原则可以为判断力的先天原则提供启示①。康德预设，自然具有一种形式的合目的性，趋向于一个目的，但这只是"好像"，自然界并不一定真的具有目的性，而仅仅是好像有着一种目的，这样一来，机械律不能解释的自然现象就能够通过这一原则来加以认识。判断力也可循此例来理解。

其次，作为一种情感判断，审美判断需要一种先天依据才能保证其普遍必然性。在"美的分析论"中，康德提出，审美判断具有普遍必然性，这种必然性在本质上是"被知觉为与内心中对一个对象的单纯评判结合着的愉快的普遍有效性"②。即是说，审美判断的普遍必然性等同于审美愉快的普遍有效性。"愉快的情感也就通过一个先天依据而被规定，并被规定为对每个人都有效。"③ 那么，这种先天依据是什么呢？康德预设了"共通感"（sensus communis）概念。共通感是一种理念存在，代表着人们共同的感觉、共同的评判能力。先验的共通感使审美主体在反思中预设了他人在思维中的表象方式，以保证自己作出的判断依凭着全部的人类理性，而不只是自己的主观感觉。作为成熟的审美主体，当我们作出审美判断时，我们也仿佛依凭着别的审美主体的审美判断，他人的成熟判断虽然不是经验现实的，但在先验层面却是可能的。这使我们能够摆脱那些与自己的审美判断相联系的偶然性和局限性。审美主体调动共通感进行判断，在这一过程中仿佛凭借着全部人类理性，并由

① 康德：《判断力批判》，邓晓芒译，杨祖陶校，北京：人民出版社，2002年，第15页。
② 同上，第131页。
③ 同上，第22页。

此避开那些将会从主观私人条件中对判断产生不利影响的幻觉①。共通感使得我们对审美对象的表象产生的愉快情感在不借助概念的情况下实现普遍传达，因而能够成为审美判断的先天依据。

最后，审美判断的普遍有效性只能从先验探索而非经验推理中得出。康德明确指出，判断力的自然合目的性原则是人们的经验性法则永远无法探寻到的，经验性法则只是让人认识到判断是如何作出的，但却不是要求判断应当如何作出②。对于"共通感"概念来说也是如此。在康德看来，凭借"共通感"可以获得鉴赏者在愉悦方面的普遍赞同，且无须经过概念。这种愉悦感并非建立在对象的实存之上，而只与对象的表象相关。然而，愉悦既可能源于表象，也可能源于实存，"愉悦的普遍可传达性"也就变得不那么可信③，这就决定了审美判断的必然性不能从经验的普遍性中推论出来④。为了说明这一点，康德将感性判断区分为经验性判断与纯粹的判断，前者是感官判断（质料的感性判断），后者（作为形式的感性判断）是真正的鉴赏判断⑤。在康德看来，经验性判断基于感官，只是私人的判断，不具有普适性，无法要求每个人对该判断普遍赞同，而在评判某物是否为美的一切判断中，不允许任何人有别的意见，因为关于美的判断不是建立在概念上，而只是建立在我们的情感之上⑥。这就要求审美愉快必须作为一种非私人的、共通的情感而存在。与经验性判断相对，鉴赏判断是一种反思判断力，它不基于感官，无关私人品位，仅仅与人的愉悦和不愉快的情感相联系，人们只关注对象的表象而不关切其实存。所以，真正的审美判断不是经验性的判断，而是一种先验性形式的判断。

二、审美判断的经验现实性问题

康德美学虽然反对经验主义，但并非全然排斥经验，它也向经验敞开怀抱。但康德美学对经验重要性的肯定往往被其先验色彩所遮蔽，这就造成一些学者忽略了康德对经验的关注，或者是片面地将康德美学中的先验成分与经验成分对立起来作简单化理解，这显然是不符合康德原意的。

---

① 康德：《判断力批判》，第 135 页。
② 同上，第 119 页。
③ 程相占：《康德美学的身体维度及其生态美学意义》，《文艺理论研究》2019 年第 5 期。
④ 康德：《判断力批判》，第 73 页。
⑤ 同上，第 59 页。
⑥ 同上，第 76 页。

首先，对英国经验主义美学的考察与批判是康德美学建立的基础。康德美学批判性地继承了经验主义美学中的合理成分。康德考察了博克的观点，认为博克出色地分析了鉴赏判断中的内心现象，可以为经验性的人类学研究提供素材。经验主义美学的解释为审美判断的先验探讨做了铺垫，其作用不容忽视。邓晓芒曾指出，康德在三大批判中探索了先验人类学的先验原理，但批判哲学的本质和归宿是经验性的实用人类学。这就说明康德美学不只是先验的，也给经验的探讨，特别是经验人类学探讨留下余地。可以说，康德美学对先验与经验进行了一定程度的调和，而非完全抛弃经验。

其次，康德对审美判断的普遍必然性的论述隐含着对经验因素的考量。康德凭借反思判断力的桥梁作用沟通了知性与理性，但并非一蹴而就。在《判断力批判》中，康德揭示了鉴赏判断的先天原则与先天依据，证明了鉴赏判断的普遍必然性。在此基础上，康德通过类比的方式将自然的合目的性原则从优美过渡到崇高，再过渡到艺术（美的艺术），最后过渡到整个自然界。反思判断力从审美判断过渡到自然界的目的论，相当于从知性过渡到理性，从认识过渡到实践，这一推论过程为经验因素留下了空间。

以共通感为例，康德曾明确指出，作为先天原则的共通感并不以经验为成立条件，但共通感的实现却是与经验紧密相关的。在他看来，共通感是共同的情感，可以促使鉴赏者作出一致判断。"它不是说，每个人将会与我们的判断协和一致，而是说，每个人应当与此协调一致。"① 即是说，作为人类所共有的心意状态，共通感的存在只是"应当"而不是必然的"将会"，更多地体现为一个理想的基准②。"应当"就是假定在审美判断的共通感存在的前提下，我和他人对彼此作出的成熟的审美判断有保持一致的义务。共通感在社会现实层面的实现就意味着审美主体对审美义务的履行。这也就意味着，虽然共通感的先验性使其经验性成为可能并规范和引导经验性，却依赖经验性才具有现实有效性③。

康德指出，虽然人们对自己作出的鉴赏判断要求他人普遍赞同，但是"下判断者并不为这样一种要求的可能性发生争执"，并且这种普遍赞同在特殊的情况下不能达成一致④。审美主体在现实生活中作出鉴赏判断时可能会出现"意外"情况。康德多次强调经验教化的重要性，在他看来，要判断自然界中的崇高，只有借助更

① 康德:《判断力批判》，第 76 页。
② 同上。
③ 肖士英:《布尔迪厄与康德关于审美共通感属性的歧见及其超越》，《陕西师范大学学报》2020 年第 6 期。
④ 康德:《判断力批判》，第 49 页。

多的文化教养才能够实现，与他人达成关于崇高判断的一致，并不是件容易的或者说理所当然的事。这就说明审美判断只是具有一种先验的可能性，至于现实中是否能够实现就是先验无法掌控的了，此时需要经验教化提供助力。"教化能够使人身上动物性的粗野性与狂暴性越来越多地败退，而为人性的发展扫清道路。"① 康德把教化区分为微观的个体层面和宏观的社会层面，前者涉及主体内部的提升，后者涉及不同主体间的扩展。个体层面的教养更新与群体层面的文化传承，能够保证审美判断的普遍有效性的实现②。这就说明，康德美学已经充分注意到审美经验现实性的问题。

最后，在康德美学中，先验与经验是并行不悖的，两者解决的是不同领域、不同维度的问题。前者指向审美判断及其涉及的人类主体审美能力的可能性与必然性，后者则指向经验中审美判断与审美能力的现实性与有效性，二者并无抵牾之处。根据康德的思路，对审美判断进行的先验演绎只是一种理想状态，它所涉及的审美主体的反思判断力、审美共通感，抑或是自然的合目的性这一先天原则，更多的是一种理想的基准和预设，仅仅具有先验的可能性，至于经验现实层面上的审美主体是否能够获取并正确运用它们，还是未知。审美判断普遍的现实有效性建立在一定的现实条件之上，需要建立连通先验与经验的桥梁，为先验可能性向经验现实性的转化提供助力。

三、先验性与经验性的联结与贯通

康德从先验层面肯定了人类具有的审美判断能力，又指出这些主体能力的现实局限性，需要经由后天的培养与教化才能实现③。先验性与经验性通过审美判断的社会性与交流功能、美的艺术、健全的审美主体的诸认识能力、知识教化等桥梁实现了联结与贯通。

（一）桥梁之一：审美判断的社会性与交流功能

在鉴赏判断的第一契机中，康德明确指出："那规定鉴赏判断的愉悦是不带任何利害的。"④ 为了保证判断没有私心、没有丝毫倾向性，以便在鉴赏的事情中担任

---

① 康德：《判断力批判》，第 289 页。
② 周黄正蜜：《向普遍性的提升——康德论教化与艺术文化的融合》，《安徽大学学报》2015 年第 5 期。
③ 同上。
④ 康德：《判断力批判》，第 38 页。

评判员，纯粹的鉴赏判断就必须对事物实存持无所谓的态度，不涉功利。鉴赏的无功利性在一定程度上强化了康德美学的先验色彩，使其进一步与经验绝缘，无功利的审美判断也被贴上了无用的标签。研究者往往忽略了康德美学无功利性背后的功利性，无用性背后的有用性。尼采曾指出，自从康德提出"无功利"概念以来，后世对于艺术、美、智慧、认识等问题的讨论都被这个概念混淆和玷污了①。即是说，如果把康德的审美判断狭隘地理解为无功利，就会混淆和玷污对美、艺术等问题的认识。也有学者指出，"审美无功利"的说法并非康德的原意，而是黑格尔对康德美学的误解。这一误解极大地偏离了康德对审美问题的理解②。在我们看来，康德的审美判断实则具有"无功利—功利性"双重特性，其无用性中蕴含着有用性，即审美判断内蕴着交流功能，带有潜在的社会性，能够满足人类的社会交往需求③，经由反思判断力作出的审美判断具有促进人类社交的大用处。康德美学已向现实的有用性开放了自身。

在《判断力批判》第 41 节中，康德暗示了审美判断的有用性，即社交性特质："流落到一个荒岛上的人独自一人既不会装饰他的茅屋也不会装饰他自己，或是搜寻花木，更不会种植它们，以便用来装点自己；而是只有在社会里他才想起他不仅是一个人，而且还是按照自己的方式的一个文雅的人（文明的开端）。"④ 即是说，装饰茅屋或是装饰自己，搜寻或者种植花木，都代表着文化或艺术活动。这种活动发生的前提是社会土壤。独居荒岛之人未必不会觉得玫瑰花令人愉悦，但这种愉悦无法与他人分享，所以独居荒岛之人不会采摘玫瑰花来装点自己，玫瑰花也无法成为文雅的生活方式的一部分。只有在社会中，文雅之人愿意发现令人愉悦的审美对象，并将之与他人分享，期待着他人能够产生和他一样的愉悦感受。在文明社会中，每个人都期待并要求将这种审美判断的愉悦之情普遍传达。因为这种感情只有在被普遍传达时才被看作有价值的，这仿佛成了人类社会自行制定的规约。正是在这一心理基础上，人类社会创造出丰富的文化艺术作品和文雅的生活方式，达到了高度的文明。可以说，如果没有一个可以分享审美判断交流愉悦感情的社会的话，那么审美判断的先天原则与先天依据都无法发挥作用。康德指出，这种充溢于人类内心的社会冲动对人来说是自然的，是人类区别于生物的人性的体现，是属于人道的特

---

① 海德格尔：《尼采》（上卷），孙周兴译，北京：商务印书馆，2010 年，第 127 页。
② 程相占：《论生态美学关键词"审美关切"——康德"无关切性"概念的真实含义及其批判》，《福建论坛》2017 年第 12 期。
③ 蓝国桥：《康德美学及其中国化起点》，北京：中国社会科学出版社，2019 年，第 11 页。
④ 康德：《判断力批判》，第 139 页。

点。① 这就更加明确了审美判断的社会性与交流功能。康德并没有使用"审美的社会性"这一术语，而是将其称为鉴赏判断的"经验性的兴趣"。在《实用人类学》中，康德放松了之前那根严格思辨的纯粹理性的弦，更加明确地谈到了鉴赏的社会性②。"在完全的孤独中没有人美化或装饰自己的房子；他这样做也不是给自己家里人（老婆孩子）看，而是给外人看，以显示自己的优越性。"③ 这些事例说明人有与他人交流的社会性需求，而这种需求的实现需要依靠审美判断的交流功能。

康德对审美判断的先验演绎为人类社会交往的普遍性与必然性预设了一种可能。邓晓芒提出，康德在《实用主义人类学》中更多地把审美看作一种社会历史现象，看作人性中的一种社会性机制，而不只是一种认识能力的运用。这体现了康德对审美判断的经验现实性的关注与拓展。④ 康德主张的审美判断所寻求的普遍性指向社会性的交流，其苦心孤诣推导出的先验演绎也是为了实现人类的社交冲动。可以说，康德关于审美判断的先验推理本身就具有一种"无目的的合目的性"，审美判断自觉地趋向于一定的目的，即促进经验现实中社会性交流的实现。

（二）桥梁之二：美的艺术

康德认为："美的艺术是这样一种表象方式，它本身是合目的性的，并且虽然没有目的，但却促进着对内心能力在社交性的传达方面的培养。"⑤ 即是说，美的艺术能够促进个人的内心能力的培养，以更好地在社会交往方面传递情感。这里的"内心能力"其实就是审美判断的能力。在社会交往中，人们可以凭借"美的艺术"这一中介交流情感、分享趣味，这就使得审美判断具有了普遍可传达的经验现实条件。阿里森指出，康德对美的艺术的社会性功能的着重强调是很值得重视的，尽管康德只是简单地进行了确认，而非详细解释或者为之辩护。阿里森解读了康德对快适的艺术（merely agreeable arts）与美的艺术的对比。在康德看来，前者致力于实现短暂的愉悦，比如餐桌音乐，通过促进交流双方自在的谈话来实现其社会交往功能；后者目标明确地专注于艺术自身，无意于培养我们在社会交往方面的精神力量。但在对美的艺术的欣赏中，我们的社会交往能力"无目的"地得到了强化。康德看起来是在宣称，这正是美的艺术的效果，尽管这并非艺术家的主观意图⑥。即是说，

---

① 康德：《判断力批判》，第 139 页。

② 邓晓芒：《论康德美学的认识论结构及其改造》，《哲学研究》2019 年第 7 期。

③ 康德：《实用主义人类学》，邓晓芒译，上海：上海人民出版社，2012 年，第 116 页。

④ 邓晓芒：《论康德美学的认识论结构及其改造》，《哲学研究》2019 年第 7 期。

⑤ 康德：《判断力批判》，第 149 页。

⑥ Allison, H. E, *Kant's Theory of Taste*: *A Reading of the Critique of Aesthetic Judgment*, New York, Cambridge University Press, 2001, p. 274.

在无目的的前提下，美的艺术能够促进个人的审美判断力的培养，以便更好地实现审美愉悦在主体间的普遍传达。

那么，美的艺术如何起到这一作用呢？举例来说，假如你的眼前有一朵美丽的玫瑰花，作为审美欣赏的主体，你完全可以只作出审美判断，通过对这朵花的静观获得审美愉悦。但是作为一个区别于动物的人，你的内心有一种想要把这种愉悦之感传达给别人的强烈的愿望（社会性交流冲动）。当你不仅仅想作出审美判断，还想要把审美经验传达给他人，那么，这种审美判断就不再是纯粹的个人性的审美观照，而是一种出于兴趣的考虑，一种经验性的兴趣的考虑，也就涉及将先验的审美判断转化为经验现实中的审美传达，这就需要借助一种经验手段，即艺术作为中介手段①。你可以选择把这朵娇艳的玫瑰花画下来，将它转化为一幅画呈现出来，从而向他人寻求这种审美愉悦的普遍赞同。通过艺术创作的转化，美的艺术将审美情感凝固在经验性的艺术品之中，欣赏者在对美的艺术的鉴赏中实现了情感的社会性交往。如此一来，作为中介和桥梁，美的艺术能够使审美判断产生的愉悦之感经验地在社会交往中实现出来②。作为一种经验活动，美的艺术完成了从审美判断的先验可能性向经验现实性的过渡，促进了人类的社会性交流功能的实现。

（三）桥梁之三：健全的审美主体的诸认识能力

虽然说美的艺术能够促进审美判断在先验层面的普遍必然性转化为经验层面的现实有效性，但这一作用的实现还需要健全的审美主体诸认识能力的参与。所谓"审美主体的诸认识能力"，主要是指想象力、知性、理性等。在鉴赏判断中，审美主体的想象力能够将直观到的杂多的审美对象的表象进行复合，知性则利用概念将审美对象的表象进行结合统一，两者在审美对象的表象中自由游戏、协调一致。对崇高的判断则涉及审美主体的想象力与理性。在欣赏美的艺术的过程中，审美主体主要使用想象力与知性。在康德看来，审美主体是否具有健全的想象力、知性和理性，是能否作出审美判断的关键。康德更多使用"鉴赏力"概念。所谓"鉴赏力"，是审美主体对审美对象的评判能力，与主体想象力的自由合规律性紧密相关③。作为主观的判断力，鉴赏力能够将想象力归摄到知性之下，对审美愉悦的生成起到了关键作用④。

在康德看来，审美主体的情感与审美对象的表象结合在一起，不结合概念而具

---

① 邓晓芒：《康德〈判断力批判〉释义》，北京：生活·读书·新知三联书店，2008年，第268页。

② 同上，第268页。

③ 康德：《判断力批判》，第77页。

④ 同上，第129页。

有可传达性，鉴赏力则是一种对其进行先天评判的能力，与主体的愉快或不愉快的情感相联系。康德预设在理想状态下，审美主体应当具备健全的鉴赏能力。或者说，作为审美主体的人类在先验层面具有获得这一能力的可能性。但在经验现实层面，在通过美的艺术与他人交流情感的实际过程中，是否每个人都具备这种能力，还有待探究。在现实的审美活动中，鉴赏力并不一定具有经验现实性。邓晓芒提出，鉴赏判断的原则是先验的，但是鉴赏力并不是一种出自于主体的本源或者自然的能力，而是一种需要经过后天培养的文化素养，是人类理性和知性对主体提出的要求，"它表明人们的特殊情感相互一致的可能性，而并不是一种天生的心理素质"①。理性要求审美主体应该在先验的层面具备情感相互一致的可能性，但这种可能性不会凭空产生，它要求审美主体培养、完善自己的鉴赏力。因此，鉴赏力既是一种具备健全认识能力的审美主体所必然拥有的先天评判能力，又是一种需要悉心培养的后天形成的文化素养。

在《判断力批判》第8节，康德指出，虽然每个健全的主体作出的审美判断都要求在他人那里具有普遍有效性的资格，但这并不为下判断者为实现该要求而与他人发生的争执提供充分依据。鉴赏判断可能成功，也可能失败。在特定情况下，由于某一方审美主体缺乏正确应用鉴赏力的能力，双方或者多方的判断可能无法达成一致。虽然审美主体在先验层面上具有审美判断所需的判断力，但这一能力是否健全、能否被正确地调动起来是不确定的，也是先验演绎所不能掌控的。康德以年轻诗人为例，提出鉴赏力往往需要经过一个从不成熟到成熟的过程。初期，年轻诗人的听众或者好友提出的意见很有可能会左右他的判断，使其犯错。在成熟阶段，年轻诗人通过反复练习之后不断磨炼其判断力，放弃之前的错误判断②。这就说明鉴赏力不是一种原生能力，而是需要依靠后天的经验塑造。具有成熟的、独立的鉴赏能力，才能真正完成审美判断，产生审美愉悦，并在社会交往中获得他人的一致认可，审美判断的先验必然性才能转化为经验的现实性。

康德认为，"共通感"本身就意味着一种健全的审美主体应该具有的能力。审美的共通感与鉴赏力甚至可以互换。鉴赏力就是一种不借助概念而实现普遍传达的对于审美对象的评判能力。保罗·盖伊解释道，康德使用"共通感"的方式是特殊的，在康德那里，"共通感"实际上既不是一种应该被遵循的客观原则，也不是一种审美主体的普遍感觉，而是一种审美主体理应具备的能力，是鉴赏力本身，审美

---

① 邓晓芒：《康德〈判断力批判〉释义》，第229—230页。
② 康德：《判断力批判》，第123—124页。

主体借助这种能力来感受自己的心意状态，作出这种情感是否可供分享的判断①。在康德的预设中，共通感以全部的人类理性作为根基，避免私人主观情感的干扰，使得在审美判断中产生的审美愉悦成为一种可供分享的情感②。审美判断一旦成立，就会要求他人的普遍赞同，这种赞同不是源自外力的强迫，而是发自内心的认同③。"共通感"意味着审美主体确信他人能够信服自己作出的判断，体验到自己在进行审美欣赏时产生的愉悦。在审美判断中，我们既是从自身的健全的审美能力出发，又置身于他人的位置。可以说，共通感最终指向的是一种具有社会性的普遍认同，它用普遍的（别人的）情感来衡量自己的情感，把自己从个人偏见中解脱出来，这样就使人类的情感紧密靠拢在一起④。共通感不是什么永远不可达到的"理念"，而是鉴赏活动中时刻都在实现着的社会效果⑤。具有健全审美认识能力的人类可以通过共通感这一心理状态"将心比心"，实现"人同此心、心同此理"，完成审美判断在先验层面的普遍必然性与经验层面的现实有效性之间的连接互通，最终实现审美判断情感交流的社会性功能。

（四）桥梁之四：知识教化、道德理念与道德情感

作为连通经验与先验的中介，美的艺术能够促进审美判断社交功能的实现。不过，无论是美的艺术的创造与欣赏，还是鉴赏判断的能力都不是审美主体天生具有的素质，而是需要经过知识教化和道德情感才能入门的经验素质。

一方面，美的艺术入门需要借助知识教化来完成。在《判断力批判》第 60 节中，康德指出，虽然"对于美的艺术来说只有风格，而没有教学法"⑥，但是艺术的入门仍与知识紧密相关。人们想要达到对美的艺术的入门，需要获得人文学科（humaniora）的预备知识，不断陶冶自己的内心能力。即是说，人文学科的相关知识是培养欣赏和判断能力的预备。人文知识的学习不是一种机械的教学法，而是一种感染和熏陶。审美主体借此才能一窥美的艺术的堂奥，才能"构成与人性相适合的社交性"，从而使人类把"自己和动物的局限性区别开来"⑦。教育与学习体现了人的社会性，促使个人在社会中实现普遍的存在，完成了个体人格的不断完善，构

---

① Guyer Paul, *Kant and the Claims of Taste*, New York, Cambridge University Press, 1997, p. 249.

② Ibid, p. 250.

③ 蓝国桥：《康德美学及其中国化起点》，第 58 页。

④ 邓晓芒：《论康德〈判断力批判〉的先验人类学建构》，载于康德：《判断力批判》"后记"，邓晓芒译，杨祖陶校，北京：人民出版社，2002 年，第 392 页。

⑤ 邓晓芒：《论康德美学的认识论结构及其改造》，《哲学研究》2019 年第 7 期。

⑥ 康德：《判断力批判》，第 202 页。

⑦ 同上，第 203 页。

成了群体社会重构的重要组成部分①。作为一种经验性的后天培养手段，知识教化为审美主体进入美的艺术的领域提供了现实条件，从而为审美情感的社会性传达奠定了基础。

另一方面，鉴赏力与道德理念、道德情感紧密相关。在康德看来，鉴赏力本质上是"一种对道德理念的感性化的评判能力"②，建立鉴赏的真正入门就是发展道德理念和培养道德情感，因为只有当感性与道德情感达到一致时，真正的鉴赏才能具有某种确定不变的形式③。审美主体在进行鉴赏判断时，道德理念、道德情感始终跟随、不可或缺。两者促使审美主体获得真正的、深层的审美愉悦④。这也保证了鉴赏判断所获得的愉悦可以宣称对一切人类都有效，而不是对任何一种私人情感有效⑤。道德理念和道德情感从根本上保障了鉴赏判断的普遍有效性。但两者不仅仅是一种先验预设。它源于现实，其终极目的——使人成为道德的存在者⑥，也指向经验的现实世界。康德作为哲学体系的自觉构造者，其政治观点与哲学密切相关，抽象晦涩的康德哲学（伦理学），仍然有其现实的生活根源⑦。追求自由的道德哲学是超验的，但是康德追求至善的终极诉求，对道德情感的始终眷顾也包含了经验的维度⑧。道德情感和道德理念的经验性能够推动鉴赏力从先验可能性向经验现实性转化，从而与知识教化一起构成了联结康德美学先验维度与经验维度的桥梁。

四、康德美学的现实意义

由上可见，康德对审美判断的思考，是从经验层面上升到先验层面，又从先验层面指向经验层面。一方面，审美判断从经验中来，"在一个判断中所给予的诸表象可以是经验性的（因而是感性的）"⑨。缺少经验，审美表象无法生成。另一方

---

① 张政文、施锐、杜萌若：《康德文艺美学思想与现代性》，北京：人民出版社，2014 年，第 185 页。

② 康德：《判断力批判》，第 204 页。

③ 同上，第 204 页。

④ 邓晓芒：《康德〈判断力批判〉释义》，第 303 页。

⑤ 康德：《判断力批判》，第 204 页。

⑥ 同上，第 292 页。

⑦ 李泽厚：《批判哲学的批判：康德述评》，北京：生活·读书·新知三联书店，2007 年，第 5 页。

⑧ 王增福：《先验、经验与超验：康德道德哲学的三重维度》，《学术论坛》2010 年第 1 期。

⑨ 康德：《判断力批判》，第 38 页。

面，宣称某物是否为美的判断具有普遍必然性，却是先验层面的问题。论证审美判断普遍可传达的先验可能性是《判断力批判》的核心任务，为现实生活中的审美判断确立了统一的先验理据。不过，具有先验性的审美判断最终要在经验现实中得到落实。康德从先验出发阐释了审美判断的可能性，也意识到先验探讨不能解决经验现实层面审美判断的有效性问题。虽然康德未能对经验现实性问题作出直接解答，但他以间接的方式为先验向经验的过渡提供了中介和桥梁，实现了从审美判断的理想性到现实性、个体性到普遍性的转换。毕竟，一切形而上学最终都是为了解决人的尘世生活的问题①。康德美学经验性与先验性的贯通，既是一种二律背反，又暗含着辩证法的因素。这对审美研究的方法论具有启示意义，既可以为理解现实的审美经验提供前提，反思出新经验中的一般性和特殊性，又能够回答审美领域新的感性经验何以成为审美的、何以具有普遍性的问题，使得审美走出"趣味无争辩"的困境②。此外，康德美学的双重特质在涵养健全人性、推动社会交往、构建审美共同体、实现美好生活等方面具有重要的现实意义。

首先，涵养健全人性。在当代社会人性异化、感性与理性普遍失衡的精神困境中，审美欣赏活动可以起到涵养健全人性、促进感性与理性协调的作用。健全人性意味着人类"知—情—意"诸认识能力的协调状态。在审美活动中，审美主体的诸认识能力自由游戏，从而使主体的"感性能力、感性偏好、机智、想象力、记忆力、知性、判断力等都能达到与理性的应用相互协调的状态"③。一方面调节、消除人类原本具有的粗野性和狂暴性，"召唤着、提升着、坚定着灵魂的力量"④，使动物性因素逐渐褪去，使人性变得更加文明；另一方面对理性加以限制，规避了理性的僭越，使人性中的感性与理性更为均衡。在现实生活中培养、提高审美主体的审美能力，使其作出的判断具有普遍有效性，能够促使个体超越自身限制，实现与其他主体的协调一致，形成审美层面的共识、共情。在这一过程中，个体祛除了利害等因素带来的偶然性，自由地作出判断，成为更加纯粹的审美主体，以审美的方式完成了自我启蒙，其人性更加健全。因此，康德的先验美学也是经验的人类学，开辟了一条以审美促进启蒙、构建理想社会的思路。席勒正是从康德美学的经验性出发，提出了以审美教育来建立自由王国的主张，成为绵延至今的审美救世论的滥觞。

---

① 邓晓芒：《论康德〈判断力批判〉的先验人类学建构》，载康德：《判断力批判》"后记"，第 407 页。

② 刘旭光：《"审美"研究方法论：在经验—先验论与审美历史主义之间》，《西北大学学报》2022 年第 3 期。

③ 詹世友：《康德人性概念的系统解析》，《华中科技大学学报》2019 年第 1 期。

④ 康德：《判断力批判》，第 289 页。

20 世纪初期，康德美学被引入中国，王国维、蔡元培、朱光潜等既认识到康德美学的先验性，又侧重阐发审美欣赏之于健全人性、改造人心、改良社会的经验现实意义；新时期以来，李泽厚在肯定康德美学先验性的同时，强调以审美来推进思想启蒙，消除人性异化，发扬主体性，推动社会精神文明建设，明确提出审美能力才是人性能力的最高成果①。20 世纪 90 年代以来，传情论美学、生命美学、生活美学、人生论美学等主张从康德美学的经验现实因素中汲取营养，以应对物欲横流、感官享乐等不良社会现象，主张通过审美传情调动起个人最内在、最独特、最亲切的情感，使之得到对象化的熏陶和定型，上升为全人类的普遍情感，从而实现对健全人性的培育，实现人的理想生存②。生态美学则将康德美学的理性启蒙转换为生态启蒙，主张生态性是最根本的人性，人不仅是能够进行有效审美判断的有教养的道德存在者，还是能够以审美态度对待自然、敬畏自然、关爱自然，与自然实现和谐共生的诗意栖居者③。总之，康德美学为在现实生活中进行"心灵的革命"提供了启示。中国社会的现实语境充分激发了康德美学在经验现实层面的潜能，使之成为中国美学不断介入现实的重要思想资源。

其次，推动社会交往。审美愉悦的普遍传达倾向决定了审美活动不是一种封闭的个体行为，而是内蕴着交往功能的社会性的群体行为。康德美学的"传情"特质，意味着人在进行审美判断时具有自我表达以及人际间相互传达以得到他人共鸣的冲动。这一冲动不仅是一种先验假设，还真切地植根于人的社会性生产劳动之中④。在艺术地掌握世界时，人既通过艺术传达作用实现了人的情感的社会性，又通过欣赏或审美（美感）确证了人的社会性的情感⑤。从交往行为理论来看，康德关于审美个体性的解说已表现出主体之间的相互承认和主体性意义上的自我理解。在审美活动中，人与他人和朝夕相处的世界发生关联。通过审美交往行为，"心理与物理、个体与集体、人与自然的对话"得以实现，主体在审美活动中实现与他人的相遇、共在⑥。审美交往是人与人之间的情感交往的行为过程，内蕴着个体情感向群体情感的过渡和转换。在交往、对话、共在的谐和语境下，人与人之间实行情

---

① 李泽厚：《美学作为第一哲学与物自体问题》，《从美感两重性到情本体——李泽厚美学文录》，济南：山东文艺出版社，2019 年，第 112 页。

② 邓晓芒、易中天：《黄与蓝的交响：中西美学比较论》，北京：作家出版社，2019 年，第 431 页。

③ 曾繁仁：《试论当代存在论美学观》，《文学评论》2003 年第 3 期。

④ 邓晓芒、易中天：《黄与蓝的交响：中西美学比较论》，第 348 页。

⑤ 邓晓芒：《论康德美学的认识论结构及其改造》，《哲学研究》2019 年第 7 期。

⑥ 张政文：《交往行为理论视域中的康德审美理论》，《哲学动态》2007 年第 10 期。

感交往，个体情感向群体情感过渡和转换，审美愉悦的普遍必然性具有了经验现实性，最终在一定程度上促进社会进步。

再次，推动审美共同体的建构。当下愈演愈烈的审美泛化现实正在消解着审美（美感）的普遍可传达性，使审美从具有公共性的社会交往行为逐渐退化为私人性的不可交流的区分性行为。那么，在经验现实层面，我们是否可以期待一种共同的现实的审美愉悦，一种理想的审美趣味标准？又是否存在一种构建审美共同体的可能性？在康德看来，审美判断是单称判断，以审美个体的审美体验作为起点，充分尊重了个体的特殊性，又以这种特殊性作为契机上升为一种普遍性。审美主体间可以实现"人同此心、心同此理"的普遍赞同，审美主体诸认识能力所形成的一种谐和一致的心理配比，即一种可以实现"共通"的心理机能或状态，一种人类内在心理层面的"同一性"，使审美判断成为一种自觉的"审美应当"，"使人类对一个只有理性才应当有权利施行的统治做好准备"①。虽然康德在审美经验现实层面普遍赞同的论证不如先验探究那样充分，但"审美共同体"的建构仍然值得期待。狭义的（初级的）"审美共同体"作为一种现实生活的共同结构，基于相同或相近审美趣味的"情感共同体"不断涌现②；终极的"审美共同体"，也就是康德意义上近乎理想状态下的"审美共同体"。生活美学主张培育"生活的艺术家"，让生活中处处充满审美，充分发现生活本身具有的美感。此时，生活中的人们都是审美的观照者、参与者、创生者，这样就把审美共同体的建设归结到生活本身应该具有的本真状态之中。生态美学则主张通过生态审美教育来培养人们健全的审美趣味，共同关注环境污染和生态危机，搁置对自然的过于功利性的开发，积极主动地参与到生态文明建设中来，构建以生态审美为基础的生态命运共同体。在当下语境中，终极意义上的"审美共同体"虽然无法实现，但审美活动必须具有这样的理想"基准"，才值得审美个体的共同期待与努力。

最后，为实现美好生活提供启示。在康德看来，一种好的生活，应该是善与福相统一的生活，也应该是一种美的生活。美意味着一种具有普遍必然性的主观愉悦，而好的生活也应如此。审美愉悦促使人们可以实现相互感知和理解，对"感官偏好的专制高奏凯旋"③，从而为建立好生活打下坚实基础。另外，身心解放、感性需求充分满足是美好生活的要义之一。在康德看来，鉴赏判断是感性判断。音乐"这种游戏从肉体感觉走向审美理念，然后又从审美理念那里，以结合起来的力量而返回

---

① 康德：《判断力批判》，第 289 页。
② 刘悦笛：《生活美学——现代性批判与重构审美精神》，合肥：安徽教育出版社，2005 年，第 317—320 页。
③ 康德：《判断力批判》，第 289 页。

到肉体"①。在音乐、玩笑中，通过肉体活动，人得以感性地表达自身，在谐和自由的游戏中，原本紧张的身心松弛下来，得到极大解放，各个器官恢复平衡，对人的健康起到了积极作用。虽然康德论及的感性更多的是人的抽象心理，但也已经表现出对人身体感受、身心健康的关注。而人的感性需求、身心感受都与美好生活息息相关②。审美活动塑造了身心兼备的具有主体性的人，为人类美好生活的实现造就了创造者与承载者。

综上，康德美学是从现实中来、向现实中去的"经世"之学，有着明确的现实目的，即通过审美判断沟通人类知性与理性，促进人的社会性交流，最终培养道德的人。在科技理性占据主导地位、人文精神日益边缘化的今天，重提康德美学的经验性与先验性的统一，有利于激发康德美学的现实意义。准确理解审美判断的先验原理，继续发挥审美和艺术活动的社会效用，能够激发人的无利害的自由愉快，提升人的生存境界，实现精神上的解放，推动社会层面的交往共通，实现更好的生存。

---

① 康德：《判断力批判》，第 178 页。
② 参见程相占：《康德美学的身体维度及其生态美学意义》，《文艺理论研究》2019 年第 5 期；金丹：《审美与生活：康德审美理论的现实应用》，《浙江社会科学》2022 年第 5 期。

审美自律与艺术自律
——从审美的艺术运用看两者的关系

许婷婷* 　刘旭光**

内容提要：

"美"与"艺术"在古代虽时有交集，但仍是两条各自发展的路线，恰是近代建立起来的"审美"自觉意识，以"审美"而非"美"作为"美的艺术"的评判方式，方使"美的艺术"门类与"美的艺术"观念得以建立，也正是在"美的艺术"所明确的"审美"与"艺术"的包含关系中，"艺术"以基于自身特性的优势，向"审美"承诺了自律规则的展现条件，亦即证明了"艺术自律"的可能，鉴赏规则下的"审美自律"规定从此成为"艺术自律"的自觉要求，"审美自律"成为"艺术自律"的基础，"审美自律"向"艺术自律"的过渡取得合法性。

关键词：

美的艺术；审美；艺术自律；康德

将审美自律视为艺术自律的基础，有这样一个前提，即艺术作为且仅作为审美的对象，两者属于严格的包含关系，这是形成于 18 世纪中叶至 19 世纪初的"美的艺术"观念的题中之义。有意思的是，无论是从时间上看，还是从逻辑上看，"审

---

* 许婷婷，女，1987 年生，上海市人。上海大学文学院博士。本文为国家社科基金艺术学重大项目"中国近代以来艺术中的审美理论话语研究"（批准号：20ZD28）阶段性成果。
** 刘旭光，男，1974 年生，甘肃武山人。上海大学教授，博士生导师，教育部青年长江学者。主要从事美学与艺术理论研究。

美"与"艺术"的包含关系,都构成其他关系类型①演变的出发点,这意味着,它们不单是时间上的起点,也是逻辑上的原因。作为起点是因为,在"美的艺术"之前,"美"或"审美"与"艺术"处于各自发展的古代时期,虽偶有交集,但并没有建立彼此之间的必然关联;作为原因是因为,在"审美"与"艺术"的关系演变中,真正处于变化状态的其实是"艺术"对自身的规定性,换言之,"审美"与"艺术"的关系随"艺术"自身规定性的变化而变化,这里出现的核心问题是,缘何"艺术"能够处于不断的变化之中?艺术自身规定性发生变化的合法性是由谁赋予的?前一个问题的答案是"艺术自律",后一个问题的答案是"审美自律"。为了讲清楚这两个答案,进一步的辨析仍是必要的:一、"审美"与"艺术"的包含关系是如何在"美的艺术"的生成中建立起来的?二、"审美自律"的根据是什么?在审美与艺术的包含关系前提下,审美自律如何赋予艺术自律以合法性,"艺术自律"又当如何呈现?

一、美、审美与"美的艺术"的关系

审美与艺术的包含关系,建立于审美之于艺术的自觉运用,在这般运用中,"美的艺术"分类得以可能,"艺术"依凭"美"的主观规则与一般技艺的客观规则相区别,为"美的艺术"的自律内涵铺陈了道路。这里,将从历史发生的角度看审美如何能够成为"美的艺术"的评判方式,又何以在其自觉运用中将"艺术"作为对象,形成两者间的包含关系。

(一)从"美"的发现看"美"与"审美"

"美的艺术"的生成,基于两件事,其一即"美"的发现;其二即"艺术"以"美"作为自身规定性的分类完成,两者中,前者是决定性的。在古代时期,对于美的发现即已出现两种倾向,一种是基于理性的抽象哲思,一种是基于感性的具象感知。

自生活于公元前 6 世纪左右的古希腊人泰勒斯(Thales)起,古代哲学家便开启了一条为宇宙万物的存在或原因提供普遍解释的哲思之路。关于"美"的发现,跟随这条哲思之路所形成的是古人对于"美"的规则或原理的解释,这里导向的是

---

① 玛西娅《艺术与审美》一文讨论过"审美"与"艺术"的四种关系类型:等同、交叉、包含与不相关。玛西娅·缪尔德·伊顿:《艺术与审美》,贾红雨译,见彼得·基维主编:《美学指南》,彭锋等译,南京:南京大学出版社,2018 年(2021 重印),第 51—52 页。

"美"的抽象原因。毕达哥拉斯学派或是第一个踏着泰勒斯的步伐走近"美"的学派，与泰勒斯用物质世界的"水"来解释万物的本源不同，毕达哥拉斯学派发现"同火、土、水相比，数和那些存在着的东西以及生成着的东西之间有着更多的相似。"① 因此，他们将"数"作为万物的本质，认为"数"的特性万物具有，也正是在以"数"为基础的宇宙秩序"和谐论"中，毕达哥拉斯学派发现了"美"。从"水"至"数"，从单纯的万物本源之思到"美"的发现，毕达哥拉斯学派之所以较泰勒斯走得更远或许并非偶然，如果说泰勒斯的哲学性体现在以普遍思维概括万物本质的话，那么毕达哥拉斯学派则是将普遍思维的运用从经验世界提升到超验世界，以主体创造的认识概念而非基于经验的物质概念来概括万物本质，并将"美"归属于这一抽象概念领域，因此，从毕达哥拉斯学派开始，"美"就作为一个抽象认识，成为万物之美的原因。在这条发展路径上，是柏拉图将毕达哥拉斯学派用于"美"之注解的"和谐"更换为"美本身"② 的"理念"，明确了"美"作为理性概念的性质。由理性哲思所发现的"美"，可以作为万物之美的抽象原因，但也因其抽象性而不能作为评判万物之美的标尺。因此，毕达哥拉斯学派不得不将"和谐"具体化为"比例""尺度"，又不得不将"比例""尺度"具体化为明确的数量关系，如黄金分割比例等；柏拉图也只能在"美本身"与"美的形体"之间坚持一种理念永恒性的价值评判立场，试想，当这两种评判方式被作为评判某物是否为"美"的方法时，前者会要求鉴赏者带上尺子与纸笔，以衡量并计算对象的数学比例关系，后者则甚至不需要被评判的具体对象现身在场——物理的或者观念的标尺在"美"之评判的经验运用中必以失败告终。或许正是由于这个原因，作为理性之抽象概念的"美"与作为经验之物的"艺术"在古代很长一段时期内一直保持着相对的独立性，虽时有交错，却仍是两条各自展陈的线索。

感性感知构成了"美"之发现的另一条路径，"审美"就是在这条路径上发展起来的。依据塔塔尔凯维奇的看法，"先于哲学家探讨美和艺术问题的是诗人的作品"③，首开先河的或许是荷马与赫西俄德，在"美"的发现述诸文字之前，诗人便以口传诗歌的形式表达过关于"美"或"美之物"的见解。荷马在《伊利亚特》中对于海伦的描述便是一例，荷马借用他人之口来赞叹海伦之美："他们望见海伦

---

① 苗力田主编：《古希腊哲学》，北京：中国人民大学出版社，1989 年，第 70 页。

② "这美本身把它的特质传给一件东西，才使那件东西成其为美。""一切美的事物都以它为泉源，有了它那一切美的事物才成其为美。"柏拉图：《文艺对话集》，朱光潜译，北京：人民文学出版社，1963 年，第 184、272—273 页。

③ W. Tatarkiewicz, *History of Aesthetics*, Volume 1, Warszawa: PWN-Polish Scientific publishers, 1970, p. 15.

来到望楼上面，便彼此轻声说出有翼飞翔的话语：'特洛亚人和胫甲精美的阿开奥斯人为这样一个妇人长期遭受苦难，无可抱怨；看起来她很像永生的女神'。"① 与"美"在哲思层面侧重于"美是什么"或"美的产生根据"的本质探寻不同，诗人的观察更多聚焦于作为美之呈现的经验对象——"海伦"，诗人的表达则更多是基于经验对象的感性抒发——"永生的女神"，诗人有关"美"的发现也不是什么关于"美"的规则或原理，而是美的事物通过它对观察者的影响所能起到的作用与价值——"为这样一个妇女长期遭受苦难，无可抱怨"。在古人发现"美"的两条路径中，如将前一条视为美的原因性的发现，因为那些思考，能够揭示出那时人们是如何解释"美"的；那么后一条，正如荷马所展示的那样，则是"美"的感受方式的发现，因为这些观察也能够说明那时人们"是如何感受（reacted）美的"②：直面经验世界中的具体对象，这一对象一般是单一的个别对象——海伦；以感性直观的方式接收对象的表象信息——海伦的外形；主体因对对象表象的接收而被激发起某种内在感觉——不禁赞叹；而后主体反思到感觉被激发的原因——海伦之美；最后所反思到的原因引导主体形成某种实践的自觉意识——甘愿承受战争之苦。由诗人首先提供出来的这种"感受美"的方式，似乎已经具备现代观念下审美反应的结构主轴：对象直观——情感激发——原因反思，恰是这种反应结构决定了"审美"是一种从个别对象出发以主体感受为判断依据来反思美的普遍原理的方法。换言之，在经验之美的判定中，是基于感性感知的"审美"而非抽象哲思的"美"在发挥着积极的作用，因为只有借助于"审美"才能发现经验中的"美的"对象。当"审美"这种看待事物的新方式被运用于自然领域，便会发现"美的自然"，被运用于艺术领域，"美的艺术"类型便能够从"一般艺术"中剥离出来。

（二）从"美的艺术"发生看"审美"与"艺术"的包含关系

以"审美"的方式看待"自然"或"艺术"的自觉意识，是近代的事。以近代理性与科学的发展为前提，人开始关心自身的问题，对于自然与人类之关系的思索顺序，从原本的"什么是自然，因而什么是人类"演变为"什么是人类，因而什么是自然？"③ 如果说古人面对经验之美所呈现出的审美意识仅仅是偶然，那么到了这个时期，人则开始意识到"审美"是某种自身特有的能力，"审美"行为也有意识地被作为对象来进行反思，从而获得人们理解与运用它的合理解释。

夏夫兹博里在这方面作出过重要贡献：首先，夏夫兹博里发现人对于自然的情

---

① 荷马：《伊利亚特》，罗念生、王焕生译，北京：人民文学出版社，1994 年，第 72 页。

② W. Tatarkiewicz, *History of Aesthetics*, Volume 1, Warszawa: PWN-Polish Scientific publishers, 1970, p. 15.

③ 梯利：《西方哲学史（上册）》，葛力译，北京：商务印书馆，1975 年，第 20 页。

感除却源自"占有"的满足乐趣之外，还有一种源自静观（contemplation）自然之美的纯粹乐趣①，而正是后者，将人与低等动物区别开来，因为人是"理智的，有着心灵"，静观自然之美的乐趣恰恰产生于"心灵之中"②，它们仅关涉对象自身，与对象和实存相关的感官毫不相干。——将"审美"乐趣与"心灵"和"表象"联结，从而区别于与感官联结的实用乐趣，由此导向"审美"的非功利性特质。其次，夏夫兹博里认识到必须以"审美"为前提去看待自然，才能将自然视为"美的"而非"可利用"的对象，"如果我通过我诗意的迷狂或其他努力，带你进入到对自然和至高的神灵的深切观照中，于是我便证明了神圣的美的力量，并在我们心中形成了一种能够并值得真正享受的'对象'"③。——将"审美"状态与有意识的感性迷狂相联结，从而区别于本能驱动与理性认知，由此将"审美"确认为一种基于心灵反应的"美"的发现方式。再次，夏夫兹博里将"美"与"审美"的可能性归诸于心灵的"赋形"（forms）能力④，这些能力是"先天的"（innate）⑤，它们共同形成人"审美"时判别"美"的内在规则，因此，"眼睛一见到形象，耳朵一听到声音，美就立刻产生了，优雅和和谐就被人知道并承认"⑥。——将"审美"能力与自然天性相联结，从而区别于对外在条件的依附，由此为"审美"运用的普遍性奠定下基础。如此，夏夫兹博里从非功利的价值性、反应机制的独特性，适用范围的普遍性三个方面，开启了"审美"的自觉意识，主张将"审美"作为发现"美"的新方式运用于对于经验之物是否为"美"的判断中。"审美"自觉成为18世纪审美对象确立的必要前提，一方面，人们有意识地以"审美"的眼光看待自然，自然中的美与崇高问题得到更广泛的讨论，"自然"被明确为审美的对象之一，与审美形成交叉关系；另一方面，当"审美"的方式被运用于艺术的辨别中时，它便为艺术提供了一种完全区别于古代的分类视角⑦。具体说来，"审美"运用于艺术，首先，通过把"美"这一标准颁布给艺术，把"美的艺术"从"一般艺术"中拾取出来，其次，通过把"美"这一标准的判定方式圈定在主体自身的反应机制

---

① 刘旭光：《作为静照（contemplation）的"审美"》，见《复旦学报（社会科学版）》2021年第4期，第8—18页。

② 夏夫兹博里：《论人、风俗、舆论和时代的特征》，董志刚译，上海：上海三联书店，2018年，第371页。

③ 同上，第372页。

④ 同上，第375页。

⑤ 同上，第378页。

⑥ 同上，第380页。

⑦ 塔塔尔凯维奇：《西方六大美学观念史》，刘文谭译，上海：上海译文出版社，2006年，第59—60页。塔塔尔凯维奇总结过古代艺术分类的各种标准。

内，"美的艺术"便依凭其主观感受性规则迥异于其他为客观认识性规则所左右的艺术，成为其独立依据；最后，通过把"审美"的对象明确为具体的"美的艺术"产品，建立起"美的艺术"与"审美"的必然关联，其他艺术则因缺乏这种必然关联，而被弱化了"艺术"之名。

在"审美"的自觉意识下，"美的艺术"的门类划分，"审美"与"艺术"的关系建立均完成于18世纪。1746年，夏尔·巴托意识到品味是"美的艺术"的真正评判者，若不是通过审美建立起来的情感反思方式，理性便不能找到美的艺术的判断准则①。巴托以审美的情感反应——愉悦，来定义"美的艺术"，又将"美的艺术"门类划定为：音乐、诗歌、绘画、雕塑、舞蹈等，现代意义上的"美的艺术"体系在巴托这里借助"审美"方式被建立，"美的艺术"所指的具体门类自然成为"审美"的对象，其中审美与艺术所形成的包含关系已然显见。1750年，鲍姆嘉通出版以"Aesthetica"命名的著作《美学》，尝试从学理层面来确立审美与艺术的关系，他开篇明义，认为"美学作为自由艺术的理论"②，又认为"美学作为艺术理论是自然美学的补充"③，在其表述逻辑中，艺术作为与自然并置的对象，被纳入美学研究的范畴，艺术理论与自然美学共同构成美学的完整样貌，艺术与自然则共同构成审美的完整对象，尽管"艺术"在鲍姆嘉通的使用中，时而指自由的艺术，时而指美的艺术，但审美与艺术的包含关系在他的主观意图中仍是明了的。如果说审美与艺术的包含关系，在巴托的实践运用中还存在某种偶然性，在鲍姆嘉通的学理规定中也存在某种强制性，那么在康德人类哲学大厦的构建中，则获取了它的哲学依据，从而被确定下来。1790年，康德《判断力批判》将"审美"作为沟通人类认识领域与实践领域的桥梁及促进道德自律的手段，集中讨论了审美的问题，他把审美作为评判"美"的反思判断与形成知识的规定判断相区别；他步夏夫兹博里与英国经验主义的后尘，对"审美"的非功利性与普遍必然性作出辨析。关于审美对象，康德则明确有两种美的经验对象，一种是美的自然，一种是美的艺术，但以自然为对象的审美包含着某种与"利害"关联的不确定性，而艺术在保障审美愉悦的纯粹与自由方面更具优势——艺术质料与形式的分离决定了艺术对象具有较之自然对象更少与实存欲念相关的特质。除此之外，康德在其以"自由"与"理性"

---

① "After all, taste is the real judge of the fine arts. Reason cannot establish the rules of judgement, except by reference to taste and pleasure." Charles Batteux, *The Fine Arts Reduced to a Single Principle*, translated with an introduction and notes by James O. Young, Oxford: Oxford University Press, 2015, p. PREFACE lxxix.

② 鲍姆嘉滕：《美学》，简明、王旭晓译，北京：文化艺术出版社，1987年，第13页。

③ 同上。

为内涵的"艺术"定义下，进一步将"美"的目的颁布给艺术，把"艺术"规定为以"美"为目的的人工产品①，以此完成了对艺术在其哲学美学体系中的位置判定："艺术"被生产，亦即艺术产品存在的唯一意义就是作为审美对象，而在审美中被评判为"美"的艺术，就是"美的艺术"。这个判定指向两重规定：其一，艺术为审美而生产，艺术对象必然属于审美对象；其二，人看待艺术产品的方式必须是"审美"的，审美价值即艺术价值。第一重规定确立了审美与艺术的包含关系，第二重规定确立起审美与艺术的价值关联。如此，在康德构筑的人类哲学大厦中，艺术作为获取自由愉悦的手段之一，作为保证审美纯粹性的最佳对象，担起"美"之重责，为了人类的完善与自由，与审美以一种不可分割的关系状态并肩前行，一同开启现代审美与艺术观念的自律之路。

二、鉴赏判断规则下的审美自律与艺术自律

在"审美"与"艺术"的包含关系下，作为"美的艺术"直接判定方法的"审美"成为讨论"艺术"的标尺，讨论"艺术自律"问题，即当从讨论"审美自律"开始，仍需回到康德鉴赏判断规则下看审美自律的依据，以及审美自律规则之于艺术的运用可能。

（一）"自律"概念与"自律"的美学运用

"自律"（Autonomy）也被称为"自主""自治"，本意是自身与法则的结合，即自身立法之义。自然的立法者是自然本身，就自然为自然万物立定存在法则而言，自然是自律的，就万物存在之法不受他者左右而言，自然是绝对自律的。至于人，人的两重性既决定了人自律的可能性，也决定了人自律的相对性。人作为自然存在者，遵循自然之法，这是他律；人作为理性存在者，可为自身行为立法，这是自律。但作为自然存在的事实约束着作为理性存在者的行为限度，换言之，人之自律必在他律的限度之中，人为自身立法的行为无法完全摆脱自然他律的影响，因此，自律之于人，更多表现为人对自身的内在规定，以及对这些规定的自愿抉择上。这是讨论康德审美自律与艺术自律的立足点。

关于"自律"在美学中的表现，哈金斯（Haskins）有文章②做过探讨，首先，哈金斯认为"自律"在美学的运用中反映了该概念的一般含义，即基于自我立法的

---

① 康德：《判断力批判》，邓晓芒译，北京：人民出版社，2002 年（2008 重印），第 146 页。

② 这篇文章是指：Casey Haskins："Autonomy：Historical Overview"，*Encyclopedia of Aesthetics*，1998。周宪：《艺术的自主性：一个现代性问题》，见《外国文学评论》2004 年第 2 期。

"自治"或"自身合法化","在美学中,'自主'这个概念的内涵意味着这样一种思想,即审美经验,或艺术,或两者都具有一种摆脱了其他人类事物的属于它们自己的生命。"其次,哈金斯要求"自律"在美学中的自我立法被具体化为对象的某种规定条件,"就其依赖自身而言,或宽泛地说,就其独立于多种语境相关方式中其他分析对象而言,自主性标志着属于某个对象的条件。"在这个由自己立定的条件下,对象因具备独立于他物的明显特质而表现为"自律"的。最后,哈金斯列举了"传统上要求作为自主之物加以描述的美学主题","包括:审美判断、制约审美判断的精神能力、艺术作品、艺术作品内在的形式特质和意义、艺术家的行为和目的等。"哈金斯关于"自律"的美学运用逻辑是:其一,将"美学"与同作为人类事物的社会、政治、道德、宗教等活动相区别,以寻求其自身规定性;其二,将"美学"的自律标志,具体化为人类藉以规定"美学"使其获得自身合法性或特性的种种规则与条件;其三,将"美学"的自律表现,呈现为"美学"范畴内,与"美学"关联的所有对象的自律性表现的合集,此时自律性意味着,美学属下的各个环节对于赋予美学自身合法性的那些具体规则与条件的采纳或遵循。

依照哈金斯的美学自律思路,对于审美自律的探讨将以如下方式展开:第一,将审美自律视为人通过自身为审美行为立法,使审美获得独立生命而迥异于其他人类行为的活动;第二,考察人为审美行为立法的可能及方式,厘清审美获得自身合法性的具体规则或条件;第三,探讨审美自律标志性规则或条件对审美对象(即艺术)的规定可能,包括对艺术在审美自律条件规定下,自律表现的特征探讨。

(二)鉴赏判断规则下的审美自律

康德建立的审美规则,集中于《判断力批判》"美的分析论"所阐释的鉴赏判断的四个契机,分别从质、量、关系、模态对鉴赏判断进行规定,正是这些规定,辨明了审美自律的依据及具体的条件限定。

1. "审美自律"的保障前提

鉴赏判断的"审美"特性是讨论鉴赏判断规则的出发点,康德以"鉴赏判断是审美的"[①] 断言,将鉴赏判断视为一种以"主体及其愉快或不愉快的情感"反应来"分辨某物是美的还是不美的"[②] 的能力,这一认识中有两点值得注意:其一,鉴赏判断与"主体"联系,即将主体诸先天能力及其运行所遵循的先天原则作为讨论鉴赏判断机制的先决条件,这构成人为"审美"行为立法的能力保障。其二,鉴赏判断与"愉快或不愉快的情感"联系,鉴赏判断作为反思判断而非规定判断,这构

---

① 康德:《判断力批判》,第 37 页。
② 同上,第 37 页。

成"审美自律"得以实现的原因。对于这两点可以作出进一步解释：

审美作为一种鉴赏判断能力，即人以诸先天能力及原则评判"美"的能力，意味着："判断力"必须借由先天知性规则分辨某物在与主体的关系活动中是否与其相适应，康德将这种"适应性"就"知性"于"认识"而言表述为"合规律性"；就"判断力"于"愉快和不愉快的情感"而言表述为"合目的性"①。"判断力"的此般运用，进而可分为"规定判断"与"反思判断"。如果将鉴赏判断视为规定判断，那么审美活动将与认识活动无异，就其判断规则的外源性来看，它只能是他律而非自律的，"规定性的判断力单独并不具有任何作为客体概念之根据的原则。它绝不是自律；因为它只是在那些作为原则给予的规律或概念之下进行归摄"②。鉴赏判断对于对象与主体关系活动的分辨，是"在愉快和不愉快的情感的名义下完全关联于主体，也就是关联于主体的生命感的：这就建立起来一种极为特殊的分辨和评判的能力，它对于认识没有丝毫贡献，而只是把主体中所给予的表象与内心在其状态的情感中所意识到的那全部表象能力相对照"③。在这个过程中，一方面，鉴赏判断以某物寓于主体的"表象"而非与某物实存或实存关涉的概念为判断起点，这既是它对于认识不能够有丝毫贡献的原因，也是它能够将对某物与主体关系活动的适应性判断限定为与对象概念无关的主观形式判断的原因。另一方面，鉴赏判断的作用机制在其中被设定为：主体"愉快与不愉快的情感"和被评判对象与主体知性间主观合目的性形式的直接联结，即通过主体情感感受便能够判断对象是否符合主体的"合目的性"原则，如此，鉴赏判断便成功把整个判断所涉及的对象、能力、原则、状态都限定于主体之内，于是，"反思性的判断力在这样一些情况下就必须作为它自己的原则：这条原则由于并不是客观的，也不能为此意图奠定任何认识客体的充分基础，所以只应当用作认识能力的合目的性运用的主观原则，也就是对某一类对象进行反思的主观原则"④。于是，人对于"审美"行为的立法，因反思判断的作用机制所依凭的各个环节都被限定于主体之中，特别是反思判断的原则是一条由主体自行规定的主观原则，而得以摆脱外在规定，从而成为自律的。

2．"审美自律"的规定或条件

以反思判断为"审美自律"的保障前提，对"审美自律"规定或条件的具体阐释，则是由鉴赏判断的四个契机来完成的。

第一，"鉴赏是通过不带任何利害的愉悦或不悦而对一个对象或一个表象方式

---

① 康德：《判断力批判》，第 33 页。
② 同上，第 236 页。
③ 同上，第 38 页。
④ 同上，第 236 页。

作评判的能力。一个这样的愉悦的对象就叫作美（的）。"① 由第一契机阐释的"审美"规定是："审美"与主体"愉快与不愉快的情感"直接联系，且"审美"的愉快不带任何利害。第二，"凡是那没有概念而普遍令人喜欢的东西就是美的。"② 由第二契机阐释的"审美"规定是："审美"对象不涉及"实存"，"审美"也不借助概念而要求在愉悦方面的普遍同意。第三，"美是一个对象的合目的性形式，如果这形式是没有一个目的的表象而在对象身上被知觉到的话。"③ 由第三契机阐释的"审美"规定是："审美"所要求的合目的性指向一种无目的的合目的性，即一种合目的性形式，而美是对一个对象的合目的性形式的意识，指向一种内心的情感状态。第四，"凡是那没有概念而被认作一个必然愉悦的对象的东西就是美的。"④ 由第四契机阐释的"审美"规定是："审美"愉悦的必然性不依赖于概念（客观必然性），它是一种基于人所共有的"共通感"的主观（情感）必然性的体现。如果进一步以"自律"为目标，即将以上规定限制在主体自我立法的前提下来看待，那么此四项规定又可具体化为关涉"审美对象""审美判断原则""审美愉悦与传达"三个方面的条件设置。

首先，看审美"对象"的条件。因为"在逻辑的量方面，一切鉴赏判断都是单一性的判断。"⑤ 因此，审美对象就其量而言是单一的，审美对象必然是具体的个别对象，那么这一单一的对象为着"审美自律"的缘故，又当如何设定？在审美活动中，位于现象世界的审美对象，经由感官通道作为感性杂多为主体接纳，之后由想象力综合而形成寓于主体的"诸表象"，诸表象借由先验想象力向知性的纯粹形式推进，进而形成审美判断的关系活动，由此，引发审美关系活动的单一对象必须是由主体想象力综合而成的寓于主体的"表象"而非某物的"实存"，原因在于：假设，审美对象是某物的"实存"，那么，审美愉悦中就可能包含两种纯粹审美原因之外的愉悦来源，一种是"实存"满足主体低级欲求能力而获得的快适感，另一种是主体因"实存"本身的存在而感到的喜悦，"在两种情况下都始终包含有某个目的的概念，因而都包含有理性对（至少是可能的）意愿的关系"⑥，作为后果，审美所感到的愉悦将为对象的"实存"所左右，随对象的存在而存在，随对象的消耗或消失而变化。因此，审美对象不能够是某一"实存"之物，而只可能是一个借由

① 康德：《判断力批判》，第45页。
② 同上，第54页。
③ 同上，第72页。
④ 同上，第77页。
⑤ 同上，第50页。
⑥ 同上，第42页。

先验想象力形成的关于某物的"表象",亦可将此"表象"理解为审美对象寓于主体的"形式"——"我们讲到形式,有两种含义,一种含义是指那种区别事物的东西……就第二种含义而言,形式则指'那种事物由此而使人愉悦并为人欣赏的东西'。在这一含义中,形式则表示三种属性(尺寸、秩序与形式)所共同的确定性。"① 可见,作为审美对象的表象的这种形式本身还包含一种对于所表现形象的明晰性要求,这便排除了将其成型之前的感性杂多作为审美对象的可能。因此,"审美"对象的条件当从三方面来限定:其一,是单一的具体的对象;其二,是主体借助先验想象力形成的关于某物的"表象";其三,此"表象"作为寓于主体的对象"形式"必须具有表现上的明晰性。只有这样,才能满足反思判断从个别出发的要求,才能排除对象目的的干扰,保障审美原则的主观决定性,以及审美反应机制的效用。当然,三个限定中,第二个仍是核心。

其次,看审美判断的"原则"条件。审美判断作为反思判断以"合目的性"为其先天原则,而具体的"目的"则因其判定对象的不同而分别借以知性或理性的规则(或原则)为标准。在对"美"的判断中,借由构成知识的知性范畴须被剔除,仅留下一条各范畴借以立定自身的"统觉的综合统一原则",也正由于这一原则的存在,使得想象力仍旧推动着表象亲近于知性,似乎将被认识一般,却不被任何确定的概念规定——在作为表象方式的"想象力"与无概念的"知性"之自由活动中——某种徒留形式的合目的性可能被意识,即一个合目的性形式。"所以合目的性可以是无目的的","我们即使没有把一个目的(作为 nexus finalis 的质料)当作合目的性的基础,我们至少可以从形式上考察合目的性,并在对象身上哪怕只是通过反思而看出合目的性。"② "合目的性"作为审美判断的原则条件,在这里被具体指向一种无目的的合目的性,即合目的性形式,康德将其称为"合目的性的观念性原则"。这一原则也被康德"证明为我们任何时候都放在审美判断本身中作为基础的、且不允许我们把对我们表象力的某种自然目的的任何实在论用来做解释根据的原则"③。如此一来,在审美判断中,愉快意识本身所包含的只是"一个表象的主观合目的性的单纯形式。"④ 正是对审美判断原则之"合目的性"的目的质料的抛弃,或"形式"限定,使得审美作为一种追求心意相合的感性活动与认识活动相区别,获得自身独立的价值与存在意义;还使得审美主体从"不得不向自然学习什么

① 沃拉德斯拉维·塔塔科维兹:《中世纪美学》,褚朔维等译,北京:中国社会科学出版社,1991 年,第 274 页。
② 康德:《判断力批判》,第 56 页。
③ 同上,第 197 页。
④ 同上,第 57—58 页。

是我们必须感到美的东西"的状况中解脱出来，让审美判断摆脱"服从经验性原则"的困境——"否则将要由此得到规定的判断就会是他律"，从而把"审美"提升为"自由的并且以自律为根据"的人类活动。①

再次，看审美的"愉悦与传达"条件。审美中，某物"美"或"不美"直接表现为主体内心的"愉快或不愉快"的情感感受，"美没有对主体情感的关系，自身就什么也不是"②，且来自审美的愉悦感受并不同于其他原因引发的愉悦情感，这是由对审美对象及审美判断原则的规定所决定的——如上文所示，"审美对象"被规定为"表象形式"，"审美判断原则"被规定为"合目的性形式"，前一个形式规定将审美愉悦同对象"实存"相关的愉悦相区别，后一个形式规定则将审美愉悦同"借助于理性由单纯概念而使人喜欢"③ 的愉悦相区别，这两种愉悦与对象"实存"及"概念"的结合意味着某种利害关系的介入，这种利害关系往往受制于主体个人私欲或固有观念，从而限制了对象的审美可能，"一个爱好的对象和一个由理性规则责成我们去欲求的对象，并没有留给我们哪怕任何东西使我们成为一个愉快的对象的自由。"④ 那么，借助"形式"规定，审美愉悦在摆脱利害关系后又当呈现为何种状态呢？康德将这种状态与对"美"的定义联系起来："美"即审美判断中，内心诸认识能力（想象力与知性）朝向一般认识而自由游戏的内心情感状态⑤。当一物被宣称为"美的"时，标志着主体对于某种非功利性愉悦情感的感受，在这种愉悦感受中主体能够体会到不为欲求也不为概念左右的自由性。因此，"审美愉悦"的限定条件，即非功利性，具体表现为情感感受的自由性。而对审美对象与审美判断原则的规定是人自身立法的，亦即"自律"，审美愉悦的非功利性与自由性又可归功于"审美自律"。或者说，将审美对象与审美判断原则规定为主观形式，是审美自律的根由，而审美自律的实现，则表现为主体在审美愉悦中感受到的非功利的自由性。反之，借助于审美非功利的自由愉悦感受，主体也应当能够反思到自身为审美立法的事实，从而反思到为自身其他实践行为立法的可能，这便是康德意图通过审美的自由愉悦感受促进道德自律的根据。且在他看来，非功利性也为消解各人差异奠定了基础，使每个人在同一个审美判断中获得一种类似的愉悦成为可能，"这样，与意识到自身中脱离了一切利害的鉴赏判断必然相联系的，就是一种不带有基于客体之上的普遍性而对每个人有效的要求，就是说，与它结合在一起的必须

---

① 康德：《判断力批判》，第 197 页。
② 同上，第 53 页。
③ 同上，第 42 页。
④ 同上，第 45 页。
⑤ 同上，第 52 页。

是某种主观普遍性的要求"①。如此,"非功利性"既成为审美愉悦的自由性,也成为其普遍传达之必然性的共同条件。

在鉴赏判断四个契机的规定下,对"审美自律"的要求被具体化为关乎"审美对象"的"表象形式"限定、"审美判断原则"的"合目的性形式"限定、"审美愉悦"的"非功利的自由性"限定、"审美传达"的"必然的普遍性"限定。那么,这些规则或条件又是否可以运用到对"艺术"的规定中去,"艺术自律"何以可能?又当表现为何?

三、审美自律向艺术自律过渡的合法性

康德没有"艺术自律"的直接说法,但却在探讨"审美自律"时将艺术作为审美运用的范围规定下来,以此来明确"审美"与"艺术",或"审美自律"与"艺术自律"的关系,以及"审美自律"规定或条件运用于"艺术"的合法性。

(一) 审美自律与艺术自律的关系

《判断力批判》"导言"最后部分有言:"就一般心灵能力而言,只要把它们作为高层能力,即包含自律的能力来看待,那么,对于认识能力(对自然的理论认识能力)来说,知性就是包含先天构成性原则的能力;对于愉快和不愉快的情感来说,判断力就是这种能力,它不依赖于那些有可能和欲求能力的规定相关并因而有可能是直接实践性的概念和感觉;对于欲求能力来说则是理性,它不借助于任何不论从何而来的愉快而是实践性的,并作为高层的能力给欲求能力规定了终极目的,这目的同时也就带有对客体的纯粹智性的愉悦。"② 康德将人的诸先天能力区分为高层能力与低层能力,且认为所有高层能力均具备"自律"功能,包括与愉快和不愉快的情感联结的"判断力"——判断力凭借"合目的性形式"原则来规定情感反应。"判断力"的审美运用,即以认识能力的先天性以及运用原则的先天性,来构成"审美自律"的基础,这是审美活动得以自身立法的内在根源。

在进一步的划分中,康德认为事物的划分要么是两分的,要么是综合的。两分法适用于依据知性范畴的直接归纳,综合法则适用于依据先天原则的反思推理,如果是"要从先天的概念(而不像在数学中那样从与概念相应的先天直观中)引出来,那么这一划分就必须按照一般综合统一所要求的,而必然是三分法的,这就是:

---

① 康德:《判断力批判》,第 46—47 页。
② 同上,第 32 页。

（1）条件，（2）一个有条件者，（3）从有条件者和它的条件的结合中产生的那个概念"①。对应于综合划分逻辑，康德将"诸认识能力"视为有条件者，将"诸先天原则"视为它的条件，在两者的结合中——"理性"与"终极目的"结合产生"自由"概念；"知性"与"合规律性"结合产生"自然"概念；"判断力"与"合目的性"结合产生"艺术"概念②。换言之，自由、自然、艺术作为综合概念，它们由"有条件者"与"它的条件"在结合中产生，而就"有条件者"与"它的条件"本身的先天性，以及它们之间的结合对于所产生概念的自身立法性质而言，在这种结合运用中所产生的概念或概念所对应的对象也就必然地被赋予了"自律"的性质——"自由"是自律的实现表现；"自然"的自律性表现为自然按其自身法则的自在运转；从"自然"到"艺术"，"物"的创造者由上帝变为人，对比于上帝为自然提供法则，人作为艺术的上帝也可为艺术立法。

在"审美"与"艺术"所依凭的先天能力与先天原则的同源关系下，康德先把和"愉快与不愉快情感"联结的"判断力"在"合目的性"原则下的运用称之为"审美"，又将两者结合所产生的概念确认为"艺术"，这样一来，便明确了"审美"与"艺术"的关系，在康德看来，两者无非是主体同一种先天能力与同一种先天原则对于"美"这同一件事在实践运用方面的不同展现方式——"审美"作为人判断"美"的活动，"艺术"作为人以"美"为目的的产品，一个只运用于"美"的判断；一个运用于"美"的生产的同时，也运用于"美"的判断。换言之，在艺术那里，"判断力"与"合目的性"既呈现为"美的艺术"生产者所共有的规则能力，也呈现为"美的艺术"欣赏者所共通的鉴赏能力："艺术"自身创造着"美"，"艺术"自身也成为"审美"的对象，那么，在"自律"的目标下，作为"美"的创造者，将要求"艺术"生产体现出生产主体对艺术的自身立法性质；作为审美对象，则要求"艺术"鉴赏符合审美自律的规定。因此，在康德这里，或说在以"美"为共同目标的"审美"与"艺术"关系中，把"审美自律"的种种条件运用于作为审美对象的"艺术"是合法的，就"艺术"本就是为着"美"与"审美"的目的而言，"审美自律"可以看作"艺术自律"的基础。

（二）审美自律规则下的艺术自律表现

如果把"审美自律"看作"艺术自律"的基础，"艺术自律"就可以体现为"审美自律"规则对于艺术的具体要求，或说在艺术上的运用与表现。不同于"审美"，艺术既是创造"美"的人工生产，也是以"审美"为目的的人工产品，既作

---

① 康德：《判断力批判》，第33页注释①。
② 同上，第33页表格。

为动态活动，也作为静态对象的两重性，决定"审美自律"规则对于艺术的要求，是同时体现在艺术的生产端与鉴赏端的。根据审美对象的"表象形式"规定，艺术产品必须远离实存；根据审美判断原则的"合目的性形式"规定，艺术产品必须符合"合目的性形式"原则，即必须是"美"的；根据审美愉悦与传达的非功利性规定，艺术鉴赏的情感体验必须被感受为非功利的自由愉悦，且这种体验必然是普遍可传达的。对象与原则的规定是对"艺术"生产端的要求，情感与传达的规定是对"艺术"鉴赏端的要求，事实上，与"审美自律"一致，形式要求是"艺术自律"原因性的体现，非功利的自由性要求则是"艺术自律"的实现表现，换句话说，"艺术自律"由艺术生产中及艺术鉴赏中人为艺术立法的主观形式性决定，在艺术生产中与艺术鉴赏中则具体表现为非功利性自由。艺术生产的非功利性自由，指向：艺术生产规则只由生产主体立定，既非来自"自然"，也非来自古代"典范"；艺术鉴赏的非功利性自由，则指向：艺术鉴赏体验到的情感只包含由对象之"美"引发的纯粹愉悦，既非来自"实存"的感官满足，也非来自"概念"的规定实现。

那么，何以保证"审美自律"规则下的"艺术自律"得以展现？康德将这一任务的解决，交给"美的艺术"在体现"合目的性观念论原则"方面所具有的优势，"在美的艺术中，合目的性的观念论原则还要看得更清楚一些"①。作为"审美"判断的基础原则，"合目的性观念论原则"，即审美判断的"合目的性形式"原则，它本身指向承载着审美对象表象的先验想象力与知性自由游戏的单纯的合目的性形式，因此内涵了决定"审美自律"的两项根本条件：一项是排除了"实存"的审美对象，一项是排除了"概念"的审美判断原则。缘何"美的艺术"在体现"合目的性观念论原则"方面更具优势？首先，"因为在这里不可能通过感觉来假定合目的性的审美的实在论，这点它和美的自然是共同的"②。又与自然不同，"美的艺术"表现形式与内容（质料）的非一致性决定：一件"美的艺术"既不能作为所表现之物的知识来源，也不能作为实践对象，与自然相较的"非真实性"，成为"美的艺术"抛开物质性内容，把自身以"纯粹形式"的方式呈现给主体的条件优势。主体面对"美的艺术"，也更容易跳脱生存与认识的需要，进入审美沉思。其次，"美的艺术本身必须不看作知性和科学的产物，而必须看作天才的产物，因而它是通过与确定目的的理性理念本质不同的审美［感性］理念而获得其规则的"③。"美的艺术"的生产，被归功于"天才"在创造方面的天生规则能力及其基于感性形象的生产方式——"合目的性形式"原则作为"美"的抽象规定寓于"天才"的本性之中，

---

① 康德：《判断力批判》，第 197 页。
② 同上，第 197 页。
③ 同上，第 198 页。

符合"美"的原则的具体形象则依凭"天才"的想象力以"审美理念"的方式直接映现于天才的脑际，随即排除了"概念"在"美的艺术"生产方面的他律干预，也就是说，在生产上的"天才"优势，保证了"美的艺术"作品既符合"美"的原则，又不是依据"美"的"概念"来生产的。

基于以上两点，凭借在体现作为审美基础的"合目的性观念论"原则方面的优势，"美的艺术"还同时保障着以"艺术"为对象的审美鉴赏的普遍有效性及其必然性，"在对自然美和艺术的评判中的合目的性的观念论，则是这个批判只有在其之下才能解释一个要求对每个人先天有效（但却不把这种表现在客体上的合目的性建立在概念上）的鉴赏判断的可能性的惟一前提"①。并且这一由主体自身的先天原则所保障的"普遍有效性"，也因对外在原因性的摆脱，仿佛是"建立在对（在给予表象上的）愉快情感作判断的主体的自律之上，亦即基于他自己的鉴赏力"②的，换言之，是建立在主体审美判断的自律性规则之上的，因而才能够"具有一种双重的并且是逻辑的特性：就是说，一方面有先天的普遍有效性，但却不是依据概念的逻辑普遍性，而是一个单一判断的普遍性；另方面有一种必然性（它永远必须基于先天的根据）"③。

在"美的艺术"所建立的"审美"与"艺术"关系中，"艺术"以基于自身特性的优势，向"审美"承诺了自律规则的展现条件，亦即证明了"艺术自律"的可能，鉴赏规则下的"审美自律"规定从此成为"艺术自律"的自觉要求。"审美自律"作为"艺术自律"的基础，为康德以"美"为名的艺术自律策略拉开帷幕，在"审美自律"的引领下，"艺术"便从此走上一条从被规定到规定、从功利到非功利、从不自由到自由的自律之路。

---

① 康德：《判断力批判》，第 198 页。
② 同上，第 122 页。
③ 同上。

从方法论唯我论到解释共同体
——对狄尔泰诠释学及其"认识论改造"的一种描述

张 震*

内容提要:

狄尔泰将精神科学的认识论奠基确立为毕生的哲学使命。在其前期思想中,精神科学认识论以心理学为基础。这种心理学基础强调个体作为认识主体的优先性,因而呈现出一种方法论唯我论的致思路向,并且引发客观性的难题。为了论证精神科学知识的客观性,狄尔泰将诠释学引入精神科学认识论基础的探讨,试图通过理解与表达的客观性解决这一认识论难题。不过,只要精神科学仍以心理学为基础,就不能走出其心理学立场所固有的方法论唯我论困境。在其晚期思想中,狄尔泰通过"客观精神"概念,重新解释精神科学的"精神"范畴及其"客观性"的内涵,并重构其精神科学的诠释学基础,进而在认识论层面设定解释共同体作为认识主体,从而突破了方法论唯我论的困境。

关键词:

狄尔泰;诠释学;认识论;方法论唯我论

在西方诠释学从技艺学向哲学的演进过程中,狄尔泰无疑占有举足轻重的位置。伽达默尔认为,狄尔泰是"诠释学的哲学时代"的真正开创者①。在狄尔泰这里,

---

* 张震,男,1976年生,湖北利川人,文学博士,云南大学文学院教授,主要研究方向为诠释学和美学。本文系国家社会科学基金一般项目"文学解释共同体研究"(项目号:18BZW010)阶段性成果。

① 汉斯—格奥尔格·伽达默尔:《真理与方法》,洪汉鼎译,上海:上海译文出版社,1999年,第670页。

诠释学不再仅仅是一种理解与解释的技艺学，而且具有了一种认识论的哲学内涵，甚至成为认识论哲学的核心。值得注意的是，狄尔泰将诠释学发展为认识论的进程，本身就是在其对近代认识论哲学的反思与"对认识论本身的改造"① 的背景中展开的。一定程度上，诠释学认识论的建构本身就构成了这样一种认识论改造。当然，这种反思与改造不是一蹴而就，而是缓慢地，甚至并非全然自觉地展开的。本文正是以"方法论唯我论"这一近代认识论哲学所面临的基本问题为线索，描述狄尔泰的诠释学之路及其所包含的认识论改造过程的一次尝试。

所谓"方法论唯我论"，也称作"认识论个人主义"②，指的是在探讨认识或知识的可能性与有效性之时，将单一个体或孤独的自我意识设定为起点或前提，"即在原则上，'单个人'能够认识作为某物的某物，并依此来从事科学"③。"方法论唯我论"与"存在论唯我论"的不同在于：它并不断定只有唯一的个体自我才是真实的存在，它所坚持的只是单一个体及其自我意识在认识活动中的优先性。德国哲学家阿佩尔认为，从笛卡尔、洛克、康德到胡塞尔的认识论探究，都在不同程度上设定了方法论唯我论前提，前期狄尔泰也并不例外。不过，狄尔泰的思想有其"前后变化"④。这种"变化"是如何发生与进行的呢？

一、精神科学的心理学基础与方法论唯我论

狄尔泰将论证精神科学知识的客观性与普遍有效性，即"精神科学的认识论奠基"，确立为毕生的哲学使命。鉴于近代认识论实际上是一种以自然科学知识为典范的认识论，探讨精神科学认识论的任务本身就具有认识论反思与改造的内涵。狄尔泰认为，要完成精神科学的认识论奠基，必须从精神科学的心理学基础出发。"只有对精神科学的心理学基础进行反思，才能为它们的知识的客观性奠定基础。"⑤ 不过，将精神科学建立在心理学基础之上，也正是狄尔泰前期思想的方法论

① 保罗·利科：《诠释学与人文科学》，洪汉鼎译，北京：中国人民大学出版社，2021年，第9页。
② 参见史蒂文·卢卡斯：《个人主义》，阎克文译，南京：江苏人民出版社，2001年，第100页。
③ 卡尔—奥托·阿佩尔：《哲学的改造》，孙周兴、陆兴华译，上海：上海译文出版社，1997年，第172页。
④ 同上，第46页。
⑤ 让·格朗丹：《哲学解释学导论》，何卫平译，北京：商务印书馆，2009年，第140页。

唯我论路向的集中体现。

之所以将精神科学的心理学基础视为首要的课题，缘于狄尔泰对自然科学与精神科学的区分。他认为，从研究对象来区分自然科学与精神科学只具有有限的意义。比如，人作为心理与生理的统一体，就既是自然科学的研究对象，也是精神科学的研究对象。因此，关键的不是研究对象是什么，而是研究对象是如何给予经验的。自然科学所研究的物理事实，是"通过各种感官在外部感知之中给定"，并且"借助于思想的各种联系而形成的"①。也就是说，物理事实是感官所经验的外部实在，并且是通过感官与思想的合作而建构起来的。与此不同，精神科学固然也会涉及外部实在，但作为其核心领域的"精神事实"，则是"在内在经验之中、在不存在各种感官的合作的情况下给定的"②。精神事实作为精神科学的研究对象，一开始就内在于人，因而并不需要借助感官去进行外部的把握，而是作为内在经验的事实直接给予和确定。这种"内在经验"（按：狄尔泰在其后期思想中称之为"体验"）正是心理学所关注的对象："从内部来看，人是一个由各种心理事实组成的系统"③。当然，这里的心理学不是说明性的，而是描述性的："只有当心理学是一种仅仅局限于确立各种事实和存在于这些事实之间的各种一致性的描述性学科的时候，才有可能成为一种根本性的精神科学"④。正是这种描述心理学，构成了精神科学的心理学基础的学科形式。

值得注意的是，描述心理学所描述的"内在经验"，首先是单一主体或个体的内在经验。因为在狄尔泰看来，具有生理方面与心理方面的个体，是最基本的生命单元，也是社会实在与历史实在得以构成的终极成分。"这些个体，这些由生理方面和心理方面构成的整体，都是一些在历史和社会所具有的、复杂得不可思议的总体性之中相互影响的单元——其中的每一个单元都与众不同、每一个单元都构成了一个世界，因为这种世界并不存在于其他的什么地方，而是仅仅存在于这样一种个体的各种表现之中。"⑤ 每一个个体，都构成一个与众不同、独立自足的精神世界。作为"根本性的精神科学"的描述心理学，必然把这些个体的精神世界作为描述的对象。这也就让我们能够理解，为什么狄尔泰会把传记视为描述心理学的"重要资源"。传记就是在历史性的具体语境中对个体生命进程的真实描述，因此，"人们可

---

① 威廉·狄尔泰：《精神科学引论》第 1 卷，童奇志、王海鸥译，北京：中国城市出版社，2002 年，第 22 页。
② 同上，第 22 页。
③ 同上，第 32 页。
④ 同上，第 59 页。
⑤ 同上，第 53 页。

以把传记作家所使用的这种真实的研究程序，当作他在解决有关使一个生命单元的本性、发展和命运恢复生机并且变得可以理解的问题的过程中，对人类学和心理学的运用来描述"①。

狄尔泰在精神科学的心理学基础的探讨中对个体的重视，并未走向一种"存在论的唯我论"。他认为，个体作为生理心理单元固然是"独立自足"的，但在另一方面，"这种独立自足的、在它的统一体所具有的自我意识之中固定不变的整体，却只有在社会实在所具有的脉络之中才能出现……无论通过经验、还是通过推理，心理学都不可能把人当作处于其与社会进行的各种互动过程之外的东西来发现——可以说，都不可能把人当作先于社会而存在的东西来发现"②。狄尔泰在此充分肯定了个体的社会性存在——个体不是"先于社会"的存在，而是社会性的存在。作为社会性存在，个体总是生活在社会历史实在的活生生的脉络与关联之中，并且持续不断地与社会进行各种互动。就此而言，脱离社会历史脉络的绝对个体，不过是一种抽象或虚构："作为先于历史和社会而存在的事实的人，是发生学说明所具有的一种虚构；进行理由充足的分析的科学以之作为研究对象的人，是作为社会的组成部分而存在的个体。"③

不过，尽管狄尔泰从存在论上肯定了个体不是"先于社会"的存在，但当他转而讨论认识论的问题时，却强调了个体作为认识主体与认识前提的优先性，因而呈现为一种方法论唯我论的致思路向。"个体一方面是存在于各种社会互动过程之中的一种成份，是这些互动过程所涉及的各种各样系统的一个交叉点，也是以各种自觉的意向和行动对这种社会的影响作出反应的个人；但是，另一方面，他同时也是进行理智活动的、不断对所有这一切进行静观沉思和调查研究的人。因此，盲目运作的各种原因发挥作用过程，就被各种表现、感受和动机发挥作用的过程取代了。"④"各种表现、感受和动机"都是个体的心理活动与内容，而个体自身对这些心理活动及内容的"静观沉思"，就构成了对社会历史实在的认识的起点。"这样一来，从某种程度上说，各种社会科学就是从个体有关他自己的活动及其各种条件的意识出发的。"⑤ 各种社会科学乃至诸种精神科学都是以个体意识为出发点而得以建构起来的。在各门精神科学中发挥作用的认识能力，以及设定目的、制定规则、进行价值评价等精神能力，都存在于作为生理心理单元的个体之中；作为理解文化体

① 威廉·狄尔泰：《精神科学引论》第 1 卷，第 62 页。
② 同上，第 55 页。
③ 同上，第 58 页。
④ 同上，第 67 页。
⑤ 同上，第 68 页。

系、社会组织以及历史总体的基础的诸多基本范畴，同样起源于个体的内在经验。这无疑表现出明显的方法论唯我论的倾向。阿佩尔关于"方法论唯我论"的解说，正可适用于此：所谓"方法论唯我论"，"指的是那种我认为至今仍未能克服的假定，即认为，即使从经验上看人类是一种社会存在物，判断构成和意志构成的可能性和有效性仍原则上无须一个交往共同体的先验逻辑前提就能得到理解，也即在某种程度上能够把这种可能性和有效性理解为个体意识的建构性成果"①。

　　事实上，狄尔泰自己也在一定程度上意识到这里的认识论难题，只不过他称之为"心理学难题"："心理学所必须解决的难题是，如何获得有关人那些普遍特征的分析性的知识"②。这里的"知识"指的是精神科学知识。精神科学知识之所以会成为难题，是因为知识必须具有普遍性与客观性，而建立在心理学基础之上的精神科学认识以个体的内在经验作为出发点，那么，个体经验如何获得普遍性呢？内在经验何以具有客观性呢？可以发现，这些问题其实就是方法论唯我论所引发的认识论难题。而正如康德所言，在认识论哲学的视野中，"客观有效性和必然的普遍有效性这两个概念是可以互相换用的概念"③，客观性概念实际上已经包含了普遍性的内涵。因此，方法论唯我论的认识论难题，也就是客观性的难题。正是客观性难题推动狄尔泰走向诠释学。

二、"诠释学的补充"与客观性问题

　　所谓的"诠释学的补充"④，指的是诠释学构成了对精神科学的心理学基础的补充。这意味着，对狄尔泰来说，心理学在精神科学的认识论奠基中仍然起着基础性的作用，不过，心理学并不能独自完成认识论奠基的任务，因而需要诠释学作为补充。从本文所探讨的问题来看，仅仅将精神科学建立在心理学基础之上，必然面临方法论唯我论的认识论难题，而且心理学的思路无法解决这一难题，所以只能向诠释学求助。也正是在这一过程中，诠释学不仅参与了"认识论改造"的进程，而且本身具有了一种认识论的哲学内涵。

　　在狄尔泰生前发表的著述中，问世于 1900 年的《诠释学的起源》一文具有特

---

① 卡尔—奥托·阿佩尔：《哲学的改造》，第 275 页。
② 威廉·狄尔泰：《精神科学引论》第 1 卷，第 58 页。
③ 康德：《未来形而上学导论》，庞景仁译，北京：商务印书馆，1978 年，第 64 页。
④ 约斯·德·穆尔：《有限性的悲剧：狄尔泰的生命释义学》，吕和应译，上海：上海三联书店，2013 年，第 234 页。

别的意义。它不仅"标志着解释学史的兴起"①，还首次将诠释学与精神科学的认识论奠基问题关联起来。这种关联正是建立在对精神科学的认识论难题，尤其是客观性问题的自觉的基础之上："与一切自然认识相比，精神科学有它的优势，因为它的对象不是在感觉中所给予的现象，不是意识中对某个实在的单纯反映，而是直接的内在的实在本身，并且这种实在是作为一种被内心所体验的关系。可是，由于这种实在是在内在经验里被给出的这一方式，却造成对它的客观把握具有极大的困难。"② 精神科学的"优势"就在于其认识主体与认识对象或者说自我意识与对象意识的同质性，但这种"优势"又会对"客观把握"带来"极大的困难"。这实际上就是从个体的内在经验出发的认识何以具有客观性的问题。不仅如此，从这种内在经验出发，个体自我甚至不能意识到自身的个体性，因为自我的个体性只能通过与他人的比较才能经验到。但是，这又需要自我将他人认知为他人，或者说将他人确立为与我一样的个体此在。个体自我又是如何从自身的内在经验出发将他人确定为同样具有内在经验的个体的呢？用狄尔泰的话说："某一个别构成的意识如何能通过这样一种复制把一种陌生的完全独特构成的个体性带到客观的认识呢？"③ 所谓"复制"，是狄尔泰所设想的个体自我认识他人的过程，因为他人首先是通过姿态、声音、行为等方式从外部给予我们的，而我们则将这些外部经验视为内在经验的符号，进而通过将自我的内在经验或者说生命性内涵"复制"到这些符号之中，才能"充实"为他者个体的内在性。这一"复制"何以成为"客观的认识"的呢？

在狄尔泰看来，为了论证精神科学知识的客观性，必须将诠释学经验引入关于精神科学认识论基础的探讨之中，而这主要又是通过"理解"与"表达"这两个相互关联的概念而进行的。

首先来看"理解"概念。值得注意的是，这里的"理解"概念实际上已经得到了重新解释。在狄尔泰早期著作中，"理解"指的是对自我的体验（即内在经验）的澄清与说明，以及从自我体验出发对他人体验的再体验或重构。就此而言，"理解"只是"体验"或内在经验的延伸。但在《诠释学的起源》一文中，尽管"理解"仍以体验或内在经验为基础，狄尔泰则尤其强调其作为一种"由外向内的运动"的特点，进而将"理解"定义为"由外在感官所给予的符号而去认识内在思想的过程"④。可以发现，这一定义是对施莱尔马赫诠释学的"理解"概念的继承。

---

① 让·格朗丹：《哲学解释学导论》，第 15 页。

② 威廉·狄尔泰：《诠释学的起源》，洪汉鼎译，洪汉鼎主编：《理解与解释：诠释学经典文选》，北京：东方出版社，2001 年，第 75 页。

③ 同上，第 75 页。

④ 同上，第 76 页。

施莱尔马赫认为："每一理解行为都是一种逆向的言说行为，以此构成言说基础的思想必须进入理解者的意识世界。"① 言说行为将思想用语言符号加以表现，理解作为"逆向的言说行为"则是从符号向思想回溯。这也说明，狄尔泰的"理解"概念在此不仅仅是心理学的，而且也是诠释学的。可以认为，诠释学对作为精神科学基础的心理学的"补充"，也就首先表现为"理解"对"体验"的"补充"。对狄尔泰来说，这种"补充"也就意味着对"体验"的客观性不足这一局限的克服。问题仍然在于，"理解"何以是客观的？

在《诠释学的起源》一文所描述的诠释学历史的视野中，理解的客观性表现为理解作为技艺、规则的客观性。这意味着，尽管在这篇论文中，狄尔泰明确将"理解"视为一种"认识方式"②，从而赋予作为理解与解释之学的诠释学以认识论的内涵，但他并未忽视诠释学作为技艺学的漫长历史。事实上，诠释学成为认识论，正是建立在其技艺探讨的基础之上的。在狄尔泰看来，作为技艺学的诠释学同样将客观性作为追求的目标，而为了达到客观性的目标，需要的是"一个达到某种可控制的客观性程度的合乎技术"③ 的"理解"。这也就意味着，理解的客观性程度与理解的技艺化程度是成正比的，理解的客观性是一种技艺的客观性。狄尔泰指出："这种对一直固定了的生命表现的合乎技术的理解，我们称之为'阐释'或'解释'。"④ "解释"或"阐释"就是"合乎技术的理解"，它集中体现了理解的技艺化追求与客观性目标。进而言之，任何技艺都是按照规则进行的，理解与解释的技艺也有其规则："正是从这些规则的竞争，不同学派对重要著作解释之间的斗争以及从如此受制约的建立规则的需要中，才产生了诠释科学。"⑤ "建立规则"的"需要"，归根结底就是客观性的需要。这一需要，早在 16 世纪的弗拉西乌斯那里就已得到了阐明。弗拉西乌斯的《圣经指南》一书中指出："迄今所发现的解释规则被结合在一个学说体系中，并且还提出这样一条公则，即通过对这些规则合乎技术的运用，我们一定可能达到一种普遍有效的理解。"⑥ 因此，理解的客观性就是解释的技艺和规则的客观性。狄尔泰认为，既然精神科学知识的可能性都奠基于这一前提——"对个别物的重新理解可以被提高到客观性"，那么"理解和阐释的过程对

① 转引自金惠敏：《后现代性与辩证解释学》，北京：中国社会科学出版社，2002 年，第 14 页。
② 威廉·狄尔泰：《诠释学的起源》，《理解与解释：诠释学经典文选》，第 76 页。
③ 同上，第 77 页。
④ 同上，第 77 页。
⑤ 同上，第 78 页。
⑥ 同上，第 83 页。

于这种精神科学就是其基础"①。诠释学也正是在此意义上，"成了奠定精神科学基础的重要部分"②。

这里需要进一步追问的是，技艺、规则的客观性能否真正确保理解的客观性？回到狄尔泰的"理解"概念的诠释学定义——"由外在感官所给予的符号而去认识内在思想的过程"，无论是解释的技艺还是规则，都只能保证这一认识过程的进行方式、程序的正确性，但却无法决定作为认识对象的"内在思想"本身的客观性。也就是说，如果理解的对象本身就是主观的，理解过程的正确无误，仍然只是通向主观性的工具与桥梁。而作为理解对象的"内在思想"，恰恰是"在内在经验里被给出的"，因而并未走出个体主观性的困境。进而言之，既然理解始终是建立在内在经验或者说体验的基础之上，而体验总是有其主观的一面，理解怎么可能是客观的呢？

或许正是出于这样的考虑，狄尔泰在"体验"与"理解"之间，引入"表达"（Ausdruck，也译作"表现"）这一中介。"表达"指的是"体验"的表达，而"理解"作为对"体验"的理解，是通过对"体验"的表达的"理解"而达乎"体验"的。狄尔泰的诠释学的"最终关注"，就是"体验、表达和理解之间的关系"③。事实上，如果再次回到《诠释学的起源》中对"理解"概念的诠释学定义，可以发现，定义中作为直接的理解对象的"由外在感官所给予的符号"，其实就是"表达"。因为这里的"符号"如果不是"内在思想"表达的话，如何可能由"符号"去认识"内在思想"呢？不仅如此，在《诠释学的起源》一文中，还有更明确的关于"表达"的论述："文学之所以对我们理解精神生活和历史具有不可估量的意义正在于：只有在语言里，人的内在性才找到其完全的、无所不包的和客观可理解的表达。"④ 可以发现，狄尔泰之所以高度肯定文学对于精神生活的意义，在于语言是"人的内在性"的"客观可理解的表达"。这意味着，就语言作为表达而言，其本身就具有客观性，而语言理解的客观性，首先就源于语言作为表达本身的客观性。也就是说，"表达"作为理解的直接对象，从对象的层面为理解的认识活动注入了客观性的保证。如果联系狄尔泰的思想演变进程来看，这种表达的客观性在其后期思想中发挥着越来越重要的作用。在其 1900 年发表的《诠释学的起源》一文中，有这样的论述："理解的分析与内在经验的分析彼此相联，它们两者为精神科

---

① 威廉·狄尔泰：《诠释学的起源》，《理解与解释：诠释学经典文选》，第 74—75 页。

② 同上，第 92 页。

③ 鲁道夫·马克瑞尔：《狄尔泰的主要哲学贡献》，安东尼·弗卢等著：《西方哲学讲演录》，李超杰译，北京：商务印书馆，2000 年，第 67 页。

④ 威廉·狄尔泰：《诠释学的起源》，《理解与解释：诠释学经典文选》，第 77 页。

学给出了其普遍有效认识的可能性和界限的证明。"① 在此，"理解"概念与"内在经验"（"体验"）概念直接相关联，并且共同规定了精神科学作为客观知识的可能性与界限。而在 1909 年完成的《精神科学的界定》一文中，狄尔泰指出，诸种精神科学"全都立足于体验、体验的表现以及对于这些表现的理解。体验以及对于体验的各种表现的理解为精神科学中的一切判断、概念和认知提供了基础"②。"体验的表现"（即"表达"）已成为"体验"与"理解"之间的"根本性中介"③，并且与"体验""理解"一起共同构成了精神科学的认识论基础。

不过，客观性问题或者说方法论唯我论的认识论难题似乎仍未真正解决。这里的关键在于：表达的客观性何以可能？表达终究是体验的表达，"它非反思地联系着体验；只有在体验之中，我们才能找到它的起源和基础。在此，我们应该由表现追索体验，而不是将某种解释读入表现之中。我们可以直接体验到某种既定的体验与相应的心理物的表现之间的必然关系"④。表达作为体验的外化，以体验为"起源和基础"，其基本功能就是"由表现追索体验"，而且这种"追索"，本身就是建立在对"既定的体验与相应的心理物的表现之间的必然关系"的"直接体验"的基础之上的，表达又是如何克服体验的个人性与主观性，从而具有普遍性与客观性的呢？进而言之，狄尔泰对文学的重要意义以及语言作为"人的内在性"的"完全的、无所不包的和客观可理解的表达"的观点，同样深受施莱尔马赫诠释学的影响，而施莱尔马赫对语言与文学作品的诠释学意义的肯定，正是建立在个体性的形而上学的基础之上的。如狄尔泰所言："个体性在这里起非常的作用，甚至直到每一个别的词都凝结着个体性。个体性的最高表现就是文学作品的外部和内部形式。"⑤ 既然语言和文学作品作为"表达"，不仅没有突破个体性的形而上学，而且成为对个体性的强化，那么，"表达"作为体验与理解的"根本性中介"以及精神科学认识论基础的构成要素，不仅没有帮助精神科学认识论走出方法论唯我论的客观性难题，反而强化了其方法论唯我论的认识论个人主义倾向。就此而言，"客观性的问题在狄尔泰的著作中仍然既是一个不可避免的又是一个不能解决的问题"⑥。

---

① 威廉·狄尔泰：《诠释学的起源》，《理解与解释：诠释学经典文选》，第 78 页。
② 威廉·狄尔泰：《精神科学中历史世界的建构》，安延明译，北京：中国人民大学出版社，2010 年，第 60 页。
③ 鲁道夫·马克瑞尔：《狄尔泰传：精神科学的哲学家》，李超杰译，北京：商务印书馆，2003 年，第 269 页。
④ 威廉·狄尔泰：《精神科学中历史世界的建构》，第 15—16 页。
⑤ 威廉·狄尔泰：《诠释学的起源》，《理解与解释：诠释学经典文选》，第 87—88 页。
⑥ 保罗·利科：《诠释学与人文科学》，第 12 页。

三、客观精神与解释共同体

通过上一节的讨论可以发现，为了解决精神科学认识论奠基中的方法论唯我论前提所带来的客观性问题，狄尔泰试图通过"诠释学的补充"——也就是将"理解"与"表达"的经验引入精神科学的认识论基础，从而突破"体验"或"内在经验"的个人性与主观性。不过，只要"理解"和"表达"在根本上以"体验"或"内在经验"作为其基础和起源，"理解"与"表达"的客观性仍然是无法确认的。这也就意味着，如果狄尔泰不能"从精神科学的心理学基础转变到诠释学基础"①，就不能走出其心理学立场所固有的方法论唯我论困境。可以发现，在狄尔泰晚期思想中，已经开始出现这种"转变"，而这种转变的标志之一，就是其对黑格尔的"客观精神"概念的启用与改造。可以认为，"客观精神"概念构成了狄尔泰诠释学的"认识论改造"的顶峰。

所谓"客观精神"，在黑格尔那里，指的是"精神"的三个发展阶段之一，也就是精神从"主观精神"到"客观精神"再到"绝对精神"发展的第二个阶段。它是"在自己内存在"的主观精神的外化，是"在实在性的形式"中的精神，并且表现为由精神"来产生和已被它产生出来的世界"②，如法律、道德、家庭、市民社会、国家等。狄尔泰肯定了黑格尔"客观精神"学说的伟大意义，认为它是对礼俗伦常世界及其"共同精神"的观念化把握，并且构成了对德国历史主义运动的发展结果的概念总结。③ 不过，他也指出，"我们今天已经不能继续接受黑格尔据以建立这一概念的那些前提了"，因此有必要对其进行批判性的改造："黑格尔从普遍的、理性的意志出发，构建共同体。我们今天必须从那个包含着整个心理关联体的生命实在出发。黑格尔在从事形而上学的构造，我们却要分析给定物。"④

这里的论述阐明了两个重要的区别：其一，黑格尔的"客观精神"概念的出发点是从绝对理念发展而来的理性的普遍意志，狄尔泰的出发点则是作为有限性存在的人类此在；其二，黑格尔的"客观精神"概念是一种形而上学的构造，因而仅仅位于观念系统之中，狄尔泰则把"客观精神"视为被给予的历史实在。在此基础上，狄尔泰还扩展了"客观精神"作为历史实在的范围："一旦客观精神脱离了普

---

① 汉斯—格奥尔格·伽达默尔：《真理与方法》，第 289 页。
② 黑格尔：《精神哲学》，杨祖陶译，北京：人民出版社，2017 年，第 26 页。
③ 威廉·狄尔泰：《精神科学中历史世界的建构》，第 131—133 页。
④ 同上，第 133 页。

遍理性的片面基础以及观念的体系，它就有可能变成一种新的观念。它包括语言、习俗、生活的各种形式和方式，以及家庭、市民社会、国家和法律等。甚至黑格尔的那个有别于客观精神的绝对精神，即艺术、宗教和哲学也将从属于这一概念。"① 简言之，狄尔泰的"客观精神"概念包罗了人类全部文化与历史的世界。

此处的问题是，狄尔泰所重新阐释的"客观精神"概念，与精神科学的认识论奠基，尤其是精神科学的诠释学基础有何关联呢？

首先，"客观精神"概念的启用，重新解释了"精神科学"中的"精神"范畴，进而强调了精神科学认识的非心理学或超心理学的特征。狄尔泰在其前期思想代表作《精神科学引论》中认为，"精神科学"概念中的"精神"指的是"精神性的事实"。"由于对于他来说只有作为他的意识事实的东西才存在，所以，存在于生活之中的所有各种价值和意图，都是通过这种在他的内心之中发挥作用的、独立的精神世界表现出来的——他的所有各种活动的目标都是为了产生精神性的事实。"② 这种作为"意识事实"的"精神事实"正是心理学或者说描述心理学所关注的对象，而这也是精神科学的认识论反思以心理学为基础的根本原因。不过，在其后期思想的关键著作《精神科学中历史世界的建构》中，狄尔泰则明确指出，"精神科学"中的"精神"一词，是在"黑格尔所谓客观精神"的意义上使用的③。黑格尔的"客观精神"作为"实在性形式中的精神"——当然这里还有胡塞尔在《逻辑研究》中对心理主义的批判及其意义学说、意向性学说的影响——已不是心理学所能把握的。狄尔泰指出，作为精神科学对象的"精神"或"客观精神"，不仅有外在的感性方面，还有"非感性的、内在的方面"，而对于这种"内在的方面"的把握，"一种常见的错误是，诉诸生命的心理过程，诉诸心理学，以期说明我们关于这一内在方面的知识"④。很明显，"精神"在此已经非心理学化。

狄尔泰还以对法律和诗的理解为例对此加以说明：对法律精神的理解，"不是心理认知。它是在逆溯地走向一个具有自身结构和规则的精神系统"；而在诗中被表现的同样"不是诗人的内心过程"，而是"一个为这些过程所创造，同时又可以与其相分离的系统"。在诗作中，"一个精神系统实在化了，它进入感性的世界；我们可以从该世界出发，逆溯地理解它"⑤。这里所说的"精神系统"，也就是伽达默

---

① 威廉·狄尔泰：《精神科学中历史世界的建构》，第 133 页。
② 威廉·狄尔泰：《精神科学引论》第 1 卷，第 18—19 页。
③ 威廉·狄尔泰：《精神科学中历史世界的建构》，第 78 页。
④ 同上，第 77 页。
⑤ 同上，第 77—78 页。

尔所说的"从根本上就超越了个体的体验视域"的"意义联系"①，也就是"客观精神"。对这种"意义联系"或"客观精神"的认识，不再是"心理认知"。"意义联系就像一件巨大而又陌生的本文，诠释学必须对它进行破译"②。尽管心理学的维度在此仍是不可或缺的，因为认识作为思维的运作，属于现象学意义上的意识行为，但诠释学在精神科学的认识论基础上被赋予了优先性。

其次，"客观精神"概念实际上还包含了对精神科学知识的"客观性"本身的重新界定。按照伽达默尔的观点，尽管狄尔泰的精神科学之所以以精神科学与自然科学的区分为起点，并将论证精神科学认识的独立性作为基本目标，但他对精神科学的客观性的探讨却是在自然科学认识模式的影响下进行的："精神科学既然作为科学就应当具有像自然科学一样的客观性"③。自然科学知识的客观性，是一种建立在主客体分离的基础上、以正确的方法程序作为保证的、符合论意义上的客观性。可以发现，狄尔泰在《诠释学的起源》一文中所探讨的理解与表达的客观性，接近于这种客观性。不过，也正是在此探讨的过程中，他发现："精神科学所追求的知识的客观性有着不同的含义，精神科学中探索知识的客观性理想的方法与我们在探索关于自然的知性认知时所使用的方法也有着根本的区别。"④ 精神科学知识的客观性的"不同的含义"，正是由"客观精神"概念所阐发的。

狄尔泰认为："我所谓的客观精神指的是一些纷繁复杂的形式——在这些形式下，诸个体物中的共同性将其自身客观化于感性世界之中。"⑤ 他还指出："客观精神自身具有一种秩序，这一点允许我们将一种特殊的生活展现固定在某一情境之中……由于共同性在生活展现和精神内容之间建立起了联系，所以我们一旦在一种共同的情境下看到某种生活展现，也就知道某种与它相连的精神内容。"⑥ 由此可见，"共同性"构成了"客观精神"之"客观性"的基础与内涵。关于这种"共同性"，哈贝马斯有这样的解释："狄尔泰是在一种专门的含义上使用'共同性'这个概念的：共同性是指同一种符号，对用相同语言进行相互交往的主体的集团，具有主体通性的约束性；共同性不是指不同的人在共同特征上的一致，即不是指属于同一阶级的人的逻辑属性。"⑦ 也就是说，"共同性"在此不是特征或属性上的相同

① 汉斯—格奥尔格·伽达默尔：《真理与方法》，第 671 页。
② 同上，第 671 页。
③ 同上，第 309 页。
④ 威廉·狄尔泰：《精神科学中历史世界的建构》，第 61 页。
⑤ 同上，第 191 页。
⑥ 同上，第 192 页。
⑦ 哈贝马斯：《认识与兴趣》，郭官义、李黎译，学林出版社，1999 年，第 149 页。

性，而是以符号或语言为中介的主体间性的一致性。这也就意味着，精神科学知识的客观性，不是主客体分离基础上的符合论的客观性，而是建立在主体间性的一致性的基础之上的共识论意义上的客观性。尽管狄尔泰仍然保留了方法主义的倾向，但其客观性概念已经从内涵和基础上摆脱了自然科学认识模式的影响，表现出从主体性哲学到主体间性哲学过渡这一西方现代思想的重要特征。

最后，"客观精神"不仅是理解的对象，还是理解的可能性条件，因而在根本上重构了作为精神科学认识论基础的诠释学。狄尔泰认为，理解作为精神科学的认识方式与通用方法，"在精神科学的系统中起着核心的作用"①，"精神科学的领域也就是理解的领域，理解的统一素材就是生活客观物"②。所谓"生活客观物"，就是客观精神在感性世界的现实化。这说明，客观精神首先是作为理解的对象而出场的。不过，客观精神不仅仅是理解的对象，还是使得理解成为可能的条件："每一特殊的生活表现都再现出客观精神领域中的某种共同物或分有物。每一语词或句子，每一表情或客套话，每一艺术品或政治活动，它们之所以为人们所理解，乃是因为表现者和理解者具有某种共同性。个人总是在共同性的范围内从事体验、行动和思考；同样地，他也只是在这一范围内从事理解。一切被理解物似乎都带着由这种共同性而来的熟悉的印记……共同性使某物成为可理解物。"③ 客观精神作为人类的文化历史世界之全体，本身就是人类共同性的体现。因此，每一种"特殊的生活表现"都是客观精神世界中的某种共同物或共同性的再现。进而言之，对生活客观物的理解，同样以在"共同性的范围"内从事体验、表现和理解的个体之间的共同性为前提，或者说，正是客观精神的共同性使得理解成为可能。客观精神不仅构成了理解的认识论背景，也构成了理解的存在论前提。

由此出发，"客观精神"概念的引入，也就重新规划了作为狄尔泰诠释学核心问题的体验、理解与表达的关联。在客观精神的框架和境域中，尽管狄尔泰仍然将体验作为"另外两种知识类型的基础"④，但他更关注的是体验、理解与表达之间的相互作用。"理解要以体验为前提；但是只有当理解引导我们走出体验的狭隘性和主观性，并且进入到整体性和普遍性的领域，体验才变成生活经验。"⑤ 而"理解"之所以能够走出"体验的狭隘性和主观性"，并且进入"整体性和普遍性的领域"，就在于"理解"的直接对象乃是"表达"——也就是生活客观物。生活客观

① 威廉·狄尔泰：《精神科学中历史世界的建构》，第 200 页。
② 同上，第 131 页。
③ 同上，第 129—130 页。
④ 同上，第 281 页。
⑤ 同上，第 126 页。

物作为客观精神的现实化，不仅关联于个体的体验，也关联于更广阔的、超越了个体体验视域的意义联系，因此，在对生活客观物加以理解的过程中，"理解本身总是……从给定的特殊物，走向整体"，这也是一种"朝向普遍性的运动"①。狄尔泰也正是在此意义上把诠释学——不仅指作为技艺学的诠释学，也指致力于体验、理解与表达之关系的哲学思考的作为认识论的诠释学——确立为精神科学的认识论基础："体验、表现和理解的关系反映着一种特殊的程序；只是由于它的存在，人类才作为精神科学的对象展现在我们面前。精神科学就植根于生活、表现和理解的关系之中。"②

经过以上探讨可以发现，"客观精神"概念在精神科学从心理学基础转向诠释学基础的过程中，无疑发挥着关键的作用。有必要联系到本文作为线索的方法论唯我论问题，对狄尔泰的"客观精神"概念的认识论意义加以思考。可以认为，"客观精神"概念的认识论意义的一个重要方面，就是对近代认识论哲学的方法论唯我论困境的突破。结合以上三个方面来看：第一，强调"精神"概念的非心理学化，肯定诠释学在精神科学认识论基础上的优先性，也就质疑和削弱了精神科学的心理学基础，而后者正是狄尔泰前期思想的方法论唯我论路向的集中表现。第二，以"共同性"——也就是以符号为中介的主体间性的一致性——作为精神科学知识的"客观性"的基础与内涵，强调了认识的主体间性模式对主客体分离模式的突破，而方法论唯我论正是"在主体—客体关系维度中思考认识问题"③ 的。第三，在客观精神的境域与框架中，重构作为精神科学认识论基础的诠释学，也包含了对诠释学本身的认识论重构，从而提供了一种不再以方法论唯我论为前提的认识论范型——也就是以"共同性"或主体间性为基础的诠释学认识论。

在此可以围绕方法论唯我论的核心问题即认识主体问题，对第三点加以进一步阐发。"方法论唯我论"得以确立的关键，就在于将单一个体或孤独的自我意识设定为认识的主体，进而以此为起点去认识与之分离的客体。诠释学认识论将理解作为一种基本的认识方式加以考察，理解必然有理解者，不过，理解者作为个体只能在"共同性的范围"内从事理解活动："个人总是在共同性的范围内从事体验、行动和思考；同样地，他也只是在这一范围内从事理解。"④ 这说明，诠释学认识论抛弃了单一个体或孤独自我意识的视角，强调在"共同性"或主体间性的视野中探讨

---

① 威廉·狄尔泰：《精神科学中历史世界的建构》，第 130 页。

② 同上，第 79 页。

③ 卡尔—奥托·阿佩尔：《哲学的改造》，第 132 页。

④ 威廉·狄尔泰：《精神科学中历史世界的建构》，第 129—130 页。

认识主体的问题。狄尔泰还指出："相互理解使我们看到了诸个体之间的共同性。"① 一方面，"每一特殊的生活表现……之所以为人们所理解，乃是因为表现者和理解者具有某种共同性"②，个体之间的共同性构成了理解活动的可能性条件；另一方面，正是个体之间的"相互理解"才使得"个体之间的共同性"得以彰显出来。这说明，在理解的认识活动中，作为理解者的个体之间的相互理解优先于理解者对作为对象的世界的理解。联系到哈贝马斯对狄尔泰的"共同性"概念的解说，即以符号为中介的主体间性的一致性，这也就意味着理解者首先需要在对符号的理解上取得一致，然后才可能在以符号为中介的世界理解中取得一致。这种相互理解对于世界理解的优先性，体现在理解或认识主体的层面上，也就使相互理解的理解者群体优先于作为个体的理解者。在诠释学的术语中，这种相互理解的理解者群体，也就是"解释共同体"（interpretive community）。正如阿佩尔所言："由于把交往共同体设定为认知的主体……就克服了传统知识论的方法论唯我论"③。这里的"交往共同体"，在诠释学意义上，也就是"解释共同体"。也就是说，尽管狄尔泰并未明确提出"解释共同体"或者"交往共同体"概念，但这些概念实际上已经包含在狄尔泰后期的诠释学思考之中，从而在认识主体的层面突破了近代认识论哲学的方法论唯我论。

① 威廉·狄尔泰：《精神科学中历史世界的建构》，第 125 页。
② 同上，第 129 页。
③ 卡尔—奥托·阿佩尔：《哲学的改造》，第 136 页。

悲剧与悲苦剧
——从戏剧理论看卢卡奇、本雅明应对现代性困境的不同策略

李国成 *

内容提要：

卢卡奇与本雅明的戏剧理论对现代性困境有相近的认识，他们都强调上帝离去所导致的世界的无意义状态，以及人在这种无意义状态中的生存感受。在《悲剧形而上学》中，卢卡奇认为人在无意义的世界中对意义的渴望是悲剧的形而上学依据；在《德意志悲苦剧的起源》中，本雅明主张悲苦剧是对丧失意义秩序的人的悲伤的展示。但他们采用了不同的策略来应对这一困境：卢卡奇在无产阶级与人类解放的历史总体中找到生活的意义，并以小说对这一历史倾向的反映代替了悲剧对生存困境的表达；本雅明则认为，作为悲苦剧核心的寄喻概念既描述了堕落世界的基本特征，也对堕落世界具有批判和救赎潜能。

关键词：

卢卡奇；本雅明；悲剧；悲苦剧；寄喻

在现代学术与思想语境中，悲剧不仅被视为一种重要的文学体裁，同时也被当作文化反思和社会批判的重要范畴。一方面，悲剧概念从文学领域被迁移到社会文化领域，用以描述现代人的某种生存困境，如西美尔著名的"文化悲剧"（die

---

　＊ 李国成，男，1991 年生，四川巴中人。文学博士，南京大学文学院助理研究员。研究方向为西方马克思主义文论。本文为国家社科基金重大项目"马克思主义文学理论关键词及当代意义研究"（18ZDA275）与南京大学哲学社会科学青年项目"20 世纪西方美学中的艺术真理问题研究"的阶段性成果。

Tragödie der Kultur）论断；另一方面，思想家们也借助作为文学范畴的悲剧来阐发对现代社会文化的认识，如尼采追问："悲剧对于我们来说意味着什么？"并认为悲剧是"理解我们自己、判断我们的时代，从而克服它的一种手段"①。在这种反思中，如何判断和描述现代悲剧与希腊悲剧的差异并由此审视现代社会状况是一个重要方面。这可追溯到赫尔德对莎士比亚的重新评价。不同于莱辛将莎士比亚戏剧与希腊戏剧相比附，赫尔德试图通过阅读莎士比亚戏剧来更好地理解现代人的历史处境，所要考察的是："借助莎士比亚的戏剧，我们看起来怎么样？"② 他认为，莎士比亚的戏剧完全不同于索福克勒斯的戏剧③，在二者的对比中可看出时代文化的变迁。其后，谢林、黑格尔虽均以希腊悲剧为戏剧艺术的最高典范，但也将古今的戏剧分开，凭借分析现代悲剧相较希腊悲剧的不足而指出现代文化的一些缺陷。由此，悲剧事实上已成为反思现代性的一个关键范畴。如有学者说："对这些人物和许多其他人来说，思考悲剧一直是表达他们世界观的一种方式……作为一种哲学关注，'悲剧'是现代性的发明，是现代哲学思想中的一个重要因素""悲剧在理解现代性的工程中发挥了主导作用"④。

卢卡奇与本雅明的戏剧理论所关注的也正是与希腊悲剧不同的现代悲剧。休·格雷迪将卢卡奇、本雅明与尼采并称为在西方悲剧现代性问题上"三位有开创性意义的悲剧理论家"⑤，费赫尔则认为"卢卡奇与本雅明似乎都比尼采更善于探讨现代戏剧的可能性"⑥。并且，尽管卢卡奇与本雅明也谈及希腊戏剧，本雅明主要分析的是 17 世纪的巴洛克戏剧，但他们的理论实际上都有着鲜明的现实指向，都与他们自身所遭遇的时代困境相关。本雅明称赞卢卡奇悲剧研究的一大特点是"对自己的时代状况有所洞察"⑦；而在比格尔看来，"寄喻"这一本雅明用以考察巴洛克戏剧

---

① Joshua Billings and Miriam Leonard ed., *Tragedy and the Idea of Modernity*, Oxford：Oxford University Press, 2015, p. 1.

② 保罗·A. 考特曼：《论艺术的"过去性"：黑格尔、莎士比亚与现代性》，王曦等译，北京：商务印书馆，2023 年，第 104 页。

③ 赫尔德：《莎士比亚》，见《反纯粹理性：论宗教、语言和历史文选》，张晓梅译，北京：商务印书馆，2010 年，第 155 页。

④ Joshua Billings and Miriam Leonard ed., *Tragedy and the Idea of Modernity*, p. 2.

⑤ Hugh Grady, "The Modernity of Western Tragedy：Genealogy of a Developing Anachronism", in PMLA, 2014, Vol. 129, No. 4, p. 794.

⑥ Ferenc Feher, "Lukacs, Benjamin, Theatre", in *Theatre Journal*, 1985, Vol. 37, No. 4, p. 417.

⑦ 本雅明：《德意志悲苦剧的起源》，李双志、苏伟译，北京：北京师范大学出版社，2013 年，第 105 页。

的核心概念也源自他对先锋派作品的经验：本雅明先在处理先锋派作品的过程中发展出该范畴，然后才将之运用到巴洛克戏剧当中去①。也就是说，卢卡奇与本雅明的戏剧理论不仅针对的是现代戏剧，而且是在现代性问题域中对戏剧所作的反思和追问。有鉴于此，本文拟从卢卡奇与本雅明各自对现代戏剧的认识出发，探讨其中蕴含的有关现代性困境的思考，并在此基础上分析他们应对现代性困境的不同策略。

一、个体主义的危机：卢卡奇对戏剧的社会学和形而上学分析

20 世纪初，随着资本主义社会危机日益加重、技术理性主义倾向日益突出，传统社会形态和价值观念进一步解体，斯宾格勒式"西方没落"的悲观情绪在思想界引起了越来越多的共鸣。西美尔称："多数深谋远虑的哲人往往以悲观主义的态度观察当今文化之现状。"② 迈克·洛威指出，在 20 世纪初的德国知识界盛行着一种"悲剧意识"（tragic consciousness），滕尼斯、西美尔、马克斯·韦伯、舍勒、桑巴特等都对此有明确的表述。总的来说，这种"悲剧意识"主要表现为三个方面：第一，"异化、物化和商品拜物教问题的形而上学变体"，最具代表性的就是西美尔的理论；第二，"新康德主义二元论造成的价值和事实、精神领域和社会政治生活领域的分离"，这以李凯尔特、拉斯克、韦伯最为显著；第三，"面对没文化的、野蛮的、粗俗的物质主义的'大众社会'所感到的'精神无能'"③。处于"悲剧意识"核心的是一种对立的观念：文明和文化的对立、主观文化和客观文化的对立、生命体验与生命客观化的对立，等等。这些对立的社会历史基础则是从传统社会到现代工业文明社会的转变，滕尼斯将其区分为共同体（Gemeinschaft）与社会（Gesellschaft），"共同体本身应该被理解为一种生机勃勃的有机体，而社会应该被理解为一种机械的聚合和人工制品。"④ 从有机共同体落入机械社会的人则面临一种异化状态、一种悲剧性的生存困境，失去了对生活的鲜活感受和意义体验。因此，如何超越这种现代性带来的悲剧性困境，如何重建共同体、找回生活意义就成为重要的时

① 比格尔：《先锋派理论》，高建平译，北京：商务印书馆，2002 年，第 143 页。
② 齐美尔：《桥与门——齐美尔随笔集》，涯鸿、宇声等译，上海：上海三联书店，1991年，第 95 页。
③ Michael Löwy, *Georg Lukacs: From Romanticism to Bolshevism*, Trans. Patrick Camiller, London: NLB, 1979, pp. 66—67.
④ 斐迪南·滕尼斯：《共同体与社会》，林荣远译，北京：北京大学出版社，2010 年，第 45页。

代问题。青年卢卡奇的戏剧理论正是在明确认识和试图解决这一问题的情况下提出和展开的。霍耐特指出："社会分裂导致了现代个人的自我分化，并摧毁了个人与所有其他主体之间的关系。对于这种社会分裂的历史哲学诊断构成了《现代戏剧发展史》《心灵与形式》论文集以及《小说理论》的共同背景"①。在晚年的自传中，卢卡奇也回忆说，"童年时代和青年时代问题的综合"是"资产阶级性"，也即是，致力寻找"一种在资本主义制度下不可能的有意义的生活"。② 如果我们采用马尔库什的观点，认为在卢卡奇早期著作中同时存在两种分析方式，"一种是形而上学的和存在论的方式，另一种是历史的方式"③，那么，就其戏剧理论而言，《现代戏剧发展史》乃是以历史的方式考察从共同体到社会的变迁导致的现代戏剧危机，《悲剧形而上学》则是以形而上学和存在论的方式讨论现代悲剧的形而上学结构以及在悲剧中克服现代性问题的可能。

在《现代戏剧发展史》中，"卢卡奇洞察到现代性语境下，现代戏剧发展的困境"④。该著作主要是借助西美尔社会学的理论资源来分析现代社会对于戏剧的不利状况⑤。首先，卢卡奇这样来定义戏剧："戏剧是这样一类作品，它想通过发生在人与人之间的事件来对聚集在一起的群体产生直接、强烈的影响。"⑥ "人与人之间的事件"是社会事件，对群体的影响是社会功能。这就是说，戏剧的目标是从其文学形式出发，通过对社会事件的演绎来产生社会效应。而要实现这一目标，则需要以下条件：第一，在内容上，戏剧要想影响和打动群体，唯有表现对群体而言具有普遍性的题材，刻画典型人物的典型命运，特别是他们意志的斗争。第二，在形式上，想要达到"戏剧效应"，作者需以其世界观为原则，按照逻辑严密的必然性对事件进行编排，从而使戏剧风格化，形成一个排除了偶然性的有机整体。"世界观是戏剧世界神秘的、内在的统一。"⑦ 因为传统共同体中的作者与观众共享着同样的世界

---

① 阿克塞尔·霍耐特：《分裂的社会世界：社会哲学文集》，王晓升译，北京：社会科学文献出版社，2011年，第7—8页。

② 卢卡奇：《卢卡奇自传》，李渚青、莫立知译，台北：桂冠图书股份有限公司，1990年，第23页。

③ 阿格妮丝·赫勒主编：《卢卡奇再评价》，衣俊卿等译，哈尔滨：黑龙江大学出版社，2011年，第7页。

④ 傅其林、秦佳阳：《论东欧马克思主义戏剧理论——以卢卡奇〈现代戏剧发展史〉为中心》，《文艺争鸣》2018年第7期。

⑤ 卢卡契：《卢卡契谈话录》，艾尔希编，郑积耀等译，上海：上海译文出版社，1991年，第44页。

⑥ 卢卡奇：《卢卡奇论戏剧》，陈奇佳主编，罗璇等译，北京：北京师范大学出版社，2014年，第1页。

⑦ 卢卡奇：《卢卡奇论戏剧》，第21页。

观，所以戏剧虽为作者的个人创作却能得到观众的普遍共情。第三，在内容与形式的结合上，戏剧需要适于表现意志斗争的世界观，而这只能是在世界观衰落和崩塌的时候。"戏剧时代也就是一个阶级衰亡的英雄时代。"① 因而，卢卡奇所推崇的戏剧典范是古希腊民主制衰落时代的悲剧和封建贵族衰落时代的莎士比亚戏剧。

其次，在卢卡奇看来，现代社会状况恰恰无法满足戏剧目标所需的条件，这不仅因为现代市民戏剧所依托的市民阶级尚处在上升阶段而非衰亡阶段，并不特别适宜戏剧表现，而且因为现代社会状况同时破坏了观众群体共同的世界观。一方面，就对群体的影响而言，传统戏剧是从剧场中发展出来的，剧场原是"神秘—宗教意识"的场所，而在现代戏剧中，戏剧（Drama）与剧场（Theater）则相分离。现代市民戏剧最初是由狄德罗、莱辛等人出于启蒙的目的，根据"有意识的理性需要"而建构的，一开始对观众就有"教诲性"诉求。换言之，传统戏剧是共同体生活的自然产物，现代戏剧则源自社会实践的理性设计。这丧失了戏剧与观众之间的天然纽带，在某种程度上使戏剧从剧场演出退化为"书本戏剧"（das Buchdrama）。这使戏剧的群体效应落空，其效力转向个体，"书本使得戏剧对直接的大众作用的放弃成为可能，并致力于对人类个体的作用"②。另一方面，就戏剧所需的世界观而言，在传统的戏剧时代，人们在同样的世界观中分享着共同的思想、价值和情感，因而戏剧在同一世界观的基础上打动观众群体，但现代社会的智性化所催生的理智反思拆解了人与人之间的共同性，转而突出人的个体性。卢卡奇用西美尔的从质到量的变化来理解这种智性化，他说："因此智性主义，作为精神进程的形式，有着破坏每一个共同体、孤立每一个个体、强调他们相互之间不可比较的强烈趋势。"③ 当群体被打碎成原子化的个体之后，原来那种以同一世界观为基础、在剧场中影响群体的戏剧也就变得不可能。可见，卢卡奇对于现代社会如何影响戏剧的分析聚焦于理智化使共同体破碎，这既使戏剧脱离了剧场，又打碎了戏剧所需的观众群体。在现代社会中找不到原来在共同体中所拥有的那样的生活中心，这种孤立的个体成为现代戏剧面临的最大问题，如阿拉托和伯尼斯所说，对于卢卡奇，"严格地说，市民戏剧不是个体主义的戏剧，而是个体主义危机的戏剧"④。因此，现代戏剧必须应对个体主义危机，为已经失去生活中心的人寻找一个生活中心。卢卡奇由此认为，戏

---

① 卢卡奇：《卢卡奇论戏剧》，第 42 页。

② 同上，第 67 页。

③ 同上，第 68 页。

④ Andrew Arato and Paul Breines，*The Young Lukacs and the Origins of Western Marxism*，New York：The Seabury Press，1979，p. 24.

剧原本的技术问题如今已变成了生活问题,"变成了对一个生活中心的寻求"①。

不过,《现代戏剧发展史》颇近于西美尔式的"印象主义批评",只刻画了社会学问题带来的美学问题,却未能试图将之解决,并且也不相信这种解决是可能的②。但在《悲剧形而上学》中,卢卡奇的观点则进一步激进化,开始采取"以美学解决社会学问题"的策略。这一策略源自德国浪漫派,其早已深刻认识到现代社会中生活与艺术的分离,如 F. 施莱格尔认为"这个唯功利是举的潮流,如果一贯到底贯彻下去的话,必将与诗彻底分道扬镳"③,他们因此特别强调艺术对于重建生活意义的重要使命和作用。这种观点在 19 世纪末 20 世纪初又重新流行开来,如马克斯·韦伯提出:"不论是被如何地阐释,艺术承担了这种世俗拯救的功能。它提供了一种从日常生活的刻板,特别是从不断增长的理论和实践的理性主义的压力之下的拯救。"④ 相比之下,卢卡奇的独特之处则在于,首先,他并不满足于对现代性困境仅作现象描述,而是很快超出了西美尔思想的限制,对走出这种危机和困境充满了渴望:"他对现代性'文化悲剧'的概念,超越了对文化危机症状和形而上学必然性的描述,超越了主观反应"⑤;其次,他也并非要在现代性困境之外另立审美乌托邦,而是将人与社会的外在冲突内化到人的生命体验和悲剧的内在形式之中,以悲剧的冲突及其和解来表征生命体验的矛盾及其解决。黑格尔在论及现代悲剧时便已指出,希腊悲剧的冲突是两种不同的伦理实体性因素的对立,而现代悲剧的冲突则采用"主体性原则"⑥,源自思想和情感方面的主体性格。卢卡奇则进而将现代悲剧的冲突理解为个人主体在社会中对生活意义困境的体验,因而倘若悲剧的冲突得到了和解,那么现代性的个体主义危机也便在美学中得以象征性地克服。

具体而言,在《悲剧形而上学》中,卢卡奇如此界定悲剧的形而上学的前提:"戏剧是一出关于人和命运的剧目,上帝是它的观众""上帝必须离开舞台,然而又必须继续充当观众:这是悲剧时代的历史可能性。"⑦ 这实际也是对人的现代性困境的描述,一方面,上帝代表着表象与本质、现象与理念、事件与命运的结合,亦即

---

① 卢卡奇:《卢卡奇论戏剧》,第 76 页。

② Andrew Arato and Paul Breines, *The Young Lukacs and the Origins of Western Marxism*, p. 26.

③ 霍夫曼等:《德国浪漫主义作品选》,孙凤城等译,北京:人民文学出版社,1997 年,第 390 页。

④ H. Gerth and Wright Mills eds. , *From Max Weber: Essays on Sociology*, New York: Oxford University, 1946, p. 342.

⑤ Margit Köves, "Modernity, Ethics and Art in the Early Work of Lukács", in *Social Scientist*, 2018, Vol. 46, No. 1—2, p. 12.

⑥ 黑格尔:《美学》第 3 卷下,朱光潜译,北京:商务印书馆,1997 年,第 319 页。

⑦ 卢卡奇:《卢卡奇论戏剧》,第 118、121—122 页。

作为存在意义的保证，上帝"离开舞台"便意味着存在意义的直接性的丧失；另一方面，不同于尼采"上帝死了"之后的虚无主义，卢卡奇受克尔凯郭尔存的影响，认为上帝仍"充当观众"，这表明人仍受到上帝目光的注视，仍不可避免地对存在意义有执着的追求。上帝的缺席与旁观使人处在了缺失存在意义和渴望存在意义的巨大张力之中，这构成悲剧最基本的形而上学框架："人的实存的最深切的渴望是悲剧的形而上学依据：人对自性渴望，将此在的最高点变成一种人生境界的渴望，将它的意义变成日常现实的渴望。"① 这种对自性、对意义的渴望，就将人的心灵对于世界的体验区分为了两个层面："活着"（Leben）和"生活"（das Leben）。当心灵无法与世界切合，世界始终对它呈现为异在之物，它对世界没有确定的感受和把握，而只能在一片混乱中随波逐流，这即是"生活"；若心灵能够厘清和规整世界，在混乱中找到意义，这即是"活着"。卢卡奇说："活着：就是能够彻底地体验一些什么；生活：就是没有什么被完全地、彻底地体验到。"② 前者对意义有所感知，后者则陷于沉沦的日常。卢卡奇以谢林的不相符合的本质和实存来解释它们，戈德曼则将它们关联于海德格尔的"本真性"和"非本真性"③。悲剧所要表现的正是从"生活"到"活着"，从"实存"到"本质"，从"非本真性"到"本真性"的寻求过程，卢卡奇称："对悲剧的可能性的提问就是对存在和本质的提问。……这就是戏剧与悲剧的悖论：本质如何才能有生气？它如何才能以感性的直接的方式成为唯一的真实，成为真正的存在物？"④ 因此，悲剧冲突也就不再是黑格尔那里势均力敌的两种力量的横向斗争，而是在同一主体的实存与本质上的纵向斗争，"悲剧只有一个维度：纵向的维度。在神秘的力量从人身上提取出本质，并强迫人成为本质性的存在的那一刻，悲剧开始了，并且悲剧的进程就是这唯一的、真正的存在变得越来越明显的过程"⑤。

然而，人如何才能成为本质性的，重新站到上帝的面前呢？卢卡奇只能诉诸个人内在的精神觉醒。他认为，在某个"奇迹的瞬间"，心灵对自性的渴望被满足了，人摆脱杂乱的日常生活，如同"从一个迷惘的梦里醒来"。"这些伟大的瞬间的本质是对自性的纯粹体验。在日常生活中我们只是边缘性地体验着自己……"⑥ "奇迹

---

① 卢卡奇：《卢卡奇论戏剧》，第 134 页。

② 同上，第 119 页。

③ Lucien Goldmann, *Lukacs and Heidegger*: *Towards a New Philosophy*, London: Routledge & Kegan Paul Books, 1997, p. 47.

④ 卢卡奇：《卢卡奇论戏剧》，第 124 页。

⑤ 同上，第 124 页。

⑥ 同上，第 125—126 页。

的瞬间"即是由生活向活着、实存向本质的那一跃，也是悲剧真正要表现的对象和最终的和解。对于这一"奇迹的瞬间"，卢卡奇声称只有通过对死亡界限的认识才能达到。在他看来，心灵在日常生活中迷失于各种可能性，唯当意识到死亡作为无法逃避的界限逼迫着我们，才会使心灵从各种可能性中收回来，抓住自己最根本的可能性，从这一最根本的可能性出发才能辨别真实的事物与不真实的事物、有价值的事物与无价值的事物，由此为杂乱的日常生活找到中心。卢卡奇说："因此，悲剧是心灵的觉醒。对界限的认识从它身上剥离出了它的本质，使其他的一切不经意地、受唾弃地从它身上剥落下来，并将内在的、必然性的此在赋予了本质。"① 在《海德堡艺术哲学》中，卢卡奇也指出："为悲剧创造条件的'立场'就是死亡、毁灭、生命残酷终止的意义，悲剧只有在一个特定的世界中才是可能的，在这个世界中，死亡如它的本质（即与超验的现实没有关系）成为真实的回响，而不是通向真实存在的入口，它成为唯一可能的、欢呼着对生命进行认可的加冕。"② 这种思路与海德格尔较为相近，玛吉特·科维什认为卢卡奇的观点预示了海德格尔"向死存在"（Sein-zum-Tode）的概念③。不过，很明显的是，死亡的界限意识所带来的心灵觉醒仍局限于个人的内在体验，属于克尔凯郭尔式神秘的飞跃，没有超出海德格尔所批评的生命哲学的"体验"的范围。由于这种觉醒是对心灵的回返，与个体此在对日常生活实际的筹划不相关涉，所以不具备生活的实在性，这也使得这一状态不能在现实中持续，而只能在瞬间中体验。也即是说，"有意义的生活"只有在放弃生活的那一刻才能感受到。布洛赫即批评道："卢卡奇的悲剧性的人在他们死亡之前即已渴望着死亡，悲剧性的自我觉醒、自我发现和成为本质仅在一个瞬间，没有任何经验上的持续。"④ 因此，悲剧在死亡中对冲突的和解以及对现代性困境的解决并不具有实质性的意义，在其后来的理论历程中，卢卡奇还将对该问题不断地加以追寻。

① 卢卡奇：《卢卡奇论戏剧》，第 133—134 页。
② Georg Lukacs, *Heidelberger Philosophie der Kunst*, Werke 16, Darmstadt & Neuwied: Luchterhand, 1974, S. 126.
③ Margit Köves, "*Modernity, Ethics and Art in the Early Work of Lukács*", p. 17.
④ Ernst Bloch, *The Spirit of Utopia*, Trans. Anthony A. Nassar, Stanford: Stanford University Press, 2000, p. 218.

二、在悲伤者面前的戏演：本雅明论悲苦剧中的现代性状况

同卢卡奇一样，本雅明也以一种历史的方式看待戏剧，所关注的是有别于希腊悲剧的现代悲剧，他称："现代舞台上没有上演过任何与希腊悲剧类似的戏剧。"① 正因为如此，他特别要将现代的悲苦剧（Trauerspiel）与希腊的悲剧（Tragödie）严格区分开来。尽管悲苦剧主要流行于现代性萌芽早期的 17 世纪，但对本雅明而言，这一时代实际上也正是诸种现代性问题的渊薮，对悲苦剧的讨论并非仅是对一种过时的艺术形式的分析，而与对资本主义现代社会的认识密切关联，霍华德·盖吉尔指出："《德意志悲苦剧的起源》也标志着本雅明对现代性的社会政治起源和后果越来越感兴趣。书中分析的文化史时期，大致是宗教改革后的一个世纪，不仅对现代意识和经验形式的发展至关重要，而且对现代社会和政治组织形式的发展也至关重要。"② 在此意义上，悲苦剧的时代正是资本主义现代社会的前史，或者如伊格尔顿所说，在本雅明那里，"资本主义社会在某种程度上说甚至是悲悼剧的腐化世界更为退化的一种形态"③。悲苦剧研究因而也是本雅明用来考察和反思资本主义现代性的一把关键钥匙。并且，本雅明的悲苦剧理论无疑受到卢卡奇的重要影响，但他所汲取的并不限于卢卡奇的悲剧观点，同时也包括《小说理论》与《历史与阶级意识》中的思想要素。在《德意志悲苦剧的起源》中，本雅明多次直接引用卢卡奇的《悲剧形而上学》；《小说理论》虽未出现在参考文献中，但本雅明对此书极为熟稔并颇有获益，费赫尔甚至认为此书是本雅明通往悲苦剧"这条荆棘之路上的维吉尔（Virgil）"④；与《历史与阶级意识》的结缘则发生在本雅明写作《德意志悲苦剧的起源》的过程中，他表示"深受震撼"，而且可能发现"在卢卡奇著作的中心观点——尤其是'物化与无产阶级意识'一章中的观点——和他的悲悼剧专著写作中已经浮现出来的概念之间，有一种显著的共鸣"⑤。正由于此，本雅明对悲苦剧的阐

---

① 本雅明：《德意志悲苦剧的起源》，第 105 页。

② Howard Caygill, *Walter Benjamin. The Colour of Experience*, London：Routledge, 2005, p. 54.

③ 伊格尔顿：《瓦尔特·本雅明或走向革命批评》，郭国良、陆汉臻译，北京：商务印书馆，2015 年，第 35 页。

④ 费伦茨·费赫尔：《卢卡奇和本雅明：相似与反差》，王秀敏译，《学术交流》2018 年第 10 期。

⑤ 霍华德·艾兰、迈克尔·詹宁斯：《本雅明传》，王璞译，上海：上海文艺出版社，2022 年，第 254 页。

释与卢卡奇对悲剧的理解有着诸多的相似，我们可借助费赫尔的分析①，从以下四个方面来考察这些相似，并借此探讨本雅明对现代性困境的描述与认识。

首先是"被上帝遗弃的世界"（godforsaken world）。本雅明认同卢卡奇的现代悲剧的基础和前提是"上帝离开"的判断，他指出："巴洛克时代没有什么末世论。"② 神性的光辉已经从世界中消散，巴洛克悲苦剧上演的总是夜里的故事，世俗事物再也无法得到聚集和提升，天堂被化约为纯粹的能指和虚无的空间。这在戏剧内容上的表现是，宗教剧不再偏爱救赎剧而更多地取材于旧约，世俗剧则采用东方的政治嬉闹剧的题材，"但是这些尝试从一开始就是限制在一种严格的内向性（Immanenz）上的，并不包含对神秘剧的彼岸世界的展望"③。同时，与卢卡奇的"上帝充当观众"相似，尽管上帝已经遗弃了世界，但这并不代表人不再追求救赎、不再渴望存在的意义。本雅明认为，在巴洛克时代，宗教诉求并不会因此失去分量："这个世纪让这些诉求失去的只是一种宗教性解答，取而代之的是一种向这些诉求索取的或者施加于它们的世俗性解答。在这种强迫的禁锢下，在那种索取的刺激下，这几代人都一直备受内心冲突之苦。"④ 然而，本雅明的观点与卢卡奇的观点也存在着重要差异：一方面，卢卡奇以形而上学的方式抽象地讨论"上帝离开"和"上帝充当观众"，本雅明则将之联系到宗教改革和反宗教改革的历史语境。在德国巴洛克时期，宗教改革让传统意义上的最高神性丢失了，而反宗教改革又重建了基督教会的统治，这导致一种两难状况：面对神性动摇的基督教会，人们既无法背叛也无法屈从。悲苦剧正是对人在这种两难处境中的软弱与痛苦的表现⑤。另一方面，在卢卡奇那里，"上帝充当观众"实则维持了最高意义的存在，这就保证了心灵在觉醒中向本质的跳跃仍具可能性，即便这种可能性需由死亡的界限意识来提供；而在本雅明这里，通往上帝、恢复本质的道路则被完全阻断了，神性光辉再无可能重新照临，世界只能保持为无意义状态，"人类行为丧失了一切价值。新的事物诞生了：

---

① 费伦茨·费赫尔：《卢卡奇和本雅明：相似与反差》，王秀敏译，《学术交流》2018 年第 10 期。

② 本雅明：《德意志悲苦剧的起源》，第 55 页。

③ 同上，第 74 页。

④ 同上，第 72 页。

⑤ 霍华德·盖吉尔注意到，本雅明早年的《作为宗教的资本主义》对宗教改革的认识也为他后来的悲苦剧分析提供了依据。在这篇文章中，本雅明提出了比马克斯·韦伯更为激进的观点：宗教改革不是为资本主义的发展提供了条件，而是使宗教本身转变为资本主义。本雅明在《德意志悲苦剧的起源》中研究的 17 世纪新教作家是资本主义作为宗教出现的早期阶段的重要见证者；他们的戏剧充斥着对死亡和灾难的悲观暗示，悲苦是对时代最恰当的回应。见 Howard Caygill, *Walter Benjamin: The Colour of Experience*, p. 55.

一个空虚的世界"①，人内心对最高存在和意义秩序的渴望因此仅是一种在绝望中的希冀。本雅明的此种态度与卢卡奇《小说理论》中的立场较为相近，但《历史与阶级意识》之后的卢卡奇则抛弃了这一立场。

其次是从神话到历史的转变。本雅明认为，不同于希腊悲剧，悲苦剧的内容是历史："历史生活就像其在每个时代显现出来的那样，是悲苦剧的内容，是它真正的对象。在这一点上，它与悲剧区别开来。后者的对象不是历史，而是神话。"② 对于这种范式转换，卢卡奇在《现代戏剧发展史》中已有阐述。这在本质上也关涉到上述的"上帝离开"，正因神性在世界中消散，所以悲剧不再表现神的永恒领域，而唯有表现人的历史活动，悲剧性的核心也随之变为失去了神的庇佑的纯粹的人的存在。在斯丛狄看来，这种悲剧观念的转变可追溯到佐尔格（Solger）那里，佐尔格已开始认识到悲剧所处理的是人类存在（human existence）本身，是从"理念中转身离去，迷失且空虚的生命存在"③，或者说是被上帝遗弃的造物状态。也正是从该层面出发，本雅明将悲苦剧所面对的历史称之为"自然历史"（Naturgeschichte），以与基督教的"救赎历史"（Heilsgeschichte）相对。救赎历史给时间赋予了方向，历史朝着这一方向有意义地演进，在这个意义秩序中，世界万物各得其所；自然历史则是无方向的，历史被还原为无意义的碎片而变为纯粹的编年史，世界万物也因意义崩解而沦为废墟。对本雅明而言，悲苦剧对这种去神话的历史的表现有以下特点：其一，悲苦剧多以君主为主角，"作为历史主要代表的君主几乎成为历史的化身"④。当救赎历史幻灭后，上帝隐退，君主成为被放到神的位置的凡人，他的最高职责是在国家"紧急状态"时作出决断。然而，无论作为好的国王还是坏的暴君，君主都同样是优柔寡断的，无法坚定地作出自己应有的决策，他们对于自己的职责难以胜任，总处在犹豫、彷徨和痛苦之中，既是一名统治者也是一位受难者。由于君主不是作为个人而是"作为统治者以人类和历史的名义遭到挫败"⑤，所以君主的受难实质上代表着在"上帝离开"后为自己命运负责的人类的软弱和无能。其二，从救赎历史末世论向自然历史编年史退化的过程中，历史发展的动因也从神性目的转变为了人的情感，人的一切行为都被当作由盲目的、可预测的情感所驱使。因此，悲苦剧中的君主身边总是环绕着各种阴谋诡计，这些阴谋诡计乃是对情感有

---

① 本雅明：《德意志悲苦剧的起源》，第160页。
② 同上，第50页。
③ Peter Szondi, *An Essay on the Tragic*, Trans. Paul Fleming, Stanford：Stanford University Press, 2002, p. 23.
④ 本雅明：《德意志悲苦剧的起源》，第50页。
⑤ 同上，第63页。

意的算计，戏剧情节随之被推动和展开。被本雅明称为"伟大的悲苦剧"的《哈姆雷特》正是这样的悲剧形式的范例。实际上，本雅明的观点也呼应了黑格尔对《哈姆雷特》的分析，黑格尔认为《哈姆雷特》的冲突不同于希腊悲剧的伦理冲突，而表现为："他的高贵的灵魂生来就不适合于采取这种果决行动，他对世界和人生满腔愤恨，徘徊于决断、试探和准备实行之间，终于由于他自己犹疑不决和外在环境的纠纷而遭到毁灭。"① 从本雅明的角度来看，黑格尔所指出的哈姆雷特的"犹疑不决"正代表着人性的软弱不能胜任神性秩序的要求。

再次是物化。这里的"物化"并不具有《历史与阶级意识》中物化理论的社会经济学内涵，而更近于卢卡奇前马克思主义时期的文化哲学批判。鉴于戈德曼主张卢卡奇在《悲剧形而上学》一文中首次出现了"物化"概念，费赫尔由此将该文视为本雅明的造物历史和自然历史观念的"思想上的养父"②。同时，卢卡奇《小说理论》以"死去多时的内心的陈尸所"③ 来喻指的"第二自然"概念显然也与本雅明的巴洛克意象分析高度相似。简言之，物化在此是上帝遗弃世界、救赎历史坍塌为自然历史的必然后果，当上帝赋予世界的神性光辉退去之后，世界的衰败与倾颓的物质性细节就凸显了出来，物质性不再全然是意义的载体而因意义的丧失裸露出其粗陋的原始样貌。"本雅明在悲悼剧中发现了物质性与意义之间的深深的鸿沟。"④ 这在悲苦剧中具体表现为：一方面，在悲苦剧的舞台上，物的重要性得到强调，使用了大量隐喻性的道具，将代表世界的舞台装扮得犹如一具棺椁；另一方面，人自身的物质性也被着重展现，亦即聚焦于身体（physis）和身体的痛苦。在本雅明看来，悲苦剧英雄的受难无法像悲剧中那样通过道德力量缓解，而只能在身体痛苦中承受，"在悲苦剧英雄身上道德尤其显得不受关注，只有其受难的肉体痛苦回应了历史的呼唤。造物状态下的人，其内心生活在经受致死痛苦时以神秘的方式获得弥补"⑤。而人自身的物质性的极致状态即是尸体乃至骷髅，这也是悲苦剧所热衷的意象。本雅明认为在悲苦剧中："当死亡让精神以幽灵的形式得以解脱，这时身体才真正完全得其本分。因为这是显而易见的：身体的寄喻化只有在尸体上才得到

---

① 黑格尔：《美学》（第 3 卷下），第 322 页。
② 费伦茨·费赫尔：《卢卡奇和本雅明：相似与反差》，王秀敏译，《学术交流》2018 年第 10 期。
③ 卢卡奇：《卢卡奇早期文选》，张亮、吴勇立译，南京：南京大学出版社，2004 年，第 40 页。
④ 伊格尔顿：《瓦尔特·本雅明或走向革命批评》，第 6 页。
⑤ 本雅明：《德意志悲苦剧的起源》，第 89 页。

积极的实现。"① 物化不仅是精神性的东西堕落为物，反过来说，也可理解为物质性的东西内在地与精神相联系，如同尸体和骷髅本身作为精神的死亡，同时仍寄生着精神的因素。让本雅明感兴趣的正是这种物质性背后的精神性，当上帝遗弃世界之后，意义的踪迹只能在物之中而非物之外寻求，佩尔尼奥拉将本雅明的美学特点总结为"无机物的性吸引力"②，那些让本雅明着迷的无机物，不仅包括悲苦剧中的尸体，也包括别处论及的木乃伊、技术、化学、商品和恋物，等等。

最后是人的生存感受。当上帝遗弃世界、救赎历史转变为自然历史、破碎的物环绕着人并且人自身表现为物之后，人首先体验到的是孤独，心灵退缩到自我的界限当中，也只有在自我内部才可能体验到本质。本雅明引用了卢卡奇的表达："生命伟大时刻的本质是纯粹自我的体验。"③ 在《心灵与形式》中，卢卡奇认为孤独的人只能自我独白，进行"孤独的对话"，而对于世界和他人则是沉默的。本雅明也强调这一点，在他看来，希腊悲剧中的英雄就已是沉默的了，因为悲剧英雄意识到自身的主体性与诸神的神意裁决相矛盾，但他们仍对诸神抱有敬畏，所以不愿在诸神面前辩白而在沉默中受难和死亡。悲剧精神消亡的标志则是"苏格拉底之死取代了英雄的牺牲之死"，与悲剧英雄不同，苏格拉底为自己的主体性感到优越，并在民众面前以话语自我申辩且施行教育。相较于希腊悲剧，巴洛克悲苦剧则更不需要话语，甚至可以是哑剧，这是由于：悲剧英雄某种程度上代表着主体性的觉醒，无论是说话还是沉默都包含着对即将到来的时代的预言；而悲苦剧的重点却不在于主角，而仅在于主角的受难及其悲伤与忧郁。孤独中沉默的人是悲伤和忧郁的，一方面，失去神的庇佑让人变得脆弱和无力，即便是君主也没有能力掌控自己的命运，"君王是忧郁的范例。将造物的脆弱表现得最为强烈的，莫过于君王自己也难免脆弱这一事实了"④；另一方面，需要注意的是，悲伤和忧郁对于本雅明而言并非仅是无意义的世界中的消极情感，而且也是对待无意义世界的一种具有积极因素的方式，"悲伤是一种思考，在这种思考中情感会让已然空虚的世界仿佛戴上面具一般重获生机，以便在看到这世界时获得一种神秘的快感"⑤。悲伤是对意义从世界和事物中消散的感受，而意义的消散拉开了人与世界和事物的距离，促使人对之重新思考和

---

① 本雅明：《德意志悲苦剧的起源》，第 269—270 页。

② 马里奥·佩尔尼奥拉：《当代美学》，裴亚莉译，上海：复旦大学出版社，2017 年，第 189 页。

③ 本雅明：《德意志悲苦剧的起源》，第 115 页。

④ 同上，第 165 页。

⑤ 同上，第 161 页。

审视，本雅明称："深思是最适合悲伤者的。"① 这种悲伤是悲苦剧的核心主题，希腊悲剧英雄的受难具有某种象征意义，悲苦剧主角的受难则完全只是为了展示悲伤。本雅明认为，必须从观众的角度来理解悲苦剧，舞台上演出的悲伤是为了满足观众的悲伤，"与其说它们是带来悲伤的戏剧，不如说它们是让悲伤得到满足的戏剧：在悲伤者面前的戏演（Spiel vor Traurigen）。悲伤者所固有的特点是某种炫示（Ostentation）"②。这一点同样表现在合唱队的作用上，在莱辛看来，悲剧的合唱是为了给对话中奔涌出的情感设定一种界限；与之相对，本雅明认为，悲苦剧将合唱理解为"悲伤哀叹"，在合唱中"回响着造物的原初之痛"③。悲苦剧因此是在上帝离去的世界中，以悲伤的戏剧向悲伤的观众所做的巡回展演。

三、不同的选择：卢卡奇与本雅明应对现代性困境的策略

可见，卢卡奇和本雅明分享了他们时代流行的对现代性困境的认识：从传统的有机共同体向现代的理性社会的转变造成了人的存在基础之不谐（dissonance），资本主义社会本身是一个高度组织化的严密总体，但人在其中的生存感受却是碎片化的、意义体验却是虚无的。在《悲剧形而上学》和《德意志悲苦剧的起源》中，卢卡奇和本雅明将这种不和谐虚无注入到对现代悲剧的认识中，并赋予某种神学结构。这也使这两篇文献不仅是戏剧理论史的名作，而且对于描述和思考现代人与现代社会状况有着重要意义：在戈德曼看来，《悲剧形而上学》开启了 20 世纪存在主义哲学思潮的先声④；汉斯—蒂斯·雷曼则指出："人们普遍认为，本雅明作品的持久共鸣——这是学术、哲学、艺术、历史和艺术理论方面的一项独特成就——源于它努力在巴洛克时代的空虚世界和意义的丧失中反映现代的空虚世界。"⑤ 但与西美尔、克拉考尔等资本主义社会文化的批评家不同，卢卡奇和本雅明通过赋予现代碎片和虚无的悲剧世界的神学结构，将悲剧世界置于了某种救赎的张力之下，也就是说，

① 本雅明：《德意志悲苦剧的起源》，第 161 页。
② 同上，第 130 页。
③ 同上，第 134—135 页。
④ 参见戈德曼：《马克思主义和人文科学》，罗国祥译，陈修斋校，合肥：安徽文艺出版社，1989 年，第 240 页。戈德曼将《心灵与形式》看作"存在主义哲学的精神根源"，《悲剧形而上学》正是该书中最有存在主义色彩的一篇。
⑤ Hans-Ties Lehmann, *Tragedy and Dramatic Theatre*, Trans. Erik Butler, London and New York：Routledge, 2016, pp. 288—289.

他们所强调的不是对现代性困境的描述而是对现代性困境的超越。卢卡奇对现代性碎片化所打破的传统整体文化具有强烈的怀旧情结，这在他后来的《小说理论》对史诗时代"总体性"的描述中作了明确宣示；本雅明也同样向往存在的整体性，如詹姆逊所说："本雅明的著作仿佛镌刻着一种痛苦的勉强，他力图达到某种心灵的整体性或经验的统一性，而历史境况却处处都有可能把这种整体性或统一性粉碎。"①

然而，从他们的悲剧理论中也可见出本雅明与卢卡奇的根本差异：首先，从分析路径来看，虽然卢卡奇在《悲剧形而上学》中是以形而上学的方式来考察悲剧，但历史和社会学的路径对他始终都是重要的，就像《现代戏剧发展史》所表现的那样，而历史和社会学路径对于本雅明则居于次要位置，"尽管卢卡奇深入探讨了历史和社会学，对现代悲剧发生的可能性进行了历史学和社会学的反驳，但历史和社会学从一开始就与柏拉图主义的神秘主义者本雅明完全无关"②。这不仅反映在他们的悲剧理论中，也反映在他们后来的思想走向中，马克思和韦伯的社会学研究对于卢卡奇思想发展产生了决定性影响，但本雅明即便在亲近马克思主义的历史唯物主义之后，也认为在历史唯物主义的木偶里隐藏着神学的驼背小人。其次，从立场倾向来看，也许更为重要的是，面对"被上帝遗弃的世界"，卢卡奇和本雅明有着不同的侧重点：卢卡奇更强调超越这个世界的渴望，"渴望"（Sehnsucht）本身即是《心灵与形式》核心的关键词，《悲剧形而上学》中"对自性的渴望"乃是人向本质跳跃和悲剧完成救赎的根本动力；本雅明则更强调这种渴望中的绝望，救赎在悲苦剧中始终保持在缺位的状态，弥赛亚是始终尚未到来的。这种不同的倾向致使卢卡奇最终以共产主义的未来克服了无意义的现实世界，而本雅明则持守于无意义的现实世界，在现实世界的废墟内部探寻救赎之光。

具体来说，面对在无意义的世界里渴望意义这一现代性困境，卢卡奇的解决过程分为两个阶段。第一阶段是在《小说理论》中受黑格尔历史分析的影响，将悲剧置回从史诗到悲剧的历史哲学，并转向史诗的现代形式——小说。卢卡奇仍是以《悲剧形而上学》中实存与本质的冲突来描述从史诗到戏剧再到小说的演变：在史诗时代，生活与本质相统一；在戏剧时代，本质虽离开生活，但对生活仍触手可及；在小说时代，本质完全离开生活，二者的统一再也无迹可寻。在此，卢卡奇将本质与实存相统一，亦即主体与客体、自由与自然、生活与意义未分离的状况称为"总体性"（Totalität）。史诗和戏剧都达到了总体性，但史诗所达到的是"外延的总体

①　詹姆逊：《马克思主义与形式》，李自修译，北京：中国人民大学出版社，2015年，第50页。

②　Ferenc Feher, "*Lukacs, Benjamin, Theatre*", p. 421.

性"，因为它已然具体地表现在现实中，戏剧所达到的是"内涵的总体性"，因为它只能抽象地实现于内心中①。不过，这是就希腊戏剧而言，至于现代戏剧，则因本质在现代社会中距离生活越来越远，而只能对生活完全失望了。与现代悲剧相比，小说是更能体现人在无意义的生活中追寻意义的文学形式，"小说是这样一个时代的史诗，在这个时代里，生活的外延总体性不再直接地既存，生活的内在性已经变成了一个问题，但这个时代依旧拥有总体性信念"②。这显然呼应了《悲剧形而上学》对"上帝离开舞台"和"上帝充当观众"的时代境况的界定，但与悲剧的非时间性不同的是，小说这种体裁本身是时间性的，换言之，"悲剧的时间从本质上来说是克尔凯郭尔在《恐惧的概念》中提出的'瞬间'概念"③，只有在死亡中达到高潮的"奇迹的瞬间"才是悲剧真正的对象，而小说则致力于描写人在世界中寻求意义的整个时间历程。在卢卡奇看来，小说的外在形式是传记，内在形式是"成问题的个人走向自我的旅途"④，因此就要求对人在世界中的活动以及世界本身的细节进行更为丰富细致的考察和展现。由此一来，与渴望意义的人相对的，便不再是空洞的、静态的无意义世界，而转换为与人互动的、充满各种关系的社会。詹姆逊认识到在《小说理论》中发生了一个重要变动：人与外部世界的对立被替换为人与社会的对立。这种替换是至关重要的，因为"新张力不是形而上学的张力，而是历史的张力，人与社会环境的关系也不再是他在宇宙中的形而上学境况静态沉思的关系。因为社会是一个演进变化的机体……"⑤ 从世界到社会的变化实则是一个从抽象到具体的变化，面对抽象的"被上帝遗弃的世界"，人唯有陷入悲观绝望的宿命，但面对具体的历史演变中的社会，人则有可能通过变革社会关系来将其改造。尽管《小说理论》仍以悲观主义的态度判定个人寻求意义的努力终究是失败的，但其中新的思想因素却为现代性困境的克服指出了道路。

　　卢卡奇的第二阶段是在《历史与阶级意识》中汲取马克思和韦伯的社会分析，将无意义的世界还原为资本主义物化社会，并以无产阶级革命对物化社会的颠覆来实现"在资本主义制度下不可能的有意义的生活"。在成长为马克思主义者的卢卡奇那里，无产阶级才是历史的主体和客体，也就是说，历史是无产阶级由被奴役走向解放并通过无产阶级的解放而实现全人类的解放的总体过程，资本主义物化社会则是这一历史总体过程中必须被超越也必然被超越的一个阶段。这实际上将人所面

---

① 卢卡奇：《卢卡奇早期文选》，第 21 页。
② 同上，第 32 页。
③ 张亮主编：《卢卡奇研究指南》第 1 卷，南京：江苏人民出版社，2022 年，第 47 页。
④ 卢卡奇：《卢卡奇早期文选》，第 54 页。
⑤ 詹姆逊：《马克思主义与形式》，第 157 页。

对的现实区分为本质和现象两个层面：资本主义物化社会作为现象，只是"直接的现实"；无产阶级和人类解放的历史总体过程作为本质，则是真正的现实，"历史发展的倾向构成比经验事实更高的现实"①。小说因此要用现实主义的方法透过现象看本质、穿透物化社会反映历史总体。"卢卡奇认为艺术只有在其总体性中描绘现实，从而在阶级对立中反映社会的情况下，才是伟大的和现实的。"② 这种新的美学原则在卢卡奇1922年发表的《巴尔扎克及其身后名》中得到首次展现，他一改之前的精神科学的方法，而以阶级分析的方法来考察文学③。这意味着，卢卡奇找到了应对现代性困境、获得"有意义的生活"的途径：意义既不在于《悲剧形而上学》中的"奇迹的瞬间"，也不在于《小说理论》中的史诗时代，而在于投身到无产阶级和人类的解放事业。"这种'意义的内在性'不再像《小说理论》中那样投射到一个理想化的古代，而是得到了预期的共产主义社会的保证。"④ 由于反映历史总体的现实主义小说能够允诺本质与实存的统一，因此表现本质与实存冲突的悲剧不再重要，进入马克思主义时期后，卢卡奇几乎对戏剧完全失去了兴趣，再也不曾将戏剧当作有重要意义的文学体裁加以讨论⑤。

与卢卡奇不同，本雅明并未将资本主义物化社会还原为现象，为其寻求某个能够超越它的本质，对他而言，堕落的世界是唯一的现实，若要打破资本主义社会总体对人的物化，重建生存的意义和人的完整经验，那么只能从其内部出发以一种"内在批判"的方式寻找新的可能性。正是在这一点上，本雅明吊诡地认为，世界的堕落本身同时蕴含着救赎的因素。要说明何以如此，则需谈到上文有意忽略的《德意志悲苦剧的起源》中最重要的概念：寄喻（Allegorie）⑥。对本雅明而言，寄喻具有一种辩证意义，它既标识着巴洛克时代和资本主义现代社会的基本特征⑦，又包含着救赎指向，如有学者说："讽喻理论的价值也还不仅仅在于其对现代性的批判功能，因为巴洛克悲剧对废墟、碎片、尸骸的描绘本身甚至也只是有待摧毁的表象；讽喻式表征模式的更重要的功能在于指向末世学的真理，即救赎领域的永恒

① 卢卡奇：《历史与阶级意识》，杜章智等译，北京：商务印书馆，2017年，第241页。
② Bernd Witte, "Benjamin and Lukács. Historical Notes on the Relationship between Their Political and Aesthetic Theories", in *New German Critique*, 1975, No. 5, p. 14.
③ Georg *Lukacs*, *Reviews and Articles*, Trans. Peter Palmer, London: Merlin Press, 1983, pp. 4—7.
④ Bernd Witte, "Benjamin and Lukács. Historical Notes on the Relationship between Their Political and Aesthetic Theories", in *new German Gritique*, p. 24.
⑤ Ferenc Feher, "*Lukacs, Benjamin, Theatre*", p. 421.
⑥ 又译"讽喻""寓言"，在下文的引文中，为保持引文原貌，对不同的译法不作修改。
⑦ 詹姆逊：《马克思主义与形式》，第49页。

生活。"①

一方面，寄喻是对"被上帝遗弃的世界"或者说宗教神学叙事崩塌后的现代社会基本状况的表达。在西方美学传统中，寄喻是与象征（Symbol）相对的一个概念，歌德认为，象征是"在特殊中看到普遍"，寄喻是"为普遍寻找特殊"；叔本华主张，象征表达一个理念，寄喻表达一个概念；叶芝则将寄喻看作一个描述性图像，与其意义之间的一种俗成关系②。本雅明综合并修正了这些观点，在他那里，象征指涉在美的外观中事物与意义之间的切合性，意义与承载它的事物形成浑然一体、不可分割的整体；寄喻则表明事物符号不能恰当地表达意义，或者说能指与所指之间的任意性被暴露了出来。也即是说，在寄喻中，"每一个人、每一个物、每一种关系都可能表示任意一个其他的意义"③。本雅明之所以将与象征相对的寄喻当作巴洛克时代和巴洛克艺术的秘密，其实也部分地是因为当神性光辉消散之后，原有的意义秩序在巴洛克时代崩解了，神学叙事原本赋予事物的天然意义在此时被发现仅是一种偶然关系，能指与所指脱节，浑然的整体被离析为凌乱的碎片。非仅如此，从意义秩序中崩解出来的事物世界、从救赎历史中退化而成的自然历史，在意义缺失的情况下，就呈现为无意义的废墟以及在堕落与死亡中的受难，这显然不适合用与美、和谐相联系的象征来表现，而同任意性的、事物与意义相悖离的寄喻正相宜。本雅明说："在象征中，自然改换过了的面容伴随着对毁灭的美化在拯救的光芒中匆匆展现自身，而在寄喻中则是出现在观者眼前的僵死的原始图景，是历史濒死时变出的面容。历史一开始就让不合时宜、充满苦难、颠倒错位的一切都在一个面容上——不，是在一个骷髅上留下了印记……这就是寄喻式视角的核心，这种视角将历史的巴洛克式、世俗式呈现看作世界的受难史。"④ 不同于象征的拯救与美化，寄喻正是要让"被上帝遗弃的世界"中人类的悲剧性处境彻底地暴露出来，"本雅明认为，寄喻捕捉的不是世界的丰满和完美，而是它的毁灭和分裂。寄喻既不追求清晰明了，也不追求优雅，而是将自己暴露为毫无意义的空洞言辞，是堕落的人类和悲伤的自然的破碎、随意的语言。寄喻并不是失败的象征，而是神性象征的造物的对应者"⑤。作为堕落的人类语言，寄喻与"被上帝遗弃的世界"是同构的，是这个世界最恰切的表达方式。

---

① 朱国华：《本雅明讽喻诗学的辩证结构》，《马克思主义美学研究》2006 年第 1 期。
② 本雅明：《德意志悲苦剧的起源》，第 190—191 页。
③ 同上，第 200 页。
④ 本雅明：《德意志悲苦剧的起源》，第 197 页。
⑤ Graeme Gilloch, *Walter Benjamin. Critical Constellations*, Cambridge：Polity Press, 2002, p. 81.

另一方面，寄喻的辩证之处在于它不仅表达了现代性的核心特点，并且包含着解放潜能和救赎要素。寄喻对能指与所指耦合关系的拆解、对废墟和受难的表达，从朝向过去时代的眼光来看，乃是旧的意义秩序瓦解的令人悲伤的后果，但以审视当下时代的眼光来看，则同时暴露出新的社会总体的虚假性，表明这一总体仍处在未竟的统合中。由于旧的意义秩序的瓦解和新的社会总体的建立是同一回事，因此，作为现象的寄喻本身也具有批判的功能。首先，在寄喻中，事物的意义源于任意的和偶然的嫁接，这破坏了整体性的假象，非但把现实描绘为碎片与废墟，而且能引起我们对事物和意义的反思，从而重新认识世界，"讽喻物的二律背反动摇了关于我们看到的世界是真实和理性的世界的信心；一切我们感觉得到的东西都失落并贬值了"①。其次，寄喻对事物的贬值虽使事物失去了"天然的"意义，但也让事物从一个外在的、超验的秩序中得到解放。伊格尔顿由此出发将本雅明与卢卡奇相比，认为："本雅明所断言的寓言式客体——在它漠然呆滞的最低点，在除却所有神秘化了的内在性之后，它可以解放自身，赢得多重用途——远不止是乔治·卢卡奇的《历史与阶级意识》的一个回音而已。《历史与阶级意识》以同样的唯心主义方式将无产阶级贬为范式性商品视作其解放的前奏。悲悼剧洗劫天堂，毁灭一切超验性，把它的人物放逐到一个偏执狂的、家长制的权力世界中；然而，基于同样的理由，它也否认了一切轻易的目的论。割裂了神话的想象联系，解放了那些符号赖以从中锻造全新对应关系的象征片段。"② 最后，既然寄喻中事物与意义的关系是任意和偶然的，那么我们也可以积极地利用寄喻，对那些解放出来的片段进行重新赋意。这一点更为突出地表现在本雅明后来对波德莱尔的研究中。游荡于巴黎的波德莱尔是一位"寄喻诗人"，他在揭露资本主义现代社会本身的寄喻关系的同时，又赋予那些边缘事物以新的意义，在废墟之上开出"恶之花"，由之打破社会虚假的整体和事物美的外观。本雅明称："与巴洛克寄喻不同的是，波德莱尔的寄喻带有闯入这个世界所需的愤怒痕迹，以破坏世界的和谐结构。"③ 这种寄喻的积极运用，后来被比格尔看作先锋派艺术的基本特征："本雅明的讽喻概念能起到先锋派艺术作品理论的核心范畴的功能。"④ 在这个意义上，寄喻贯穿了从巴洛克时代到 20 世纪的整个现代性阶段，是现代性自身所孕育出的"雅努斯双面神"。

---

① 维克多·阿尔斯拉诺夫：《艺术灭亡的神话——法兰克福学派从本雅明到"新左派"的美学思想》，陈世怀译，上海：文汇出版社，2017 年，第 30 页。

② 伊格尔顿：《瓦尔特·本雅明或走向革命批评》，第 27—28 页。

③ Walter Benjamin, "Central Park", in *Selected Writings*, Vol. 4, Trans. Edmund Jephcott and Howard Eiland, Cambridge：Harvard University Press, 1999, p. 174.

④ 比格尔：《先锋派理论》，第 145 页。

结 语

我们也许可以借用卢卡奇的"总体性"概念来说明卢卡奇与本雅明面对现代性困境的不同策略。尽管这个概念在卢卡奇不同时期的著作中有着丰富的涵义，并且布洛赫、阿多诺、布莱希特等人的批评和误解又使其进一步复杂化，但大体上仍可从中识别出三种意义维度：首先是"有机总体"，亦即《小说理论》中描绘的史诗时代的总体性，本质上是对和谐的整体文化的理想性想象；其次是"机械总体"，所指的是资本主义的组织化社会，这是现代性困境的根由，也是人丧失意义感的渊源；最后是"历史总体"，也就是资本主义物化社会被无产阶级解放运动克服的历史过程。对卢卡奇来说，从"机械总体"的现实背后挖掘出"历史总体"的真理，就有可能实现"有机总体"的理想。从这种划分来看，本雅明那里同样存在着对"有机总体"的怀旧情绪，只不过不是寄托于希腊传统中的史诗时代而是寄托于希伯来传统中的伊甸园，这表现于《论原初语言与人的语言》中对原初语言命名性的描述；对于"机械总体"，本雅明也以自己的方式表达了对资本主义社会压迫的普遍性和总体性的认识，这在其早年的《作为宗教的资本主义》一文已有表露①。然而，同布洛赫和阿多诺一样，本雅明拒绝卢卡奇"历史总体"的概念，也就是说，不认为现实存在一个能够克服物化社会和保证生活意义的历史总体发展倾向。甚至在他看来，历史总体的这种进步叙事恰恰是资本主义意识形态的虚假承诺，实则是一个个废墟的不断堆积。就此而言，不是对天堂的展望而是对废墟的深思才能真正迎接弥赛亚的到来，在"被上帝遗弃的世界"中，只有撇开一切幻想而从绝望的现实出发，才可能发现真正的救赎之光。或如本雅明所说：只是为了绝望之人，希望才给予我们。

---

① Walter Benjamin, "Capitalism as Religion", in *Selected Writings*. Vol. 1, Trans. Rodney Livingstone et al., Cambridge: Harvard University Press, 1996, pp. 288—289.

中世纪神学的空间想象

陆　扬*

内容提要：

　　神学涉及到对空间本身的探讨。中世纪作为一个言必称圣奥古斯丁的时代，《忏悔录》中奥古斯丁对于时空本原的思考，具有开拓性启示意义。奥古斯丁认为上帝以"言"（Logos）创造世界，在这之前没有时间，也没有空间可言。阿奎那《神学大全》进而断言世界的存在有赖于上帝的意志，后者是前者的起因。故世界并不必然永远存在。但丁《神曲》的空间结构立足托勒密地心说，《天国篇》安排阿奎那为太阳天的接待人，最终以最高天盛开的白玫瑰意象，冠盖一切琼楼玉宇的极乐世界想象。

关键词：

　　中世纪；空间；奥古斯丁；阿奎那；但丁

　　所谓神学，是指对神圣空间的系统研究，它的基础是超自然的宗教认识论，目的是最终的天启。在中世纪的"认知地图"上，基督教神学是主导意识形态。这个意识形态的建树，在其始端，是由罗马帝国时期从圣保罗开始，嗣后以圣奥古斯丁为代表的一批拉丁教父和希腊教父们筚路蓝缕地开拓得以成形。在奥古斯丁神学中，柏拉图对空间观念的猜想被继承下来。而它最终是在 13 世纪，由圣托马斯·阿奎那为代表的经院哲学，结合亚里士多德哲学得以完成的。进而更有但丁在中世纪托勒密式宇宙观中，建构他几乎是自喻基督的不朽诗学。神学涉及到对空间本身的思考。关于中世纪流行的空间观念，20 世纪意大利符号学家安贝托·艾柯有过一段形象

　　* 陆扬，男，1953 年生，上海市人。复旦大学中文系教授，博士生导师。研究方向为美学和文艺学。

描述：

> 虽然有许多传奇故事，今天依然传布在互联网上，所有的中世纪学者都知道世界是圆形的。即便一个初中一年级的学生，都能够轻易将它推演出来。倘若说但丁走进他那个漏斗形状的地狱，从另一边出来，在炼狱山脚下看陌生星星，那就意味着他完全知道地球是一个球形。奥里金（Origen）和安布罗斯（Ambrose），大阿尔伯特和托马斯·阿奎那、罗杰·培根，以及侯利坞的约翰（John of Holywood），都持这一主张。这还是名单里的一小部分。①

侯利坞的约翰是 13 世纪英国翻译家和数学家，他编撰的《天球论》（Tractatus de Sphaera）是 15 世纪中叶之前欧洲天文学的标准教科书。但丁的不朽长诗《神曲》虽然尚未开启作家给自己作品画地图的先例，然而后代相关绘本不计其数，最有名的，莫过于 1480 年佛罗伦萨著名画家波提切利的那一幅漏斗形状的地狱结构图。

一、圣奥古斯丁论时空

圣奥古斯丁公元 430 年在位于今天阿尔及利亚的希波（Hippo Regius）去世，是教父时期（Patristic period）拉丁教会最为卓著的代表人物之一。虽然之后罗马帝国在风雨飘摇中延续了将近半个世纪，但是融合基督教神学与新柏拉图主义为一统的奥古斯丁哲学，毋庸置疑成为了中世纪 1000 年里统治意识形态的主干部分。可以不夸张地说，中世纪就是一个言必称圣奥古斯丁的时代。这里面也包括了对时空本源的思考。

奥古斯丁《忏悔录》第十一卷中有大段屈原《天问》式的时间沉思，以至于被一些人称之为第一个提出"时间是什么"的哲学家。时间是什么？上帝创造天地之前，他在做什么？假若他闲着无所事事，就像六日创世之后不再做功一样，那么他为什么不就一直闲暇下去？圣奥古斯丁说，对于提出"上帝在创造天地之前在做什么？"这样的亵渎神圣之论，他不想以"上帝为给出此言者准备地狱呢"这样的话一言回敬过去，他想认真回答这个问题。因为上帝在创造天地之前，不造一物。

---

① Umberto Eco, *The Book of Legendary Lands*, English trns. Alastair McEwen, London：MacLehose Press, 2013, p. 12.

但问题依然存在：上帝既然是一切时间的创造者，在他未及创造时间之前，怎能有无量数的世纪过去？有没有不经上帝开辟的时间？假若没有，那么何谓过去？不仅如此：

> 既然你是一切时间的创造者，假定在你创造天地之前，有时间存在，怎能说你无所事事呢？这时间即是你创造的，在你创造时间之前，没有分秒时间能过去。如果在天地之前没有时间，为何要问在"那时候"你在做什么？没有时间，便没有"那时候"。
>
> 你也不在时间上超越时间：否则你不能超越一切时间了。你是在永永现在的永恒高峰上超越一切过去，也超越一切将来，因为将来的，来到后即成过去；"你永不改变，你的岁月没有穷尽。"（《诗篇》，102：27）①

奥古斯丁的总结是上帝创造了一切时间，处在所有的时间之前，而不是在某一时间段中没有时间。是以上帝根本没有无所作为的时间，因为时间即是上帝所创造。时间川流不息，然而上帝永恒不变，然而时间没有分秒与上帝同享永恒，否则便不能称为时间了。

即便如此，圣奥古斯丁发现自己依然没有将时间言说清楚。他感慨大家都知道时间这个东西，但是谁能说清楚时间究竟该如何定义呢？奥古斯丁以下一段话多为人援引：

> 时间究竟是什么？没有人问我，我倒清楚，有人问我，我想说明，便茫然不解了。但我敢自信地说，我知道如果没有过去的事物，即没有过去的时间；没有来到的事物，也没有将来的时间，并且如果什么也不存在，则也没有现在的时间。②

是啊，时间究竟是什么？没有人问我，我倒清楚，有人追根问底，我便茫然不知所从了。奥古斯丁上述文字可视为典型的古典哲学时间观念，将时间视为比照物质而存在的客观对象。是以有时间与上帝孰先孰后的沉思录。这与现代人开始把时间看作主观经验的设置，多有不同。即是说，时间本不存在，存在的只是物体与物体在空间之中的距离，时间不过是计量空间距离的量单位，是人为的而不是天然的。

---

① 奥古斯丁：《忏悔录》，周士良译，商务印书馆，1981年，第241页。
② 同上，第242页。

以天体计量为基础的古今中外的历法，事实上也形态各各不同。但是，时间的相对主观印象，跟它的客观性是不是一定存在矛盾？回顾圣奥古斯丁的时间哲学，今天依然能够给予我们启示。

时间历来是现代性的核心，所谓时不我待，时间就是金钱。空间作为后现代文化的核心，则被认为是以包容来克服咄咄逼人的现代性速率。由此也涉及到古典时空哲学的改写。学界有一种看法认为，在奥古斯丁的时空哲学中，空间的推究比起时间的思考，显得可有可无。甚至可以说，空间是奥古斯丁探问时间的副产品。用奥古斯丁自己的话说，我们在什么地方度量时间？是在空间里吗？与其说是在空间里度量时间，不如说是借助于空间来度量时间。所以空间对于时间，再一次证明它是处在一个框架的地位。进而视之，空间甚至还不足以成为度量时间的框架。因为照奥古斯丁的说法，如果说人们是借空间来度量时间，那么显然是以对空间作出规定为前提，人以什么样的空间来度量时间，取决于给予空间什么规定，而与空间本身没有关系。故倘若不对空间进行先行规定，空间与度量时间就没有关系。不消说同时间一样，空间也是上帝创造的。但是上帝创造空间之前，他是待在怎样的空间里面？抑或那是虚空、太空、原始空间？可是即便是虚空、太空、原始空间，是不是还是一种空间？

事实上圣奥古斯丁的空间思考也同样规模浩大，甚至超过了时间。《忏悔录》卷十一中，奥古斯丁如前所见，强调上帝是永恒不朽的存在，说他虽然不复想象上帝是人体形状，但仍然不得不将上帝设想为空间的一种物质，或散布在世界之中，或散布在世界之外的无限空际。理由是不占据空间的，不散布于空间的，或不能在空间滋长的，都是绝对虚无。这一将最高神圣阐释为充盈整个世界，又在世界之外的无限空间思想，可以说是中世纪基督教空间神学的先导。用圣奥古斯丁本人的话说，便是万物在上帝之中都有限度，但是上帝无可限量。

奥古斯丁引用了《创世记》开篇第一句话："起初上帝创造天地。"（1∶1）他指出，这句话是摩西写的。摩西早已成故人，不可能当面来解答他的疑问。所以他没法揪住摩西，询问解释，只能够直接请求上帝彰显真理。上帝与空间孰先孰后？我们发现奥古斯丁对于空间的询问，一如同卷书中奥古斯丁对时间的著名征询一样洋洋洒洒：

> 当然，你创造天地，不是在天上，也不在地上，不在空中，也不在水中，因为这些都在六合之中；你也不在宇宙之中创造宇宙，因为在造成宇宙之前，还没有创造宇宙的场所。你也不是手中拿着什么工具来创造天地，

因为这种不由你创造而你借以创造的其他工具又从哪里得来的呢？①

圣奥古斯丁本人对此的自问自答是引证《约翰福音》的开篇："太初有道，道与上帝同在。"（1：1）换言之，上帝是用言语或者说"道"（Logos）创造了世界。在上帝创造世界之前，没有时间，也没有空间可言。但空间究竟从何而来？显然这个问题绝非圣奥古斯丁断言上帝创世之前没有时间也没有空间那么简单。倘若圣奥古斯丁本人没有感到言不由衷，也不至于留下洋洋大观彪炳后世的天问。

二、阿奎那论创世

圣托马斯·阿奎那是 13 世纪经院哲学的代表人物。在其名著《神学大全》第一部分第 44 至 46 题，阿奎那集中讨论了世界创造的问题。尤其是第 46 题《论万物持续存在的起始》，可以说是在基督教神学传统中，一以贯之涉及到原始空间的创造问题。此题分为三节，讨论的问题分别是：一、万物是否从永恒就开始存在？二、万物存在的起始是否源于信仰的某一条文？三、大家说起初上帝创造了天地，这话该当何解？

关于物质世界是否永恒常在的议题，阿奎那列出的第一个反题是：被造物的宇宙，我们把它叫作世界，应无起始，而是从永恒就存在如斯；因为假若世界的存在有始端，那么在始端之前，它也可能存在。但是唯一可能的存在是物质，物质是潜在的存在，可以藉形式进入真实存在，而可以因剥夺形式不能进入存在。故而世界的存在若有始端，始端之前必有物质的存在。但是物质离开形式无以言存在，而世界的物质有了形式方才构成世界。故而世界在开始存在之前，就已经存在：这是不可能的。

对于万物是否总是存在这个议题，阿奎那列出的第四个反题，也涉及到空间观念。这个反题是，所谓真空（vacuum），是空无一物的地方，但是也有可能存在某物。但倘若世界的存在有始端，那么世界的物体现在存在的地方，一开始是空无一物。但是物体也有可能存在于斯，要不然它今天也不会存在。故而在世界之前，曾有真空：这是不可能的。②

针对以上物质世界原本常在的质疑，阿奎那先是引了圣经中的两节文字，其一

---

① 奥古斯丁：《忏悔录》，第 235—236 页。

② Thomas Aquinas, *Summa Theologica*, Part I, Question 46, Article 1. Christian Classics Ethereal Library, p. 354.

出自《新约》中的《约翰福音》："父啊，现在让我在你自己面前得着荣耀，就是在创世以前我与你同享的荣耀。"（17：5）其二出自《旧约》中的《箴言》："在太初我主创造一切以先，就有了我，他创世之初就拿我来做功。"（8：22）上述两则圣经语录中，《约翰福音》引述的是耶稣的话，耶稣出此言是说自己的荣耀与圣父同在，并且早在创世之先，他已经与圣父在同享此一荣耀。简言之，天下万物系上帝所创造，独耶稣与上帝同在，耶稣不是被造的。《箴言》属智慧书一类，作者被认为是所罗门。上文中的"我"即是智慧。这是说，太初有智慧，上帝是用智慧来进行自始至终的一切创造。智慧是上帝旨意的目的，也是上帝创建一切的永恒的律令。是以早在创造一切之先，在上帝与人立约之先，便已经有了智慧。

阿奎那进而照例推出他的正解。这个正解是，除了上帝，无物可以言永恒。有鉴于上帝的意志是万物之因，故而事物存在之必然，乃是上帝意欲它们存在的效果。这也是亚里士多德《形而上学》卷五第五章里阐述的道理。但绝对地说，上帝除了他自己，并没有义务一定要意欲任何事物存在。是以上帝并没有意欲世界永远常在。上帝愿欲世界存在，它就存在，因为世界的存在有赖于上帝的意志，后者是前者的起因。所以世界并不必然永远存在。

针对反题一，即世界常在，空间从永恒就存在如斯，阿奎那的答辩是，世界存在之前，世界之可能存在，不是因为被动的潜质即物质，而是因为上帝的主动能力。这就像说某物是绝对可能的，这跟任何力量都没有关系，而完全在于语词的约定俗成，彼此不至于互相冲突，一如可能是不可能的反义词。亚里士多德《形而上学》卷五第十七章，讲的也是这个道理。阿奎那言必称亚里士多德自有其因由。《形而上学》中作者的原话是："（界限）是占有空间量度各物的外形。"①

对于涉及"真空"或者说"虚空"概念的第四个反题，阿奎那的答辩是：

> 真空这个观念并不仅仅是指"彼处空无一物"，而同样是指一个能够容纳某个物体的空间，可是其中又是一无所有，就像亚里士多德《物理学》卷四第一章所说的那样。而我们则认为，在世界之前，没有地方或空间。②

阿奎那《神学大全》对亚里士多德推崇备至，一口一个"如彼哲学家言"（as the philosopher said）。亚里士多德的物理空间思想，包括"真空"或者说"虚空"

---

① 亚里士多德：《形而上学》，吴寿彭译，商务印书馆，1959 年，第 121 页。

② Thomas Aquinas, *Summa Theologica*, Part I, Question 46, Article 1. Christian Classics Ethereal Library, p. 356.

不存在的思想，也都被阿奎那接盘过来，在此基础上改头换面构造基督教神学的空间思想。是以困惑柏拉图和亚里士多德良久的形式与空间孰先孰后的问题已成为过去，甚至圣奥古斯丁的时空沉思录也可以告一段落。阿奎那的结论是明确的：在上帝创造世界之前，没有地方（place），也没有空间（space）。

再来看阿奎那对上帝创世的阐释，如上所言示，第 46 题第三节的标题是："万物的创造是否发生在时间的始端?"针对这个议题有三个反题。其一是，万物的创造应不是发生在时间的始端。因为凡不在时间之中者，便也不是时间的任何部分。但万物的创造不在时间之中；因为万物是通过创造其实体方有存在，而时间并不能度量万物的实体，特别是无形体事物的实体。故而创世并不是发生在时间的始端。其二是，亚里士多德《物理学》卷六证明，凡被造之物，都有过一个被创造的过程，故而有"先""后"之分。这也相抵牾于万物在时间始端即得受造的观点。其三是，时间本身也是被创造的。但是时间不可能在时间的始端被创造出来，因为时间是可分割的，而时间的始端是不可分割的。故此，万物的创造应不是发生在时间的始端。①

阿奎那再度重申了《创世记》的第一句话："起初上帝创造天地。"进而阐发说，这句话可以从三个方面来加以理解，以正谬误。具体来说，第一，针对有人认为世界常在，时间没有始端，"起初"在这里明确指的就是时间。第二，针对有人主张上帝创世具有善恶两元论，这里的"起初"应被解释为"在圣子内"。即是说，创世的原理属于圣父，同样也属于圣子。这个原理不是别的，就是智慧，诚如《诗篇》所示："你所造的何其多，都是你用智慧造成的。"（104：24）第三，针对还有人说有形物体是上帝通过精神创造的媒介，而得到创造，在这里"起初上帝创造天地"，就应被解释为在创造万事万物之先。因为有四种东西同时被创造出来，它们是苍天、大地、时间和天使般的自然。阿奎那对上面三个反题的回答则是：

其一，人说万物的创造始于时间的开端，这不是说时间的开端是创造的度量，而是说天地与时间是一道被创造出来的。其二，彼哲学家的这段话，应理解为通过运动而"受造"，或者说是运动终结的产物。因为凡运动都有"先""后"，在一个特定运动中的任何一点之前，即是说，但凡任何事物在运动和被造的过程中，皆有一"先"一"后"，因为凡物体在运动的始端和终端，没有运动可言。但是创世如上所言，它既不是运动，也

---

① Thomas Aquinas, *Summa Theologica*, Part I, Question 46, Article 1. Christian Classics Ethereal Library, p. 360.

不是运动的终结。故而被造之物，在先并未被造过一回。其三，万物都是按其本质而得创造。但是时间除了"现时"无以言存在。故而时间的创造除非按照某种"现时"来进行，无有可能。这不是因为第一个"现时"已经标出时间，而是时间从第一个"现时"开始。①

很显然，阿奎那解《创世记》第一句话，已经不复有圣奥古斯丁新柏拉图主义式的迷茫，已经不复如圣奥古斯丁以先后秩序来解"起初"一言。反之，是在亚里士多德物理时空观的基础上，阿奎那以经验主义式的论证替代形而上的苦思冥想，最终用经院哲学的形式确定了基督教神学的空间概念。如上所见，空间、时间和天下万物是上帝在太初一并创造。在上帝创世之前，没有空间，也没有时间。

三、但丁的天国

但丁年少时托马斯·阿奎那 40 岁。他的空间神学不仅仅是地理空间的想象，更具有社会空间的意义。1302 年，但丁因卷入黑白党争，被执政的黑党判处永久流放，不得不流亡维洛那，是时该城在斯加拉（Scala）家族的统治之下。但丁于此用拉丁文完成了《论俗语》。1306 年，他又客居卢尼（Luni）的玛拉斯庇拉（Malaspina）侯爵宫廷，在此用意大利方言完成了《飨宴》。1305 年，教皇迫于法国压力，迁教廷于法国边境的阿维农城，史称"阿维农之囚"。但丁一度寄希望于 1310 年即位的法王亨利七世攻入佛罗伦萨，以便得以返归故乡。终而泡影破灭，亨利七世去世后，不久但丁重返维罗纳，庇护人是年轻的斯加拉大亲王。

出于感激之情，但丁向斯加拉献上了《神曲》中他尚未写完的《天国篇》，附以一信，为天堂篇作解。这便是今日所见的《致斯加拉大亲王书》。信件是用拉丁文写成，日期估计是在 1319 年。此信究竟是否出自但丁手笔，后世未见定论。但其中第七节有一段话多为后代诗家援引。但丁提醒他的亲王好友，他呈上的这部著作可不是仅仅只有一种意义，反之意义丰富着呢。第一种是以言指物，叫字面义；第二种是字面指示的事物进而指示新的意义，叫做寓意义（allegorical）、道德义或奥秘义（anagogical）。他引了《旧约·诗篇》中的四行诗"以色列出了埃及，雅各家离开说异言之民。那时犹大为主的圣所，以色列为他所治理的国度。"（113. 1—2）

---

① Thomas Aquinas, *Summa Theologica*, Part I, Question 46, Article 1. Christian Classics Ethereal Library, p. 361.

以为例证：

> 如果仅仅从字面义看，它是说在摩西的时代，以色列的子民出埃及流亡；若从寓意义看，它是指基督为我们赎罪；若从道德义看，它是指灵魂从罪恶里的苦难挣扎转向蒙恩的状态；若从奥秘义看，它是指蒙恩的灵魂摆脱尘躯的奴役，走向自由的永恒荣光。虽然这些神秘的意义各有其名，但统而论之可称为预表义，因为它们不同于字面义或者说历史义。①

　　但丁的上述文字为朱光潜先生的《西方美学史》援引，名之为"诗为寓言说"。但是既言"寓言"，读者很容易联想到伊索寓言、拉·封丹寓言一类的动物故事，跟这里的"寓言义"不是一码事情。基督教将犹太教的希伯来圣经引为自身经典，名为《旧约》，初心是设定《旧约》每一言、每一个历史事件，莫不是预表了《新约》中的耶稣生平事迹。反之《新约》中的一切故事，在《旧约》里面也早就有了伏笔。我们看上面但丁为斯加拉大亲王解读《诗篇》，就言之凿凿大卫是在预表耶稣的道德楷模。中世纪的圣经阐释秉承从希腊教父奥里金到拉丁教父圣奥古斯丁的多元阐释论，反之亚大纳西（Athanasius）为代表的字面义释经论，应和者寥寥。
　　但中世纪流行的寓意解经说，最终集大成者是阿奎那神学。上述诗有字面义、寓意义、道德义和奥秘义的四义说，一个直接来源，便是托马斯·阿奎那《神学大全》第一部分第一题第10节"圣经可以一词多义吗"中寓意解经说的归纳和总结。阿奎那秉承圣奥古斯丁的符号论，指出圣经的作者是上帝，上帝无所不能，所以他不仅像人类那样用言词指意，而且让被指之物进一步担当能指功能：

> 故而，其他一切科学中事物系由言词指明，唯独这一门科学中，为言词指明之事物，本身就是一种指意。因此以言指物的第一种指意属于第一种意义，即历史的或字面的意义。而以言表述的事物本身亦在指意的那一种指意叫做精神义，它立足于字面之上，也是字面义的先决条件。这一精神义又可分为三重。诚如那位使徒说（《希伯来书》，10：1），旧的律法是新的律法的影像，狄奥尼修说（《天国等阶》第一章），新的律法是将来荣光的一种影像。同样，在《新约》中，我们的主的所为，无不是我们的表率所在。故此就《旧约》中的物事指明了《新约》中的物事而言，乃有寓

① Dante, "Letter to Can Grande Della Scala", Lionel Trilling ed., *Literary Criticism: An Introductory Reader*, New York, 1970, pp. 80—81.

意义；就基督所为，或者说基督所以指示的事物是我们的表率而言，乃有道德义；而就它们指向维系永恒荣光的事物而言，乃有奥秘义。①

我们不难发现但丁以字面的、寓意的、道德的、奥秘的四种意义来解《神曲》，直接照搬了阿奎那的分类法。同一篇文献中阿奎那谈到圣奥古斯丁也说过圣经有四重释义，分别为历史义（history）、词源义（etiology）、类比义（analogy）和寓意义（allegory）。这和但丁沿承的托马斯主义，至少术语上显然不同。寓意义从狭义上说，是以物指义，广义上说，是寓意义、道德义、奥秘义的统称，换言之是精神义的同义词。就此而言，罗兰·巴特《神话学》中提出的符号二级指义系统，跟以阿奎那为代表的经为寓意说，实是如出一辙。

所以不奇怪在《神曲·天国篇》的空间等阶中，托马斯·阿奎那成为了第四重太阳天的接待人。但丁天国的空间结构还是典型的托勒密地心说图解，地球位居中心，外有火焰带圈绕。再往外延伸，第一圈即第一重天，是月亮天，是信誓不坚定灵魂的居所。第二圈即第二重天，是水星天，居住着生前积极做好事和建功立业的灵魂。第三重天是金星天，接纳多情的灵魂。第四重天是太阳天，是智慧的灵魂的居所。第五重天为火星天，是殉道者灵魂的家园。第六重天是木星天，公正贤明的灵魂于此安家。第七重天是土星天，居有沉思默想的灵魂。第八重天为恒星天，赞美基督和圣母玛利亚。第九重天为水晶天，那是天使的居所。九重天围绕地球旋转。再往外是静止不动的静火天，它超越时间和空间，永恒如斯，那就是上帝的居所了。在无形的上帝与九重天之间，有基督及其两支军队显形的白玫瑰（Candida rose）。

我们可以来看但丁如何描写智者的居所太阳天，即日天。这里完全是光的空间，一切物理形状在这个光辉灿烂的空间里完全失去了意义。《天国篇》第十章对此的描写是：

　　那些在我进入的日天之自身是应该多么辉煌啊，因为它们不是由于它们的颜色而是由于它们的光而显现在我眼前的！即使我召唤天才、艺术和写作经验来帮助，我也不能把它描写得那样鲜明，使人们会想象出它来；但愿人们相信它而且渴望看到它。如果我们的想象力不足以达到这样的高度，这不是令人惊奇的事，因为人的眼睛从未见过光度超过太阳的物体。这里，至高无上的父亲的第四家族就是那样光辉灿烂，这位崇高的父亲把

①　Thomas Aquinas, *Summa Theologica*, Part I, Question 1, Article 10. Christian Classics Ethereal Library, pp. 11—12.

他如何生子和如何与其子同生圣灵的奥义启示给这个家族而永远使它满足。①

就在这圣父、圣子、圣灵一同彰示天启的第四重天国，光辉灿烂的太阳天里，但丁悉心安排了对神学和哲学深有研究的一众灵魂。这些神圣的灵魂但闻其声，不见其形。一个灵魂就是一团隐隐约约的发光火焰。而发声的灵魂不是别人，他就是托马斯·阿奎那。阿奎那这样跟但丁开始介绍他的同胞："这位在我右边离我最近的曾是我的兄弟和我的老师，他是科隆的阿尔伯图斯，我是托马斯·阿奎那斯。如果你想同样值得所有其余的人，那你就用你的眼光随着我的说明环视这个幸福的花环吧。"②

除了自己的老师大阿尔伯特（Alberto Magno），阿奎那跟但丁分别介绍的还有创立多明我会的圣多明我、《教会法大全》的作者格拉契安（Graziano），《箴言四书》的作者彼得·伦巴德（Pietro Lonbardo），所罗门，雅典大法官丢尼修（Dionigi），圣奥古斯丁的门徒、写过七卷《反异教史》的保罗·俄罗修斯（Paulus Orsius），史称"最后一个罗马人"的波伊修斯（Boethius），二十卷《词源》的作者伊西多尔（Isidoro di Siviglia），《英国教会史》的作者比德（Beda il Venerabile）、圣维克多的理查德（Richardo di San Vittore），以及阿奎那在巴黎大学任教时的论辩对手希吉尔（Sigieri di Brabante）。这些灵魂加上阿奎那本人，一共不过是十八位圣贤。太阳天何其辽阔，这些对神学与哲学深有研究的灵魂，其居所该是太为寂寥了。即便太阳天转过一圈，带动邻圈相继转动，传出曼妙远胜于缪斯与塞壬的歌声之后，复有方济各会会长波纳文图拉（Bonaventura）引介先知拿单，圣维克多的于格等另一批灵魂，太阳天但丁所闻的灵魂总数，未过三十。

这里涉及到基督教神学的复活概念。《哥林多前书》中圣保罗说："在亚当里众人都死了，照样在基督里众人都要复活。"（15：22）这是基督教教义的核心，显示耶稣受难殉道然后复活，如如何大不同于亚当必死的样板。有人问保罗道，死人怎样复活，带着什么样的身体来呢？换言之，我们在彼岸世界的复活，是肉体的复活呢，还是精神的复活？还是肉体精神兼而有之？保罗认为这个问题问得无知，不过还是耐心作了回答。他的回答是，世俗的必死的身体，和神圣的永恒的身体不是一回事情。具体说，就是肉体各有不同，人是一样，兽又是一样，鸟又是一样，鱼又是一样。有天上的形体，也有地上的形体。天上形体的荣光是一种样式，地上形体

---

① 但丁：《神曲·天国篇》，田德望译，人民文学出版社，2002年，第574—575页。
② 同上，第575页。

的荣光又是一种样式。正好比日有日的荣光，月有月的荣光，星有星的荣光，这颗星和那颗星的荣光，又各不相同。所以：

> 死人的复活也是这样：所种的是必朽坏的，复活的是不朽坏的；所种的是羞辱的，复活的是荣耀的；所种的是软弱的，复活的是强壮的；所种的是血气的身体，复活的是灵性的身体。（15：41—44）

这是说，肉体的身体必然死亡，但是精神的身体将得到复活永生。但问题是，精神的身体还是身体吗？假如还是身体的话，天堂的空间里灵魂复活世世代代源源不断而来，它容纳得下吗？是不是会显得拥挤？

加拿大圣经学者泰伦斯·帕内伦（Terence Penelhum），在他的《基督教来世观》一文中，就对保罗的复活理论提出了一个问题。他认为这个问题虽然在历代基督教思想家看来不足一道，其实不然。即是说，如果我们每一个人，或者每一个得到拯救的人，因为上帝的恩宠重获身形，而且比当初的血肉之躯更荣耀、更强壮，那么我们如何能说，这个未来的灵性的身体是我们自己呢？难道他不是我们的一个副本，一个复制品吗？帕内伦注意到这个问题表面上看是不难解释的。比如可以说在死亡和复活之间，人是存在于灵魂或者说精神的状态，依然保留了原来的身份。这和柏拉图的灵魂不死说一脉相承，事实上也是普遍流行的解释。但是帕内伦认为这个解释没有说到点子上，而且本身就有漏洞：

> 我们坚持没有身体的存在，这意味着什么？脱离肉体的人对肉身所为是一无所能的，他不能走路、跑步、坐下、说话、唱歌、微笑、大笑、哭泣、招手甚或握手。所以显而易见，脱离身体的存在是看不见、听不到、摸不着的。他们不可能彼此相遇，更不用说和我们交流了。许多人相信死后的生活，相信灵魂可以同肉体分开。但是事实上他们是把人的生理的特点加在灵魂之上，这和他们说灵魂没有肉体，是自相矛盾的。①

没有身体的存在，对于生命意味着什么？一切永生的期望，假如脱离了肉体，是不是还称其为永生？至少在帕内伦看来，让没有身体的精神来承担某人死后的身份特征，是颇为怀疑的。比较佛教的轮回转世信念，和道教曾经乐此不疲的长生演

---

① Harold Coward ed. *Life After Death in World Religions*, New York：Orbis Books, 1997, pp. 45—46.

练，基督教的复活信念无疑具有更多形而上层面的阐释空间。但丁的空间神学在这一背景上看，应要纯粹得多。天国空间虽然等级分明，但是圣人的灵魂按其生前功德，在天国的地图上各各按部就位，跟凡俗身体的悲欢离合、喜怒哀乐，毫不相干。灵魂也有热情，如波纳文图拉言："托马斯兄弟的热情慷慨和中肯的言语感动了我赞颂起这样一位伟大的勇士，也感动了同我在一起的这些伙伴。"① 这位伟大的勇士是圣多明我。多明我会是托马斯·阿奎那的教团。圣人到了天堂，四海之内皆兄弟，生前的恩恩怨怨一笔勾销。灵魂的情感再是热烈，那也是神圣的情感，同身体已经没有关系了。

但丁的天国，作为一个虚构空间，虽然再是虚无缥缈，再是唯独凭借声音和音乐来传达它的荣耀，最终是以盛开的白玫瑰形象，向但丁展示了超凡脱俗的美丽。安贝托·艾柯的《传奇地方书》中，最后援引的一段文字，便是《神曲》第三十一章开篇最高天上巨大的白玫瑰意象：

> 基督用自己的血使它成为他的新娘的那支神圣的军队，以纯白的玫瑰花形显现在我跟前；但那另一支军队——它在飞行的同时，观照并歌颂那令它爱慕者的荣耀，歌颂那使得它如此光荣的至善——好像一群时而进入花丛，时而回到它们的劳动成果变得味道甘甜之处的蜜蜂似的，正降落到那朵由那么多的花瓣装饰起来的巨大的花中，又从那里重新向上飞回它的永久停留之处。他们的脸全都像灿烂的火焰，翅膀像黄金的颜色，其余部分如此洁白，连雪都达不到那样白的程度。当他们降落到那朵巨大的花中时，他们就把振翅向两胁扇风时获得的平安和热爱传送给那一级一级的座位上的灵魂。②

但丁终于亲眼看到了基督耶稣的两支军队。一支是历代圣徒的灵魂，但丁说基督用自己的血使这支神圣的队伍成为了他的新娘，以洁白的重重叠叠的巨大白玫瑰形象展现出来。另一支军队是振翅飞翔的天使，他们看到了基督的荣光，对基督满心爱戴，就像一群群蜜蜂，时而飞入花丛，时而返归蜂巢，那是天使们的永久停留之所，也就是上帝的身旁。天使有金色翅膀，色若火焰，然其余一切洁白，白过白雪。天使往来穿梭，给排排坐定的神圣灵魂送达平安与爱，却不妨碍众灵魂们瞻仰头顶上方上帝的光芒。这是天国至高点上的空间图像，用但丁的话说，是因为上帝

---

① 但丁：《神曲·天国篇》，第586页。
② 同上，第679页。

的光按各部分所配接受的程度，普照整个宇宙，任何事物都阻碍不了。而在这个至
福至乐王国的席位上，坐满了《旧约》与《新约》中的人物，目不转睛地注视着唯
一的目标，那就是上帝的方位所在。但丁对白玫瑰的描写，无疑给艾柯造成了极为
深刻的影响，以至于有意将这一段文字，作为他空间批评奇书《传奇地方书》的压
轴之页。艾柯对此的评价是：

> 即便是不相信天国的人，无论是地上的还是天上的，假若他们看一眼
> 多雷的"白玫瑰"插图，读一读但丁的相关文本，他们就会明白，那一景
> 象是我们想象世界的真实部分。①

　　多雷（Gustave Doré）是 19 世纪法国著名插图画家。他为《神曲》所作的精致
不下铜版画的通页木刻插图，是嗣后《神曲》版本的插画标配。多雷的"白玫瑰"
以光芒四射的上帝居所为中心，一圈一圈在密密层层的天使中间荡漾开来，太古的
时间深邃与无限的空间延伸并呈。艾柯没有说错，结合但丁的文字描写，那是天国
理念付诸视觉的真实图景，它令一切琼楼玉宇的极乐世界想象，黯淡无光。

---

① Umberto Eco, *The Book of Legendary Lands*, English trans. Alastair McEwen, London：MacLe-
hose Press, 2013, p. 441.

西方理论视野下的宋学精神与北宋审美

李昌舒 *

内容提要：

宋代是中国古代社会一个承上启下的转折点，其中，北宋士人所开创的宋学精神最为重要。面对层层积累的前人历史，如何别开蹊径，开创出新的思想，这是北宋士人迫切需要解决的问题。这涉及到阐释学，阐释学既是中国古代已有的思想，也是西方的一个学术流派。北宋士人从自己的现实处境出发，以经世致用作为"前概念"，通过开拓、创造、怀疑和议论，对前人成果进行再创造性解释，将历史的文献转化为当下的话语，构建了独具特色的宋学。不仅是阐释学，其他西方当代理论对于深入理解宋学精神也有启发意义。宋学精神对于北宋审美具有重要影响，同样是通过对前人的接受与阐释，北宋士人在文、诗、词、书法、绘画等方面均别开生面，创造了中国古代美学史上又一个高峰，并且对此后的中国美学史产生深远影响。

关键词：

西方理论；阐释学；宋学精神；北宋审美

宋代是中国古代近世社会的开端，这也就是学界常说的唐宋转型。可以说，宋代是一个承上启下的时代。承上启下的第一步是承上，也就是如何处理与以往思想文化的关系问题。清人蒋士铨说："唐宋皆伟人，各成一代诗。变出不得已，运会

---

* 李昌舒，男，1972年生，安徽肥西人。现为南京大学文学院教授。主要研究方向为中国古典美学、美学原理。本文系南京大学新时代文科研究基金项目"中国士人美学通史"的阶段性成果。

实迫之。格调苟沿袭，焉用雷同词？宋人生唐后，开辟真难为。"① 这虽然是针对宋诗而言，也适用于整个宋代思想文化。面对唐代以及此前层层积累的历史遗产，宋人在"不得已"的情况下，只有"变会"，才能"开辟"，创造出属于自己的思想文化。这与阐释学思想密切相关，阐释学（又译作"诠释学""解释学""释义学"等）既是兴起于欧洲的一个学术流派，在中国古代也是一个源远流长的学术思想。周光庆说："孔子首创了名曰'述而不作'实为'寓作于述'的文化经典解释方针，而以后的历代哲人学者，都在各自时代历史使命的感召下，极为重视变革旧的解释方法论，创建新的解释方法论，并因此而引起激烈的论争……于是，在中国文化思想发展史上，文化经典解释观念和解释方法的革新，常常成为新思想、新学说乃至新的文化思潮产生的契机。"② 可以说，通过对古代经典的阐释，建立新的思想文化，这是中国古代的一个传统。在此意义上，引入西方阐释学的思想，对北宋士人开创的宋学进行解读，是可行而且必要的。宋学有广义、狭义之分，就狭义而言，宋学是一种阐释经典的方法论，漆侠说："与汉学相对立，宋学是对探索古代经典的一个巨大变革。"③ 就广义而言，宋学是包含美学以及各种思想在内的宋型文化。④ 宋学的核心是宋学精神，陈植锷将宋学精神概括为四个方面：议论精神、怀疑精神、开拓精神和创造精神、实用精神。⑤ 本文主要围绕这几点展开探讨。

一、阐释学视野下的宋学精神

伽达默尔的一个重要思想是"前理解"。他说："每一时代都必须按照它自己的方式来理解历史流传下来的本文，因为这本文是属于整个传统的一部分，而每一时代则是对这整个传统有一种实际的兴趣，并试图在这传统中理解自身。当某个本文对解释者产生兴趣时，该本文的真实意义并不依赖于作者及其最初的读者所表现的偶然性。至少这种意义不是完全从这里得到的。因为这种意义总是同时由解释者的

---

① 蒋士铨著，邵海清校，李梦生笺：《辩诗》，《忠雅堂集校笺》，上海：上海古籍出版社，1993 年，第 986 页。
② 周光庆：《中国古典解释学导论》，北京：中华书局，2002 年，"绪论"第 3 页。
③ 漆侠：《宋学的发展和演变》，石家庄：河北人民出版社，2002 年，第 3 页。
④ "宋学有广义和狭义之分：广义的宋学，应包括宋代的儒学、史学、文学，乃至目录学和金石学等；狭义的宋学则指宋代各种新的儒家学派，也就是宋代的经学和哲学。"见何忠礼：《论宋学的产生和衰落》，《福建论坛》（人文社科版）2001 年第 5 期。
⑤ 陈植锷：《北宋文化史述论》第三章第四节，北京：中国社会科学出版社，1992 年。

历史处境所规定的，因而也是由整个客观的历史进程所规定的。"① 这段话的启发意义在于：北宋士人如何"按照他自己的方式来理解历史流传下来的本文"？如何"在这传统中理解自身"？如何从"解释者的历史处境"出发，将对唐人"本文""意义"的"解释"与宋人自己的创新相统一？从客观现实来说，北宋发展到仁宗庆历年间，在稳定繁荣的外表下，是积弱积贫的现状；从主体精神来说，科举出身的新型士人具有强烈的济世精神，范仲淹所说的"以天下为己任"，可以说是他们的集体意识。二者相结合，忧患意识和改革呼声成为北宋士人的普遍特征，这是宋学精神的现实根源，是宋人作为"解释者"的"历史处境"，北宋士人正是带着这种"前理解"去"理解历史流传下来的本文"。

梁启超说："中国于各种学问中，惟史学为最发达。史学在世界各国中，惟中国为最发达（二百年前，可云如此）。"② 北宋史学即使是在中国，也是最发达的。欧阳修、宋祁的《新唐书》，欧阳修的《新五代史》，司马光的《资治通鉴》，李焘的《续资治通鉴长编》等，名家名作辈出。其中最著名的史学家当属司马光与欧阳修。司马光著《资治通鉴》的目的是"叙国家之盛衰，著生民之休戚，使观者自择其善恶得失，以为劝戒"③，神宗阅后，认为该书"神宗皇帝以鉴于往事，有资于治道，赐名曰资治通鉴。"④ 欧阳修则以一己之力，持续三十年，撰写《新五代史》。由于是私人撰写，缺乏官修史书的各种条件，漫长的撰写时间几乎伴随了欧阳修全部的政治生涯，其间因为官职变动带来的流离动荡，其困难是难以想象的。支撑他的，也许就是如下的观点："前日五代之乱可谓极矣……今宋之为宋，八十年矣……一切苟且，不异五代之时，此甚可叹也。"⑤ 此文写于仁宗庆历二年，由于承平日久，产生诸多弊端，但说"不异五代"，肯定是夸大其词了。但关键不在于现实是否如此，而在于欧阳修等人的认识。作为庆历士人，改革是他们最突出的诉求，为了推动改革，必然要强调当下现实的危机，由此出发，将这种危机与殷鉴不远的五代相比较。出于同样的原因，欧阳修在撰写《五代史》时，一改《旧五代史》中的写法、观念，着重于构建符合自己理想的历史叙事。美国学者戴仁柱认为：《新五代史》"通过充分地梳理文本以使得写作更注重叙述、阐释而不是受制于历史记载，作者同时让每一个历史故事获得文学和历史的双重效果。众多的围绕着

① 汉斯-格奥尔格·伽达默尔：《诠释学 I：真理与方法》（修订译本），洪汉鼎译，北京：商务印书馆，2010 年，第 419 页。
② 《中国历史研究法》，上海：上海古籍出版社，2006 年，第 13 页。
③ 司马光编著：《资治通鉴》，北京：中华书局，2013 年，第 1831 页。
④ 同上，第 24 页。
⑤ 欧阳修著，李逸安点校：《欧阳修全集》，北京：中华书局，2001 年，第 862—863 页。

道德主题的传记（像政治修身）展现出对当时历史的哲学意义上的鲜明挑战和冲击"。① 这说明欧阳修是为了改变晚唐五代以来的道德观念，建构新的人格理想，撰写《新五代史》。

正是带着这种"前理解"，为了符合自己的"期待视野"，欧阳修将文学手法、经学思想融入历史叙事中，使《新五代史》呈现出完全不同于《旧五代史》的内容和形式。姜海军说："身处于北宋'经学变古'时代的欧阳修，为当时社会思潮转变的真正领袖。他将经学、史学、文学等新思想与新方法融入到《新五代史》的撰写之中，对五代历史作了全新的建构与诠释，最大限度地发挥史学经世致用的价值与意义，改变了《旧五代史》资料汇编、史料堆砌的简单做法，由此实现了（义）'道'、（事）'学'、'文'三者的合一，也实现了欧阳修'文以载道'与'以史明道'的思想主张。"② 经世致用是北宋学术思想的根基，③ 是欧阳修费尽心血，重新解释五代史的用意所在。伽达默尔说："所谓解释正在于：让自己的前概念发生作用，从而使文本的意思真正为我们表述出来……文本应该通过解释而得到表述……传承物的历史生命就在于它一直依赖于新的占有和解释……一切解释都必须受制于它所从属的诠释学境况。"④ 对尧舜禹时代的向往，对晚唐五代及宋初百年政治、思想的不满，这就是欧阳修、以及绝大多数北宋士人"所从属的诠释学境况"。因为这种"前概念"，欧阳修从当下出发，回溯历史，通过对历史材料的"新的占有和解释"，再回应当下。这是一个由今而古、由古而今的往复循环的过程，在这一过程中，新的思想观念得以建立。

美国学者海登·怀特说："历史叙事不仅是有关历史事件和进程的模型，而且也是一些隐喻陈述，因而暗示了历史事件和进程与故事类型之间的相似关系，我们习惯上就是用这些故事类型来赋予我们的生活事件以文化意义的。"⑤ 欧阳修对冯道和王彦章的历史叙事典型体现了这种"隐喻陈述"的思想。冯道在五代时期历仕四朝十君，有名的"不倒翁"，深受时人推崇，直到宋初所修的《旧五代史》，仍然是被正面评价的形象。但到了《新五代史》，其形象则发生了逆转："予读冯道《长乐

① 戴仁柱：《〈新五代史〉英文版序言》，马佳译，《安徽师范大学学报》（人文社科版）2006 年第 3 期。
② 姜海军：《新旧〈五代史〉编纂异同之比较》，《史学史研究》2013 年第 3 期。
③ 漆侠说："宋学不仅为学术的探索开创了新局面，它的强大的生命力和突出的特点还表现在，把学术探索同社会实践结合起来，力图在社会改革上表现经世济用之学。"见漆侠：《宋学的发展和演变》，第 6 页。
④ 汉斯-格奥尔格·伽达默尔：《诠释学 I：真理与方法》（修订译本），第 558—559 页。
⑤ 海登·怀特：《话语的转义——文化批评文集》，董立河译，郑州：大象出版社，2011 年，第 95—96 页。

老叙》，见其自述以为荣，其可谓无廉耻者矣，则天下国家可从而知也。"① 值得注意的是最后一句话：欧阳修之所以不同时论，将冯道作为反面典型，其用意在于矫正时风，倡导名节，以达到经世致用的效果。出于同样的原因，后梁的王彦章被欧阳修作为正面形象大加推崇，不仅在《新五代史》中被列入《死节传》，而且在《王彦章画像记》中得到更为全面的刻画："五代终始才五十年，而更十有三君，五易国而八姓，士之不幸而出乎其时，能不污其身得全其节者鲜矣。公本武人，不知书，其语质，平生尝谓人曰：'豹死留皮，人死留名。'盖其义勇忠信，出于天性而然。予于《五代书》，窃有善善恶恶之志。至于公传，未尝不感愤叹息，惜乎旧史残略，不能备公之事。"② 显然，贬抑冯道与褒扬王彦章是出于同样的原因："劝戒切，为言信，然后善恶明。"③ 倡导名节，重视忠义，这是北宋士人的一个突出特征，与欧阳修这一批庆历士人密不可分，历来论者对此已多有揭示。④ 可以说，欧阳修的《新五代史》对于形塑这种人格起到了重要作用。正如陈寅恪先生所说："欧阳永叔少学韩昌黎之文，晚撰五代史记，作义儿冯道诸传，贬斥势利，尊崇气节，遂一匡五代之浇漓，返之淳正。故天水一朝之文化，竟为我民族遗留之瑰宝。孰谓空文于治道学术无裨益耶？"⑤ 伽达默尔的诠释学注重的是读者对作品的理解与接受，欧阳修的史学同样如此，立足于当下建构新型人格的需要，通过对历史的重新解读与叙事，确立属于北宋自己的人格范式，简而言之，为了立新而述史，或者说，述史以立新。

这并非欧阳修个人，也并非《新五代史》的个别思想，而是当时社会的普遍思潮。《新五代史》所模仿的对象《春秋》普遍受到北宋大多数士人的推崇，其原因就是孟子所说的："孔子成《春秋》而乱臣贼子惧。"⑥ 与孔子作《春秋》的历史背景很相似，五代十国时期，王纲毁坏，朝代更替频繁。为了政权的长治久安，北宋士人大多重视《春秋》。石介说得很明确："昔者孔子修《春秋》，明帝王之道，取三代之政。"⑦ 可以说，重视《春秋》、解释历史的目的是重建当下的纲常秩序。诚

① 欧阳修撰，徐无党注：《新五代史》，北京：中华书局，1974 年，第 611 页。

② 欧阳修著，李逸安点校：《欧阳修全集》，北京：中华书局，2001 年，第 570 页。

③ 欧阳修撰，徐无党注：《新五代史》，第 21 页。

④ 《宋史》卷 446《忠义传序》指出："真、仁之世，田锡、王禹偁、范仲淹、欧阳修、唐介诸贤，以直言谠论倡于朝。于是，中外缙绅，知以名节相高，廉耻相尚，尽去五季之陋矣。"脱脱等撰：《宋史》，北京：中华书局，1977 年，第 13149 页。

⑤ 陈寅恪：《赠蒋秉南序》，载《寒柳堂集》，北京：生活·读书·新知三联书店，2011 年，第 182 页。

⑥ 《孟子·滕文公下》，朱熹撰：《四书章句集注》，北京：中华书局，1983 年，第 273 页。

⑦ 陈植锷点校：《徂徕石先生文集》，北京：中华书局，1984 年，第 81 页。

如欧阳修《徂徕石先生墓志铭》评价石介："其遇事发愤，作为文章，极陈古今治乱成败，以指切当世。"[1] 在这种思潮的推动下，科举考试也发生了相应的改革。庆历新政的一个重要内容是科举改革，在范仲淹、欧阳修等人的推动下，"先策论，则文词者留心于治乱矣；简程式，则闳博者得以驰骋矣；问大义，则执经者不专于记诵矣。"[2] 这是从形式到内容的全面改革，突出的是经世致用的现实意义。

意大利学者克罗齐有一句流传甚广的名言："一切真历史都是当代史。"[3] 在克罗齐看来，"历史就在我们每个人身上，它的源泉就在我们自己的胸中。因为只有在我们自己胸中才能找到那个熔炉，它把确凿的变为真实的，使语言学与哲学携手来产生历史。"[4] 借用这段话来理解北宋史学的发达，似乎是可以的。历史的意义在于"监前世之兴衰，考古今之得失"[5]，通过对过往历史的阐释，为当下现实提供借鉴、参考。也就是说，只有经过当代人"自己胸中"的"熔炉"，历史才是有意义的。赵汀阳说："中国有个以历史为本的精神世界，或者说，历史乃中国精神世界之根基……中国文明之所以始终以历史为本，在于把历史变成了方法。方法不是教义，而是不断生长的开放经验。"[6] 这是说，中国史学之所以发达，在于述史以立新，也就是通过自己理解的"熔炉"以"产生历史"，创造新的历史。按照前引伽达默尔的观点，北宋士人从他们"所从属的诠释学境况"，为了实现再现三代盛世的理想，对历史文本进行符合自己需要的阐释，使阐释对象呈现出新的意义。苏轼评价王安石说："少学孔孟，晚师瞿聃。网罗六艺之遗文，断以己意；糠秕百家之陈迹，作新斯人。"[7] 陈植锷说："'断以己意'和'作新斯人'理解成褒语，则恰好总结了宋学创造精神的两个方面：自得和创造。"[8] 可以说在此意义上，苏轼的这段话不仅适用于王安石，而且适用于苏轼本人以及大多数北宋士人。

---

① 欧阳修著，李逸安点校：《欧阳修全集》，第 506 页。

② 陈邦瞻编：《宋史纪事本末》，北京：中华书局，1977 年，第 369 页。

③ 贝奈戴托·克罗齐：《历史学的理论和实际》，傅任敢译，北京：商务印书馆，1986 年，第 2 页。

④ 彭刚：《精神、自由与历史：克罗齐历史哲学研究》，北京：清华大学出版社，1999 年，第 37—38 页。商务印书馆译本在文字上略有不同，参见《历史学的理论和实际》第 14 页。彭刚在注释中说："克罗齐此书所说的语言学（philology）相当于我们一般所谓文献学和考证学。"

⑤ 司马光编著：《资治通鉴》，第 8018 页。

⑥ 赵汀阳：《历史·山水·渔樵》，北京：生活·读书·新知三联书店，2019 年，第 1—2 页。

⑦ 《王安石赠太傅制》，孔凡礼点校：《苏轼文集》，北京：中华书局，1986 年，第 1077 页。

⑧ 陈植锷：《北宋文化史述论》，北京：中国社会科学出版社，1992 年，第 303 页。

二、宋学精神：怀疑与议论

宋之为宋，或者说宋学的确立始于仁宗庆历年间，这是学界共识。宋学首先表现为对经典的怀疑精神。不仅怀疑汉唐的各种注疏——疑传，而且怀疑古代的经典本身——疑经。南宋朱熹说："旧来儒者不越注疏而已，至永叔（欧阳修）、原父（刘敞）、孙明复（孙复）诸公，始自出议论。"① 所谓"自出议论"，就是对以往经典及注释的怀疑，并提出自己的见解，这也就是学界常说的"宋人好议"，历来论者对此已有充分探讨，诚如皮锡瑞所说，这是一个"经学变古的时代"。

欧阳修《读书》诗："是非自相攻，去取在勇断。"② 它充分说明了宋人的怀疑和议论精神。自从汉武帝将儒家作为官方意识形态，儒家经典、以及对经典的注疏就是后世所无法回避的文本，宋人既然在政治上希望超越汉唐，在学术思想上同样也要超越，程颐说："学者要先会疑。"周裕锴说："这种怀疑精神已超越经学的领域，而具有一般方法论的意义，宋人读史书，读诸子，读诗文，无不置一'疑'字。"③ 怀疑是一种否定，一种超越，是为了建构新的话语体系扫清障碍。朱国华关于布尔迪厄"场域"的阐释颇具启发性："当一个场域处于激烈的变革状态中时，保守策略和颠覆策略的符号斗争就成为场域的一般特性……心怀不满的新锐们则往往通过重新命名的区隔策略来进行符号斗争，这种命名通过有利于自己的合法性定义推翻原有的场域话语的有效性和合法性，或者另起炉灶，将原有话语一脚踢开；或者将原有话语降格为自身话语的一个次要步骤，或收编为自己的有机组成部分。由此把自己区隔为场域历史的真正继承人，而把对手区隔为落伍者，并试图将他们放逐到场域的边缘。新锐们也因此重写属于自己的场域历史。"④ 这其实是一种话语权的争夺，怀疑、否定已有的权威是为了确立自己的话语权。福柯认为："在每个社会，话语的生产是同时受一定数量程序的控制、选择、组织和重新分配的。"⑤ 话语即权力，话语意味着影响、控制社会思想的权力。福柯的另一段话是颇具启发性

① 黎靖德编：《朱子语类》卷八〇，北京：中华书局，1985年，第2089页。
② 欧阳修著，李逸安点校：《欧阳修全集》，第139页。
③ 周裕锴：《中国古代阐释学研究》，上海：上海人民出版社，2003年，第208页。
④ 朱国华：《权力的文化逻辑：布迪厄的社会学诗学》，上海：上海人民出版社，2016年，第114—115页。
⑤ 福柯：《话语的秩序》，肖涛译，收入许宝强等编《语言与翻译中的政治》，北京：中央编译出版社，2001年，第3页。

的："我们应该承认，权力制造知识（而且，不仅仅是因为知识为权力服务，权力才鼓励知识，也不仅仅是因为知识有用，权力才使用知识）；权力和知识是直接相互连带的；不相应地建构一种知识领域就不可能有权力关系，不同时预设和建构权力关系就不会有任何知识。"① 北宋士人兼具"文"—"官"双重身份，知识和权力是他们身份的必然属性，他们也必然要通过自己的双重身份建构新的话语。"福柯告诉我们，要实现话语祛序，必须坚持两种分析方法，即批判（critique）分析和谱系（genealogique）分析。批判是否定，谱系是否定的实现机制。"② 北宋盛行"道统说"，无论是欧阳修、苏轼，还是石介、二程，对此都十分热衷，其背后的原因也许就是通过"谱系"的否定与重构来确立自己的话语。这既是对已有的汉唐注疏甚至儒家经典的怀疑，也是对建构自己新学说的自信，一言以蔽之，破旧以立新。欧阳修的一段话颇具代表性：

> 余尝哀夫学者知守经以笃信，而不知伪说之乱经也，屡为说以黜之。而学者溺其久习之传，反骇然非余以一人之见，决千岁不可考之是非，欲夺众人之所信，徒自守而世莫之从也。余以为自孔子殁，至今二千岁之间，有一欧阳修者为是说矣。又二千岁，焉知无一人焉，与修同其说也？又二千岁，将复有一人焉。然则同者至于三，则后之人不待千岁而有也。同予说者既众，则众人之所溺者可胜而夺也……是则余之有待于后者远矣，非汲汲有求于今世也。③

怀疑与否定、自信与立新是这段话的核心思想，也许可以说，这也是整个宋学的关键词。数千年中国古代史，士人政治地位最高的当属宋代，"朝为田舍郎，暮登天子堂"的关键在于读书。用我们今天的一句常用语来说：知识改变命运。对宋人而言，知识不仅能改变他们个人的命运，也可以改变国家的命运。他们没有门阀士族的政治、经济的强大支撑，通过读书跻身仕途，参与朝政，自然也要通过所读之书来治理国家。因此，北宋士人的读书具有强烈的政治实用态度。换句话说，学以致用，学术为现实政治服务。张载说："朝廷以道学政术为二事，此正自古之可

---

① 福柯：《规训与惩罚》，刘北成等译，北京：生活·读书·新知三联书店，2003 年，第 29 页。
② 张一兵：《从构序到祛序：话语中暴力结构的解构》，《江海学刊》2015 年第 4 期。
③ 欧阳修著，李逸安点校：《欧阳修全集》，第 615 页。

忧者。"① 今人余敦康总结说："'明体达用'四个字可以看作是儒学复兴运动的纲领。"② 学术与政事是体用的关系，借用张载的话说，"道学"为体，"政术"为用，体用一如。

从"庆历新政"到"熙宁变法"，北宋的政治改革均以学术的改革为先导。值得注意的是，宋学的兴起与繁荣与此交织在一起。清人全祖望的一段话是论者屡屡引用的："庆历之际，学统四起。"③ 面对唐五代、以及宋初的强大的历史传统，庆历士人必须"另起炉灶，将原有话语一脚踢开"，才能建立新的属于自己的权威。石介是一个典型。他在时政上抨击仁宗时期因循守旧、静默无为的政治作风，推崇改革；在思想上排斥佛、道，推崇儒家，重构儒家"道统"；在文学上攻击杨亿等人骈俪华美的"西昆体"，推崇古文。其《怪说》云："夫尧、舜、禹、汤、文王、武王、周、孔之道，万世常行不可易之道也。佛、老以妖妄怪诞之教坏乱之，杨亿以淫巧浮伪之言破碎之……吾不可不反攻彼也。"④ 按照福柯关于话语的观点，"在话语评论网的内部塑形栅格中，一边是无数的次等话语大量被剔除和忘却，另一边则不停地建构出所谓原创性的经典文本。"⑤ 正是为了建构新的话语，庆历之际，学术思想与文艺审美开始兴盛，欧阳修等人的古文与史学、梅圣俞等人的诗歌、宋初三先生的经学、周敦颐与二程的理学，奠定了宋学的基础。

熙宁变法时，王安石面对的是庆历士人百花齐放的思想现状。既然学术与政治是体与用的关系，这种百花齐放也在一定程度上造成了思想混乱、无所适从。王安石在变法之前对神宗说的一段话是学界屡屡引用的："学术不一，一人一义，十人十义。朝廷欲有所为，异论纷然，莫肯承听。此盖朝廷不能一道德故也。"⑥ 因此，为了推行政治新法，在思想上"一道德"、即统一思想也就是必要前提。王安石在《答王深甫书（其二）》中说："古者一道德以同天下之俗，士之有为于世也，人无异论。"庆历时期的改革者经历过多年为官之后，大多成为改革的反对者，用前引朱国华的话说，庆历时期作为"新锐"的改革者，如今却成为"原有话语"的保守者。庆历士人及其后继者将"怀疑"与"好议"的特长相结合，既形成了学术思想

① 张载著，章锡琛点校：《张载集》，北京：中华书局，1978 年，第 349 页。

② 余敦康：《内圣外王的贯通》，上海：学林出版社，1997 年，第 10 页。

③ 《宋元学案》卷首（序录），北京：中华书局，1986 年，第 2 页。

④ 石介著，陈植锷点校：《徂徕石先生文集》，北京：中华书局，1984 年，第 63 页。

⑤ 张一兵：《从构序到祛序：话语中暴力结构的解构》，《江海学刊》2015 年第 4 期。

⑥ 马端临著，上海师范大学古籍研究所，华东师范大学古籍研究所点校：《文献通考》，北京：中华书局，2011 年，第 907 页。

上百家争鸣的繁荣，又成为政治上推行改革的绊脚石。① 为了踢开这些绊脚石，建立自己的话语，王安石亲自主持编写了《三经新义》，这既是宋人"自出议论"的一个巅峰，因为"三经"即《周礼》《尚书》《诗经》文本自身与王安石《新义》的思想有很大不同，王安石只不过是借用它们来推行自己的新法，这也就是学界常说的"托古改制"；② 同时又是思想专制的开端，对宋代此后的政治、思想发展具有重要影响。③ 但熙宁变法并没有直接导致学术和文艺的衰落，这一方面是由于庆历士风的强大惯性尚存，从庆历时期成长起来的士人在熙宁、元丰年间大多仍处于思想的活跃期；另一方面是由于神宗和王安石的宽容，他们对于反对者并不严厉惩罚，王安石本人就是在庆历时代氛围中成长起来的，对于思想和文艺有亲切的理解，他的新学思想和文学创作都有很高的成就，是宋学繁荣的一个组成部分。因此，王安石变法时期，学术和文艺反而是达到了一个创造高峰，司马光的《资治通鉴》、苏轼等人的诗文词赋、张载与二程的哲学，以及大多数没有流传下来的新党士人的著作④都是充分的例证。

但苏轼对王安石的指责其实预见了将学术话语上升为政治权力之后的后果。⑤鲍曼说："确定性是一种有待于通过目的性的活动实现并维持的东西。事实上，人

---

① 《宋史·食货志序》论曰："谋国者处乎其间，又多伐异而党同，易动而轻变。殊不知大国之制用，如巨商之理财，不求近效而贵远利。宋臣于一事之行，初议不审，行之未几，既区区然较其失得，寻议废格。后之所议未有以愈于前，其后数人者，又复訾之如前。使上之为君者莫之适从，下之为民者无自信守，因革纷纭，非是贸乱，而事弊日益以甚矣。世谓儒者论议多于事功，若宋人之言食货，大率然也。"脱脱等编：《宋史》，第 4156—4157 页。

② 《四库全书总目提要》卷十九《周官新义》："《周礼》之不可行于后世，微特人人知之，安石亦未尝不知也。安石之意，本以宋当积弱之后，而欲济之以富强，又惧富强之说必为儒者排击，于是附会经义钳儒者之口，实非真信《周礼》为可行。"

③ 余英时：《朱熹的历史世界：宋代士大夫的政治文化研究》（北京：生活·读书·新知三联书店，2011 年）对此有详细讨论。

④ 沈松勤说："由于新旧两党在交争中相互激化和恶化，这个集团在具体的政治实践中，对文学和学术的发展产生过严重的负面效应；而作为在党争中分野而形成的以王安石为中心、以王安石门生故吏为主干的文人群体，新党在创作上则取得了相当可观的成就……他们对繁荣北宋文学又具有不可磨灭的推进之功。"见沈松勤：《北宋文人与党争》，北京：人民出版社，1998 年，202 页。

⑤ "文字之衰，未有如今日者也。其源实出于王氏。王氏之文，未必不善也，而患在于好使人同己。自孔子不能使人同，颜渊之仁，子路之勇，不能以相移。而王氏欲以其学同天下！地之美者，同于生物，不同于所生。惟荒瘠斥卤之地，弥望皆黄茅白苇，此则王氏之同也。"（《苏轼文集》，北京：中华书局，1986 年，第 1427 页）程颐也有类似的感慨："本朝经术最盛，只近二三十年来议论专一，使人更不致思。"（程颢，程颐著，王孝鱼点校：《二程集》，北京：中华书局，1981 年，第 232 页）

类的行动能力成了压倒一切的力量，它调整着确定性，并使其他所有的对真理的要求都归于无效。新的确定性的基础就是权力与知识的结盟。只要权力与知识的联盟完美无缺，怀疑主义就没有根基。"① 这段话虽然是针对欧洲社会，但借用到北宋，似乎也是可以的。不仅是庆历新政与熙宁变法，此后的元祐更化、崇宁党禁、历次变革，都是对话语的争夺。这是中国古代士人"文"—"官"双重身份的体现，当"官"的权力与"文"的知识相结合、融为一体时，其话语的"确定性"是绝对的，一切异议或者说"怀疑主义"都"没有根基"。怀疑是宋学的基础，当它被否定之后，宋学的衰落也就顺理成章。徽宗时期，在权力与知识相互融合的话语控制下，出现了"崇宁党禁"乃至刻立"元祐党籍碑"，直接导致了北宋思想、文艺的萎缩。

三、宋学精神影响下的北宋审美

苏轼的一段话反映了北宋士人的普遍心态："故诗至于杜子美，文至于韩退之，书至于颜鲁公，画至于吴道子，而古今之变，天下之能事毕矣。"② 如何超越唐代，另辟蹊径，这是时代赋予他们的迫切问题。美国学者布鲁姆在《影响的焦虑》一书中说："诗的历史是无法和诗的影响截然区分的。因为，一部诗的历史就是诗人中的强者为了廓清自己的想象空间而相互'误读'对方的诗的历史。"③ 误读也就是创造性的阅读，从自己的"理解者的存在境域"出发，带着"前理解"，阐释历史文本。布鲁姆又说："本书的着眼点仅限于诗人中的强者。所谓诗人中的强者，就是以坚忍不拔的毅力向威名显赫的前代巨擘进行至死不休的挑战的诗坛主将们。"④ 也许可以说，欧阳修、苏轼等北宋士人也是这样的"强者"，他们面对的同样是"威名显赫的前代巨擘"，同样要"进行至死不休的挑战"。

最能体现宋学精神的当然是散文，可以说在一定意义上，正是为了表现怀疑、议论、开拓、创造以及实用的思想，才有了古文运动在北宋的复兴。在柳开、穆修等人之后，尹洙、欧阳修等人大多效仿韩愈，重振古文，欧阳修更是被称为当世韩愈，他们所继承并发展的正是韩愈等人的"重道"思想，学界对此已有详尽探讨，

---

① 齐格蒙·鲍曼：《立法者与阐释者：论现代性、后现代性与知识分子》，洪涛译，上海：上海人民出版社，2000 年，第 128 页。

② 《苏轼文集》，孔凡礼点校，北京：中华书局，1986 年，第 2210 页。

③ 哈罗德·布鲁姆：《影响的焦虑：一种诗歌理论》，徐文博译，南京：江苏教育出版社，2006 年，第 5 页。

④ 同上。

兹不赘论。其次是诗。严羽说："近代诸公乃作奇特解会，遂以文字为诗，以才学为诗，以议论为诗。"① 这段话虽然是批评的立场，却清晰揭示了宋诗与宋学精神的内在联系。换句话说，宋人将诗歌在一定程度上变成了散文，成为表现宋学精神的另一种文体。黄宗羲说："天下皆知宗唐诗，余以为善学唐者唯宋。"② 这话仅从字面上看，是有悖常识的，因为宋诗和唐诗的面貌大不相同，但宋人的"善学"在于如同唐人一样的创造精神。程千帆说："吴之振序其《宋诗钞》云：'宋人之诗变化于唐，而出其所自得，皮毛落尽，精神独存。'……其结果是产生了出于唐又异于唐的宋诗。"③ "自得"是宋学的一个关键词。二程说："学莫贵于自得，得非外也，故曰自得。"④ 不仅是理学，而且史学，文学艺术等，也许可以说，宋人最为重视的就是"自得"。陈植锷说："宋人治学既重'自得'与'独见'，由此再往前进一步也就是求'新'。"⑤ 如何求新？在诗歌上，是"以故为新，以俗为雅"。周裕锴说："从某种意义上来说，宋诗由沿袭走向新变，正以此八字为起点；宋诗的一切独创成就、本色特点，都与此八字分不开。"⑥ 面对唐人"能事毕矣"的现状，重要的不在于沿袭或回避历史之"皮毛"，而在于能否"精神独存"。黄庭坚说："虽取古人之陈言入于翰墨，如灵丹一粒，点铁成金也。"⑦ "灵丹一粒"就是"精神独存"之自得，能做到这一点，就无须回避"故""俗"，而是变之为"新""雅"，从而实现"夺胎换骨""点铁成金"，也许这就是"出于唐又异于唐"的一种表现。洪汉鼎说："由于阐释，我们与文本都发生改变，新的我们觉悟与新的文本意义产生出来，出现了一个新的阐释者和一个新的阐释对象。"⑧ 这段话用来说明宋人对唐诗乃至前人诗歌的继承与发展，似乎是可以的。然而，人非草木，孰能无情？北宋士人也有情感，在载道之外，也需要言情，这就促成了词的兴盛，学界对此已有充分探讨。缪钺说："词体……能摆脱文以载道、诗以言志的传统，而可以发抒作者幽约怨悱、不能自言之情。"⑨ 吴熊和说："宋人论诗、文，务在言志载道；论词则以

---

① 严羽著，郭绍虞校释：《沧浪诗话校释》，北京：人民文学出版社，1961 年，第 24 页。
② 《姜山启彭山诗稿序》，载黄宗羲著，陈乃乾编：《黄梨洲文集》，北京：中华书局，2009 年，第 351 页。
③ 《程千帆全集》第 11 卷，石家庄：河北教育出版社，2001 年，第 381 页。
④ 程颢、程颐著，王孝鱼点校：《二程集》，第 316 页。
⑤ 陈植锷：《北宋文化史述论》，第 306 页。
⑥ 周裕锴：《宋代诗学通论》，成都：巴蜀书社，1997 年，第 178 页。
⑦ 黄庭坚著，郑永晓整理：《黄庭坚全集》，南昌：江西人民出版社，2008 年，第 732 页。
⑧ 洪汉鼎：《论哲学诠释学的阐释概念》，《中国社会科学》2021 年第 7 期。
⑨ 《缪钺全集》第三卷，石家庄：河北教育出版社，2004 年，第 80 页。

缘情绮靡为尚，有着两种标准、两种尺度。"① 但不同于晚唐五代的花间词，借用王国维的观点，北宋士人将"伶工词"发展为"士大夫词"。有论者指出：从庆历到熙宁，再到元祐，"在此期间，这一代士大夫在现实困境中所遇到的苦闷与矛盾，往往是通过自己的文化修养进行有效的过滤；至其所不得已者，也并非由于现实遭际的困扰而哀怨无望，而是过滤之后所进入到的一种思理性层面，当它们寄寓于歌词之中，则由此思理性层面激发出深广阔大之气象，由此便形成词史上特有之'士大夫词'。"② 可以看出，这仍然是宋学精神的影响所致，是强烈的经世致用的实用精神作为"自己的前概念发生作用"。

宋学精神同样体现在书法上。欧阳修等庆历士人放弃了唐代以及宋初推崇备至的王羲之父子，转而选择与自己"期待视野"相符的典范。美国汉学家倪雅梅的两段话颇具启发性："他们的领袖候选人必须是一个靠才华和教育登上历史舞台的人，这个人的一生都要致力于维护思想与行动的儒家传统，并且要以庄重强劲的书法风格在当时闻名于世。他们所选择的这个人就是颜真卿。"③ 显然，这是按照宋人自己的理想去选择典范。典范的关键有两点：一是"靠才华和教育登上历史舞台"，这与北宋科举士人的身份是一致的，这一点十分重要，北宋作为中国古代史的一个转折点，一个重要原因就是科举出身的庶族士人取代了门阀士族成为政治、文化的主导者。二是"维护思想与行动的儒家传统"，科举士人没有家族可以依靠，他们只能依靠儒家思想作为自己的基础，这也是北宋重"道统"的根本原因。北宋之后，儒家思想兴盛，宋明理学成为主流，原因即在于此。"从某种意义上来说，典范的选择是至关重要的，并且这种选择必须建筑于书法家的品格之上，而不能仅仅基于他书法风格上的美感。学习者总是希望书法风格可以在某种程度上体现出自己的人格。如果他想把自己塑造成一个品德高尚的人，势必就要从书法史上选择一个有美德声望的典范。进一步说，如果一类人都选择同一个书法家作为典范，那么这个典范就将成为这一类人表达身份认同的手段。"④ 这段话显然已经越出了书法的范围，同样适用于北宋各个文艺门类对前人的接受与阐释。欧阳修之于韩愈散文，王安石之于杜甫诗歌，苏轼之于陶渊明、柳宗元诗歌，苏轼之于王维绘画，都可以从身份认同这个角度理解。

身份认同是近年来学术界关注的一个重要问题，查尔斯·泰勒认为："我们的认同，是某种给予我们根本方向感的东西所规定的，事实上是复杂的和多层次的。

---

① 吴熊和：《唐宋词通论》，杭州：浙江古籍出版社，1985 年，第 284 页。

② 马里扬：《北宋士大夫词研究》，北京大学博士学位论文，2012 年，第 15 页。

③ 倪雅梅：《中正之笔》，杨简茹译，南京：江苏人民出版社，2018 年，第 25 页。

④ 同上，第 9—10 页。

全部都是由我们看作普遍有效的承诺构成的，也是由我们所理解为特殊身份的东西构成的。"① 也许可以说，北宋士人正是从他们的"根本方向感"出发，为了维护并强化他们的"特殊身份"，从而选择了各种典范。对于没有家族门第可以依靠的北宋士人而言，他们必须通过建构与自己身份相同、趣味相投、诉求相同的士人共同体，共同体的建构既需要共识性的，也需要历史性的，前者是结盟，后者是尚"统"。② 就后者而言，就是从历史中选择对象并通过自己的阐释，建构属于自己的话语。卡西尔说："历史学不可能预告未来的事件，它只能解释过去。但是人类生活乃是一个有机体，在它之中所有的成分都是互相包含互相解释的。因此对过去的新的理解同时也就给予我们对未来的新的展望，而这种展望反过来成了推动理智生活和社会生活的一种动力。对于这种回顾和展望的双重世界观，历史学家必须选定他的出发点。他只有在自己的时代才能找到这个出发点。他不可能超越他现在的经验的状况。历史知识是对确定的问题的回答，这个回答必须是由过去给予的；但是这些问题本身则是由现在——由我们现在的理智兴趣和现在的道德和社会需要——所提出和支配的。"③ 这种"回顾和展望的双重历史观"与伽达默尔的"效果历史"十分相近，都是强调阐释者是从当下的现实需要出发，有选择地接受，并在对历史的阐述中，为当下和未来提供新的经典范式。

士人画同样是北宋士人从自己的现实境遇和身份出发，为了争夺士人在这一领域的话语，"由现在所提出和支配"的结果。北宋的绘画创作与画论都高度发达，其中苏轼的士人画理论对后世影响最人，它也是建立在对唐人的接受与阐释的基础上。苏轼《王维吴道子画》："吴生虽妙绝，犹以画工论。摩诘得之于象外，有如仙翮谢笼樊。吾观二子皆神俊，又于维也敛衽无间言。"④ 这奠定了后世绵延千年之久的文人画的开端，卜寿珊说："苏轼第一个从社会身份上来划分绘画。"⑤ 苏轼对吴道子和王维绘画的阐释来自于身份的认同，在唐人的画论中，无论是张彦远的《历代名画记》，还是朱景玄的《唐朝名画录》，吴道子的地位都远在王维之上，但王维的诗人身份更能被苏轼认同，清人王文诰对此诗的注云："道玄虽画圣，与文人气息不通；摩诘非画圣，与文人气息相通。此中极有区别。自宋元以来，为士大夫画

① 查尔斯·泰勒：《自我的根源：现代认同的形成》，韩震等译，南京：译林出版社，2001年，第 39 页。

② 参见王水照：《北宋的文学结盟与尚"统"的社会思潮》，载《王水照自选集》，上海：上海教育出版社，2000 年，第 105—130 页。

③ 恩斯特·卡西尔：《人论》，甘阳译，上海：上海译文出版社，2003 年，第 245—246 页。

④ 《苏轼诗集》，王文诰辑注，孔凡礼点校，北京：中华书局，1982 年，第 109 页。

⑤ 卜寿珊：《心画：中国文人画五百年》，皮佳佳译，北京：北京大学出版社，2018 年，第 46 页。

者，瓣香摩诘则有之，而传道玄衣钵者，则绝无其人也。"① 显然，苏轼"回顾和展望的双重历史观"是立足于自己诗人的身份，对唐代画家重新加以阐释，并为未来的绘画发展确立了新的经典范式。一个值得注意的现象是：（吴道子）"作为美术史上的一个时代，他所代表的既是一个高峰，又是一个终结。历史上再不会有一个以'匠作'的方式从事创造和总结的画家具有像他那样崇高的地位与受到像他那样的尊敬。历史上也不再会有一个画家仅仅以'绘画'的才能而获得他那样广泛的为上层文化所注目与首肯。"② 显然，这是苏轼及其以后的士人进入绘画领域后主宰话语的结果。

北宋百余年，文学、艺术、哲学、史学都有很高的成就，清末民初的陈衍说："诗莫盛于三元：上元开元、中元元和、下元元祐也。"③ 与其同时的沈曾植的理解略有不同："诗有元祐、元和、元嘉三关。"④ 元祐是哲宗的第一个年号，不仅是诗歌，包括思想文化、美学，元祐代表的北宋是中国古代历史上当之无愧的一个高峰。形成这一现象的原因当然有很多，其中也应当与宋人自觉地对前人的接受与阐释有关。潘德荣说："海德格尔的'此在诠释学'是典型的诠释哲学，它的基本前提是：把理解着、解释着的人视为'阐释的世界之源泉'，换言之，阐释的世界所表明的正是理解着的人类自身，并且，我们对这个世界的阐释也同时汇入了'阐释的世界'之中。通过这种形式，我们参与着历史，成为历史。"⑤ 北宋士人作为"阐释的世界之源泉"，从自己的现实境域出发，通过对前人的"理解"与"解释"，创造了宋学和美学，他们"参与着历史，成为历史"。正如本文开始所说的，他们实现了承上启下的使命。学术界对此已有共识，作为唐宋转型说的主要代表，内藤湖南说：（唐宋之间）"学术文艺的性质也发生了明显变化。"⑥ 钱穆说："论中国古今社会之变，最要在宋代。宋以前，大体可称为古代中国。宋以后，乃为后代中国。"⑦这固然是多重原因的结果，但其中应当有北宋士人创造性阐释的因素。

---

① 《苏轼诗集》，第 110 页。

② 陈绶祥：《隋唐绘画史》，北京：人民美术出版社，2001 年，第 33 页。

③ 陈衍著，郑朝宗、石文英校点：《石遗室诗话》，北京：人民文学出版社，2004 年，第 7 页。

④ 钱仲联辑注：《沈曾植未刊遗文（续）》，《学术集林》第 3 卷，上海：上海远东出版社，1995 年，第 116 页。

⑤ 潘德荣：《文字·诠释·传统：中国诠释传统的现代转化》，上海：上海译文出版社，2003 年，"序"第 7 页。

⑥ 《概括的唐宋时代观》，载刘俊文主编：《日本学者研究中国史论著选译》第 1 卷《通论》，黄约瑟译，北京：中华书局，1992 年，第 16 页。

⑦ 钱穆：《理学与艺术》，载《中国学术思想史论丛》第六册，北京：生活·读书·新知三联书店，2009 年，第 233 页。

刘勰的"正变"文学观及其理论价值

李　健* 杨　柳**

内容提要：

"正变"作为中国古典美学的核心思想，由来已久且影响深远。刘勰以《周易》"正变"美学思想为基点，提出了"质文代变、变故存正"的文学发展观、"弃邪采正、执正驭奇"的文学创作观，以及"义正辞变、崇正酌变"的文学批评观。这种化用既有思想所建构出的相对稳定且初具系统的"正变"文学观，为我们如何有效实现中国传统优秀思想文化的创造性转化与创新性发展，以构建具有民族特色的中国文论作出了很好的示范。为此，刘勰在化用过程中所采取的化繁为简、仅抓核心的取舍方式，以及顺应主流、适时改变的论说方式，于当下而言具有参照价值。

关键词：

刘勰；《文心雕龙》；正变；文学观；理论价值

刘勰《文心雕龙》五十篇，论文之枢纽、文笔诸体，割情析采，审时序、知音，广泛涉及文学发展、文学创作、文学批评等诸多问题。其中，"正变"是贯穿这诸多问题的一根红线。据统计，《文心雕龙》中"正"字共计出现约85次，"变"字共计约66次。从篇目上看，"文之枢纽"五篇文章，除《辨骚》篇外，其余四篇均直接提及了"正""变"；"论文叙笔"二十篇，其中涉及"正""变"共计十八篇；"割情析采"二十四篇，涉及"正""变"共计十九篇；另《序志》篇也出现

　　* 李健，男，1964年生，安徽宿州人。文学博士，深圳大学美学与文艺批评研究院教授，博士生导师。主要从事文艺美学与中国古代文艺理论、美学范畴研究。

　　** 杨柳，女，1995年生，江苏淮安人。深圳大学人文学院文艺学专业在读博士。主要从事中国古代文艺理论、美学范畴研究。

了一处"变"。① 单从数量上看，"正""变"在《文心雕龙》中确实占据着不容忽视的地位。

"正变"作为中国古典美学的核心思想，早在《周易》中便已存在，后经汉儒之手引入文学之中，发展至魏晋时期已然蔚为大观。为此，刘勰运用"正""变"来分析文学问题，亦是"正变"美学思想在文学层面上的具体落实。这对我们当下应当如何有效实现中国传统美学思想的创造性转化与创新性发展，构建具有民族特色的中国文论，具有极强的参照意义。

一、"正""变"与刘勰的文学观

《文心雕龙》全书，除《序志》外，大体可以划分为"文之枢纽""论文叙笔"以及"割情析采"三部分。从内容上看，在"文之枢纽"中，刘勰主要探讨了三个问题：一是根据什么思想来指导创作；二是应当如何对待不合乎道的著作；三是怎样认识文学的演变。"论文叙笔"主要是文体论，其中涉及了文体发展、创作以及批评等内容。"割情析采"以论析文学创作为主，辅之以文学发展及文学批评。统观三者，基本上都是围绕着文学发展、文学创作、文学批评而展开的，刘勰的文学观念也正是通过这三个维度加以呈现的。

通观《文心雕龙》可以发现，刘勰对于"正""变"的运用与其文学观念的表达密切相关。"建言修辞，鲜克宗经。是以楚艳汉侈，流弊不还。正末归本，不其懿欤！"这是刘勰在《宗经》中发出的感叹。他指出，楚汉之后文风之所以日益艳侈，主要原因在于鲜有宗经，若想改变现状，则需"正末归本"。何为"末"？何为"本"？刘勰虽然没有正面回答，但态度很明确。他说："文能宗经，体有六义：一则情深而不诡，二则风清而不杂，三则事信而不诞，四则义直而不回，五则体约而不芜，六则文丽而不淫。"（《宗经》）"六义"的提出，是针对当时文学创作中出现的诡、杂、诞、回、芜、淫现象而言的，这些现象便是刘勰所要"正"的"末"；而学习儒家经典所带来的情深、风清、事信、义直、体约、文丽，便是他所要

---

① 关于《文心雕龙》的篇目划分，参见陆侃如、牟世金：《文心雕龙译注》，济南：齐鲁书社，1995 年，第 28 页。其言："《文心雕龙》全书五十篇，按照《序志》所提示，可分为三大部分：一是《原道》至《辨骚》五篇为'文之枢纽'；二是《明诗》至《书记》二十篇为'论文叙笔'；三是《神思》至《程器》二十四篇为'割情析采'。"可见，陆、牟二先生把相关批评的内容归入"割情析采"。

"归"的"本"。① 由此，所谓"正末归本"，既是刘勰为纠正文弊所提出的创作方法，也是其企图想要达到的创作目的。"正"与文学创作之关系，不言而喻。再如，纬书本是附会经义之书，理当与经书相配而具有正宗地位，但当时的纬书大多出自伪造，与经书不相匹配，故而，刘勰撰《正纬》以言说之。此处的"正"指"辨正"，即辨明是非，纠正谬误，这便与文学批评建立了联系。

据《序志》所言，刘勰在"论文叙笔"部分对于每种文体的撰写，包含四个方面，即"原始以表末，释名以章义，选文以定篇，敷理以举统"。据此四项，现将涉及"正""变"的内容，兹述如下：

		原始以表末	释名以章义	选文以定篇	敷理以举统
《明诗》	正				四言正体，雅润为本
	变	铺观列代，情变之数可鉴			
《乐府》	正	及元成，稍广淫乐，正音乖俗		虽三调之正声，实韶夏之郑曲	乐心在诗，宜正其文；淫辞在曲，正响焉生
	变		气变金石		
《诠赋》	正				
	变	因变取会		子渊洞箫，穷变于声貌	
《颂赞》	正	宗庙之正歌	风正四方谓之雅；风雅序人，事兼变正		
	变	斯则野诵之变体；不变旨趣	风雅序人，事兼变正	班傅之北征西巡，变为序引；景纯注雅，犹颂之变耳	唯纤曲巧致，与情而变，大体所底，如斯而已

---

① 牟世金：《〈文心雕龙〉的总论及其理论体系》，《中国社会科学》1981 年第 2 期。

（续表）

		原始以表末	释名以章义	选文以定篇	敷理以举统
《祝盟》	正			陈思诰咎，裁以正义	
	变				
《铭箴》	正		观器必也正名	潘尼乘舆，义正而体芜	
	变				
《哀吊》	正				宜正义以绳理；哀而有正
	变			崔瑗哀辞，始变前式；潘岳继作，虑善辞变	
《杂文》	正	始之以淫侈，终之以居正		七窍所发，始邪末正；崔瑗七厉，植义纯正	
	变				
《谐隐》	正	义欲婉而正		列传滑稽，意归义正；东方枚皋，无所匡正	
	变				
《史传》	正	太师以正雅颂		干宝述纪，以审正得序	析理居正，唯素心尔；若任情失正，文其殆哉
	变				

157

（续表）

		原始以表末	释名以章义	选文以定篇	敷理以举统
《诸子》	正				弃邪而采正
	变	远近之渐变			
《论说》	正	述圣通经，论家之正体；徒锐偏解，莫诣正理			论之为体，所以辨正然否；言不持正，论如其已
	变				
《诏策》	正		敕者，正也		
	变	诏重而命轻，古今之变也			
《章表》	正				繁约得正
	变	降及七国，未变古式		陈思之表，随变生趣	
《奏启》	正		说者，（正）偏也	刘隗切正	
	变	上急变，总谓之奏			
《议对》	正				约以正辞
	变			商鞅变法；仲舒之对，究列代之变	观通变于当今；驭权变以拯俗

（续表）

		原始以表末	释名以章义	选文以定篇	敷理以举统
《书记》	正		律者，中也……五音以正……取中正也；兵谋无方，奇正有象，故曰法		
	变		式者，则也……变虽不常，而稽之有则		

（表中及文中所引《文心雕龙》语，均见范文澜《文心雕龙注》，人民文学出版社，1962年，不另注出处。）

"原始以表末"是对文体发展演变的梳理，"选文以定篇"是对演变过程中代表作家作品的评价，"敷理以举统"是对文体创作要求的总结。"正""变"与文体发展、批评及创作之间的关联，上表可见。

"割情析采"二十四篇，《神思》至《总术》十九篇是创作论；《时序》至《程器》五篇涉及了文学发展与文学批评等内容。就创作论而言，作文必先构思，刘勰首先讨论了文学构思问题。"神用象通，情变所孕""情数诡杂，体变迁贸"（《神思》），作文之情思在作家精神与外物的沟通中得以孕育，然情思复杂多变，风貌与品格也随之变化不定。接着，刘勰便转向对文章风貌与品格问题的讨论。他以"风骨"为例提出好风貌与品格的形成，既要"镕铸经典之范，翔集子史之术"，也要"洞晓情变，曲昭文体"（《风骨》）。文学发展问题集中体现于《时序》篇。在此，刘勰根据历代文学之发展演变，提炼出了"蔚映十代，辞采九变"的发展特点，总结出了"文变染乎世情，兴废系乎时序"的发展规律。于此，"变"与文学创作、文学发展之间的关联，昭然若揭。

《文心雕龙》中的任何一篇文章、任何一个理论命题、任何一个文论术语，都反映着刘勰的文学观。① 如前所述，"正变"也不例外，它与刘勰文学观的表达存在着密不可分的关联。那么，刘勰通过"正变"所传达出的文学观，具体何为，这便是下文即将探讨的内容。

---

① 罗宗强：《魏晋南北朝文学思想史》，北京：中华书局，1996年，第262页。

二、刘勰"正变"文学观的理论蕴涵

依据上文可知，刘勰对于文学发展、文学创作、文学批评问题的论述，散见于《文心雕龙》全书。他在"论文叙笔"的"原始以表末"以及《时序》中对文学发展问题作出了集中的论述，《通变》等篇也涉及这一问题。文学创作论则集中出现于"文之枢纽"前三篇、"论文叙笔"的"敷理以举统"、以及"割情析采"的大部分篇目中。至于文学批评，除《正纬》《辨骚》分别对纬书、骚体予以评析外，他在"论文叙笔"的"选文以定篇"中对有代表性的作家、作品进行了评判，并于《知音》《才略》中对此集中作出回应。合而观之，刘勰借助"正变"所建构的文学观念，其理论蕴涵具体如下：

（一）质文代变、变故存正的文学发展观

对于文学发展，相较于对前代作品的继承，刘勰更为注重在发展过程中出现的新变。以诗体为例。据《明诗》所载，诗歌文体由来已久，夏以前便已存在，商周时期体制圆备。汉代四言诗兴起，继承了周朝的规范，有"匡谏之义"。到了建安时期，五言诗蓬勃涌现，题材上，"怜风月，狎池苑，述恩荣，叙酣宴"；风格上，"慷慨以任气，磊落以使才"；文辞技法上，"不求纤密之巧""唯取昭晰之能"。正始时期讲究清谈，"诗杂仙心"。到了晋代，"稍入轻绮"。东晋文坛，"溺乎玄风，嗤笑徇务之志，崇盛忘机之谈"。至于近代，"庄老告退，而山水方滋，俪采百字之偶，争价一句之奇，情必极貌以写物，辞必穷力而追新"。从汉初四言诗的"匡谏"至刘宋初年的"争奇""追新"，这是对不同时代诗歌特点的总结，也是其不同于前代诗歌的地方。尔后，刘勰总结到"铺观列代，而情变之数可监"。仅从篇幅上看，《明诗》一篇近1200余字，其中近800字言诗体之流变。据此，对于文学发展过程中的继承与新变，何为关注重点，不言自明。

刘勰基于既有作家作品，以"质文代变"四字，对历代文学发展特点进行了总结与提炼。"时运交移，质文代变"（《时序》），这是刘勰对文学发展状况所作出的总结。他指出，随着时世的运转变化，文学呈现出质朴与文采交替起伏的发展面貌。他在《通变》中对这种发展面貌作了详细描述："黄歌断竹，质之至也；唐歌在昔，则广于黄世；虞歌卿云，则文于唐时；夏歌雕墙，缛于虞代；商周篇什，丽于夏年。至于序志述时，其揆一也。暨楚之骚文，矩式周人；汉之赋颂，影写楚世；魏之策制，顾慕汉风；晋之辞章，瞻望魏采。推而论之，则黄唐淳而质，虞夏质而辨，商周丽而雅，楚汉侈而艳，魏晋浅而绮，宋初讹而新。"在刘勰看来，黄唐虞夏之世，

文学质朴有余而文采不足；商周时期，文质相当；楚汉之后，渐趋文多质少。整体上呈现出"从质及讹，弥近弥澹"的发展趋势。为此，若想理解文学发展之"变"，则需要"斟酌乎质文之间"。

与此同时，刘勰在总结历代文学发展特点的过程中，也对之后文学应当如何发展提出了自己的看法。首先，他肯定文学发展之"变"，并认为这种"变"是必要的。一方面，"时运交移，质文代变"，是"古今情理"（《时序》）。时代风气在时世运转中发生变化，文学作品也随之而代有更迭，这是古往今来的情形与道理；另一方面，"变则可久"（《通变》），只有善于变化才能持久于世。其次，从特点上看，文学发展之"变"并非一蹴而就，而是在循序渐进中不断推进的，也就是他在《诸子》中所言的"远近之渐变"。同时，文学发展之"变"并非是主动寻求的，而是受时世交替而被动产生的，即"文变染乎世情"（《时序》）。再者，从具体方法上看，刘勰指出，文学发展之"变"，既要参照古代作品，同时也要学习当代新作。"先博览以精阅，总纲纪而摄契，然后拓衢路，置关键。"（《通变》）所谓"博览"，即观既有之作品，也就是说，不仅要观古，还要观今。最后，就"变"的趋势而言，刘勰主张"变而之正"。齐梁文坛"辞人爱奇，言贵浮诡"之风盛行，致使"离本弥甚，将遂讹滥"（《序志》），若想改变现状，则需要"正末归本"（《宗经》），即纠正浮靡文风，使文章义理重归于正道，是今后文学发展所应当追求的。

由此，对于文学发展来说，刘勰是主"变"的，并且强调这种"变"是一种被动的渐变，它需要通晓古今才能顺利推进。受齐梁文风影响，刘勰所主张的文学发展之"变"又是有特定趋势的，即"变故存正"。

（二）弃邪采正、执正驭奇的文学创作观

对于文学创作，刘勰有一个总的倾向，即崇"正"尚"变"。创作《文心雕龙》主要目的在于纠正齐梁文坛浮靡的文风，使其重归儒家正道。这一目的贯穿全书始终，也影响着文学观念的传达。文学创作观作为刘勰文学观的重要组成部分也不例外。"自近代辞人，率好诡巧，原其为体，讹势所变，厌黩旧式，故穿凿取新，察其讹意，似难而实无他术也，反正而已。故文反正为乏，辞反正为奇。"（《定势》）所谓"反正"，即违反常道。刘勰指出，齐梁文坛文风浮靡的表现之一，便是辞人爱好奇巧。这一现象主要是由一种错误观念造成的。这种观念厌弃旧有的形式，一味地追求新奇，哪怕牵强附会也不放弃。在刘勰看来，这种做法表面上看似艰深，实则只是反对正常的做法罢了。"正文明白，而常务反言者，适俗故也。"（《定势》）这种反常的做法仅为迎合世俗，远不如"正文"来得清楚明白。刘勰崇"正"的态度可见一斑。再看他对"变"的表述。"古来辞人，异代接武，莫不参伍以相变，因革以为功，物色尽而情有余者，晓会通也。"（《物色》）在刘勰看来，自古以来，那些在文坛获得成功的作家，没有一个是不懂得融会变通、知晓变化之理的。于文风而言，"洞晓情变"，则能"孚甲新意"（《风骨》）；于文辞而言，"晓变故辞奇而不黩"（《风骨》）；于文坛而言，随变可以"立功"（《定势》）。可见，对于文学创作，刘勰在崇"正"的同时，强调"变"也是必不可少的。

这种崇"正"尚"变"的总倾向，落实到具体层面，则表现为"弃邪采正、执正驭变"的创作观。刘勰对于"正"的运用实则暗含了两个逻辑序列：一是"养正—居正—失正—匡正"（见图一），这是针对作家来说的。在刘勰看来，作家首先应当依经养正，效法经典以培养正道。尔后，要坚守所学之正道，并将其融入实践之中。在此，刘勰提出了一个方法，即"析理居正，唯素心尔"（《史传》）。所谓"素心"指本心，即公正无私之心。倘若没有秉持本心，而是放任个人私情不加约束，便会"失正"，最终导致"文殆"，此时便要"匡正"，即加以纠正使其重回正道。

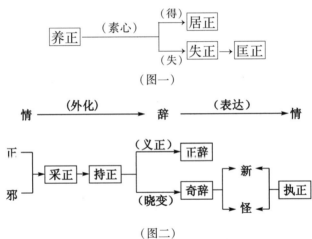

（图一）

（图二）

二是"采正—持正—奇正—执正"（见图二），这是针对创作过程而言的。文学创作是作者有了某种情志，然后通过文辞形式表达出来，是情外化为文的过程。换言之，文学创作应当是"为情造文"、情在辞先的过程。因此，首先应当解决的是"情"的问题。《体性》篇说，这种"情"是作家经过学习体会之后所产生的情志。此时便涉及了如何对待已有作品的问题。对此，刘勰强调创作首先应当"弃邪采正"，即对待前人之作，要抛弃邪说采纳正确的观点。接着便是"持正"，即将所学到的正确的观念融于情志之中，贯穿于文学创作始终。在他看来，倘若文章所传达出的情志是不正确的，这样的文章还不如不写，"言不持正，论如其已"（《论说》）。其次，需要解决的是"辞"的问题，即如何使"辞"能够更好地表达"情"。在刘勰笔下，"辞"有两种常见的情况，一种是"正辞"，即雅正的言辞。

"标以显义,约以正辞"(《议对》)说的就是此类。另一种是"奇辞",即新奇的言辞。"晓变故辞奇而不黩"(《风骨》)便是代表。这种"奇辞"是通晓变化之理所带来的效果之一。"密会者以意新得巧,苟异者以失体成怪"(《定势》),对于精通写作的人来说,采用这些奇辞可以使文章用意新颖而巧妙;但是对于那些只求标新立异的人来说,过于追求奇辞只会使其文章变得怪异。为此,对于这种因变所带来的奇辞,刘勰并不反对,但也并非完全赞同。他主张在运用过程中,应当有所限定,遵循"执正驭奇"的原则。

刘勰在创作层面上对于"变"的运用,也有两点值得注意。其一,这种"变"是以"正"为基础的。在《风骨》中,他讨论"洞晓情变"之前,便预先设定了一个前提,即"镕铸经典之范,翔集子史之术"。他指出,若想洞悉作文情势的演变,要以取法学习经书的规范,参考吸收子书史籍的写作方法为基础,如此方能使文辞奇妙却不浮滥。其二,这种"变"具有独立性,某种程度上来说,甚至会对"正"构成威胁,为此,他强调一种"适时"之变。如前所述,追求新变可以使文辞新奇,但是倘若一味地求变、逐奇,终会导致文体"失正"。对此,他主张,在创作层面上对于"变"的运用,应当"按部整伍,以待情会,因时顺机,动不失正"(《总术》),即首先要按部就班地作好准备工作,也就是上面提及的"镕铸经典之范,翔集子史之术",等待着情感兴会,然后顺应时宜抓住机会,以保证每个步骤都不背离正道。

以上所论,便是刘勰基于"正""变"所传达出来的文学创作观念。总体而言,对于文学创作,刘勰既崇尚"正",也推崇"变",落实到具体层面,则表现为"弃邪采正、执正驭奇"。

(三)义正辞变、崇正酌变的文学批评观

在文学批评层面,刘勰通常用"正"来评价内在义理,用"变"来评价外在形式。如曹植的《诰咎文》"裁以正义"(《祝盟》),潘尼的《乘舆箴》"义正而体芜"(《铭箴》),崔瑗的《七厉》"植义纯正"(《杂文》),司马迁《史记·滑稽列传》"意归义正"(《谐隐》)等,均是用"正"来评价文章的内在义理。再来看"变"。潘岳的哀辞"虑善辞变"(《哀吊》)。王褒的《洞箫赋》"穷变于声貌"(《诠赋》),此处"声貌"主要指箫声形态之类。《练字》言:"晋之史记,三豕渡河。文变之谬也。"其中"文变"说的是文字。诸如上述例证还有很多。相较于"正","变"的用法更为复杂多样,但统而观之,文辞、声貌、文字之类,均可归于文学作品的外在形式。由上,刘勰在文学批评层面对于"正""变"的运用,大体呈现出"义正辞变"的样态。

刘勰依旧秉持崇"正"的态度,坚持以"正"为评价作品的首要标准。从他所称赞的作品便能看出这一点。如他评枚乘的《七发》云："及枚乘摛艳，首制七发，腴辞云构，夸丽风骇。盖七窍所发，发乎嗜欲，始邪末正，所以戒膏粱之子也。"（《杂文》）他指出，枚乘的《七发》文辞繁盛华美，夸饰的技法也非常的宏丽，但是依旧能够发挥着告诫贵族子弟的作用，主要在于文章最后归结到了"正道"上。他称应璩的《百一》诗，"独立不惧，辞谲义贞""魏之遗直也"（《明诗》）。"义贞"即"义正"。枚、应二人之诗，尽管在文辞上有华美、诡异的特点，但依旧被刘勰称赞，原因在于他们都有一个共同点，即意义正直。值得一提的是，在刘勰看来，文学作品只有"正"是不行的，还需要多方面的配合，才能称得上是好的作品。比如，他称潘尼的《乘舆箴》"义正而体芜"，但"鲜有克衷"（《铭箴》）。在刘勰眼中，这篇箴言意义正确，然文辞过于芜杂，依旧是不值得提倡的。简言之，在刘勰的笔下，文章内在义理的"正"与否是文学批评所要参照的重要标准，但不是唯一标准。正如《知音》所载，文学批评不单要看"奇正"，还要配之以体裁、文辞等其他内容。

对于文学批评中的新变，刘勰主张，应当在仔细斟酌之后，再加以评定。这主要与"变"所带来的效果有关。首先，刘勰并不排斥新变，这一点《知音》中的"六观"说便能证明。"六观"中有一观便是"通变"。在进行具体文学批评时，根据"变"所产生的不同结果，刘勰给予了不同的评价。一种情况是因"变"生"趣"，这是刘勰所肯定的"变"。如他在评价陈思王曹植的表文时，称其内容丰富、声律协调、文辞清新、情志显露，能够"应物制巧，随变生趣"（《章表》）。在刘勰看来，曹植能够根据对象的不同而构思，随着对象的变化而生发妙趣，使文章的快慢徐疾能够合于节度，从而在文坛上"独冠群才"（《章表》）。再如，他称潘岳所作的《金鹿哀辞》《泽兰哀辞》，"莫之或继"（《哀吊》），即后代几乎无人能及，究其原因，在于这些作品构思周密，情感深沉，能够在摹拟《诗经》的同时，懂得文辞变化，做到"义直而文婉，体旧而趣新"（《哀吊》）。由此，因"变"生"趣"之"变"使文章能够在文坛独树一帜，这种"变"是刘勰所肯定的。另一种情况是因"变"生"谬"，这是刘勰所排斥的。如他在评价班固《北征颂》和傅毅《西征颂》时，言其"变为序引"（《颂赞》）。所谓"序引"是指铺叙事实，也就是说，这两篇文章在描述北征或西征情况时，过于冗长，而颂体本以短为主。为此，刘勰认为，这种改变是"褒过而谬体"（《颂赞》），即变过头而违背了正确的体制，导致了谬误的产生。因"变"生"谬"之"变"与正道不符，故而为刘勰所摒弃。由上，对于文学批评之"变"，刘勰并不排斥，但也并非盲目肯定，而是根据其所产生的效果而加以辨别。

基于上述，刘勰时常用"正""变"来进行文学批评。面对不同的作家作品，刘勰崇"正"但不唯"正"独尊，尚"变"但不盲目信"变"。他借助"正""变"向人们传达了"义正辞变、崇正酌变"的文学批评观。

刘勰基于"正变"思想，分别从文学的发展规律、创作方法、批评标准等维度向我们展示了其独特的文学观念。就文学发展而言，他从历代作家作品的演变中，提炼出文学发展具有"质文代变"的特点，对之后的发展趋势提出要求，主张文学发展理当"变故存正"。在进行具体创作时，他强调学习他人作品时当"弃邪采正"，同时，要在坚守"正道"的基础上，敢于"新变"。此外，面对不同的文学作品，当以"正"为首要的评价标准，对于作品中出现的"新变"，当仔细斟酌后再加以评定。于此，从文学发展，到文学创作，再到文学批评，刘勰借助"正变"为我们建构了一个相对全面且初具系统的文学观。

三、刘勰"正变"文学观的理论价值

"正变"作为中国古典美学的核心思想，受到人们的广泛重视。上文所论刘勰的"正变"文学观，实则是刘勰对于既有"正变"思想的援用。他将"正变"美学思想投射于文学活动当中，借此来构建自己的文学观。纵观"正变"思想之发展，将"正变"引入文学之中，并非刘勰首创，而始于汉儒的"风雅正变"说。然则，观其后续之发展，汉儒所提出的以"正变"划分诗歌的方式并未得以推广，甚至术语本身时常遭遇诟病。反观刘勰所提出的"正变"文学观，看似复杂多样，实则从文学发展，到文学创作，再到文学批评，已然能够自圆其说。较之于汉儒的"风雅正变"说，刘勰的"正变"文学观何以能够稳固发展？他在化用既有思想为己所用的过程中采取了何种高明的手段？这便是下文即将讨论的内容。

从上文的论述中不难看出，刘勰对于"正变"的认识是十分深刻的。倘若对其加以溯源，可以发现，刘勰对于"正变"的理解大多源自于《周易》。《周易》对《文心雕龙》的影响，《序志》篇中已作出直接说明。仅从"正变"上看，刘勰时常直接引用《周易》原文来论说自己的观点。如"辨物正言，断辞则备"（《征圣》），"刚柔以立本，变通以趋时"（《熔裁》），等等，便是对《系辞下》原文的直接引用。《周易》主要是从宇宙层面对"正变"思想作宏观上的论述，其对"正变"的理解，涉及范围十分广泛，思想内涵也极具普适性。除了直接引用原文外，刘勰还时常化用"正变"之道为己所用。他所主张的文学发展应当"渐变"的观点，便是对《渐》卦之道的化用。《周易正义》云："渐者，不速之名也。凡物有变移，徐而不速，谓之渐也。"①《渐》卦象征渐进，主张事物的变革当徐徐而图之。刘勰将这种"渐变"之道引入文学之中，以此来强调文学发展之"变"理当徐徐而图之。这种"化用"的行为，并非是对既有思想的照搬，而是以自身理解、需求为前提的，因而，在具体运用过程中，时常会出现"改用"的情况。比如，刘勰在强调"变"的必要性时，改用了《系辞下》中"穷则变，变则通，通则久"② 的说法，提出"变则可久，通则不乏"（《通变》）的观点。表面上看，《周易》与刘勰似乎都表达了一个观点，即"变"可以"久"。实则，《周易》中的"变"是不能直接到达"久"的，需要"通"这一关键环节。也就是说，"变"要想"久"，需要"通"的帮助，"通"是"变"得以恒久的方法与手段。反观刘勰的表述，"变"与"通"之间是并列关系，"变"强调时间维度上的纵向发展，"通"偏向于空间层面的广博。这种"改用"行为，在刘勰构建"正变"文学观的过程中并不罕见，也正是这一行为，为我们探索刘勰如何具体转化既有思想、以建构自身文学体系这一问题提供了可能。

大凡真理性的思想观念，都具有相对稳固的价值结构，无论外在环境如何纷繁复杂，始终能围绕着一个本质内核展开。这种观念，倘若能够为我所用，只需抓住其本质内核即可。"正变"之于刘勰，就是如此。就"正变"这一真理性思想而言，其本质内核便在于"正""变"之间的关系。在揭示《周易》的"正""变"关系之前，我们先倒过来看汉儒以及刘勰对于"正""变"关系的认识，之后再将其与《周易》进行比照，以舞是非。

我们首先来看汉儒"风雅正变"说。《诗大序》提出了"变风""变雅"的说法，并指出其产生于"王道衰，礼义废，政教失，国异政，家殊俗"③ 的环境当中，是乱世的产物，显然是针对正风、正雅的。郑玄《诗谱序》拓展了这一话题，明确提出了"《诗》之正经"和"变风变雅"说，并以此对《诗经》的篇目进行了具体的划分。"及成王，周公致大平，制礼作乐，而有颂声兴焉，盛之至也。本之由此风、雅而来，故皆录之，谓之《诗》之正经""孔子录懿王、夷王时诗，讫于陈灵公淫乱之事，谓之变风、变雅"④。懿王、夷王处乱世，其时诗谓之"变风变雅"；周公、成王处盛世，其时诗为"《诗》之正经"。于此可以推知，郑玄等人对

---

① 《十三经注疏》整理委员会整理：《十三经注疏·周易正文》，北京：北京大学出版社，1999 年，第 216 页。

② 黄寿祺、张善文注：《周易译注》，上海：上海古籍出版社，2001 年，第 572 页。

③ 《十三经注疏》整理委员会整理：《十三经注疏·毛诗正义》，北京：北京大学出版社，1999 年，第 14 页。

④ 同上，第 6—8 页。

于"正""变"的划分主要是以时世之盛衰为依据的,"盛"对应"正","衰"与"变"相应。为此,若想分析"风雅正变"说中"正"与"变"的关系,我们只需看"盛""衰"即可。"盛"与"衰"是事物对立的两个方面,事物的发展,盛极而衰,衰极则盛。推及于"正变"可知,在郑玄等人的笔下,"正""变"之间存在着对立统一的关系。

反观刘勰对于"正""变"的理解,他认为"变"是文学发展的必然趋势,但无论如何"变",终究要走向"正"。他要求文学创作既要坚守"正",也要善于"变",同时,又强调"变"要以"正"为基础。他视"正"为文学批评的首要标准,主张以"正"来评析文学作品中出现的新"变"。相较于汉儒对"正""变"相互区别的关注,刘勰更为看重"正""变"之间的相互渗透、相互作用。在他的笔下,"正""变"之间是一种辩证统一的关系。

对立统一,将事物一分为二,强调事物的两面性;辩证统一,主张事物既相互区别,又相互联系,重点强调事物之间的相辅相成。"正""变"之间的关系到底如何?我们再回归《周易》原文,以六十四卦论"变"之典型的《革》卦为例,加以说明。卦辞集中强调了变革取得成功的两大基点:一是,要把握时间,当选择亟待转变的"己日"断然推行变革,必能顺畅;二是,要存诚守正,即推行变革者当遵循正道,以孚诚之心取信于人。以此行革,则"元亨"可至,悔恨皆消。爻辞则具体展示了事物从变革初期到末期的发展过程:初九处于变革之始,时未可变,当固守正道,不可妄为;六二时值将变,须断然行革;九三变革初成,不可激进,当坚守正道,抚慰人心;九四变局将著,当力改旧命;九五革道昭著,天下信从;上六,变道已成,全局已定,当静居持正,安守成果。从卦辞上看,"变"若想取得成功,则需要"正"的不断参与、引导。从爻辞上看,变革初期,时机未到,须当守"正",后经过二三四五爻之发展,至变道末期,大势已定,当持"正"以待。据此可见,在《周易》中,"正"确实有别于"变",但两者之间并非非此即彼,"变"需要"正"的指导,"正"是"变"成的关键要素。郑玄仅抓住了"正""变"之间的区别,却忽略了两者之间的融通,从而使得后世学人将"风雅正变"说与《诗经》具体内容进行观照时,时常不能自圆其说,终而走向"风雅有无正变"的争论上。

刘勰则深谙"正""变"之道。他紧扣"正""变"之间相互区别、相互联系的辩证统一关系,向人们建构了一个相对稳固的"正变"文学观。如图三所示,在他所建构的"正变"文学观中,"变"是文学发展的必然趋势,这要求作家在进行创作时,要敢于新"变"。受个体情感、时代风尚等因素的影响,因"变"而生的作品时常层次不一,这要求读者对此加以斟酌。经读者斟酌、辨析后,发现因

"变"生趣、生新的作品时常能够引领时代潮流、推动文学发展，这便又进一步印证了文学发展需要新"变"。与此同时，受齐梁文风的影响，"正"始终是刘勰所坚守的目标，他强调文学发展追求新"变"终究是为了"之正"。基于这一目标，他要求读者在进行文学批评时，要以其是否符合"正"为标准。受这一批评标准的影响，他主张作家在创作时，要坚守"正"道，追求新"变"要以"正"为基础，如此创作出的作品又推动着文学发展逐渐趋向于"正"。刘勰借助"正""变"之间相辅相成的关系，将文学发展、文学创作、文学批评三者建立联系。一方面，文学发展影响文学创作，文学创作影响文学批评，文学批评反映文学发展；另一方面，文学发展的方向影响着文学批评标准的建立，文学批评标准反作用于文学创作要求，文学创作又进一步推动着文学发展。三者之间，相互影响、互为依托，共同组建了一个初具系统且相对稳固的"正变"文学观。

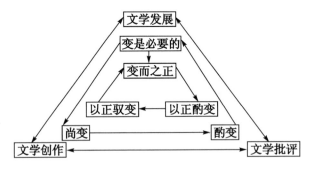

（图三 "正变"文学观图示）

任何一种思想观念的产生都有其特定的现实语境，带有发明者个人色彩，都具有一定的局限，对此，面对既有之思想，需要加以适当改造、整合，才能有效地满足于当下需求。刘勰对于"正""变"立场的选择，便是这一路径的体现。《周易》这部书，单从书名上便不难看出，它是立足于"变"的，正如《系辞下》所云："《易》之为书也，不可远。为道也屡迁，变动不居，周流不虚，上下无常，刚柔相易，不可为典要，唯变所适。"① 只有"变"才是其所趋赴的方向。其他思想观念，都是建立在变化哲学基础上的，"正"也不例外。如前所举的《革》卦，尽管变革末期，终究走向了"正"，但其所想传达的始终在于"变"。"正"仅是"变"道得以顺利实现的要素之一。反观刘勰，他则始终坚守"正"的立场，强调文学发展要以"之正"为目标，文学创作当以"守正"为追求，文学批评当以"存正"为标准，将"变"视为实现"正"的方法。

考其缘由，《文心雕龙》是针对从魏晋到齐梁文学的"新变"趋势而提出的文

---

① 黄寿祺、张善文注：《周易译注》，第 596 页。

学主张，刘勰转换"正""变"立场，亦受这一基本文化背景的影响。从建安时期开始，文学艺术逐渐摆脱经学的束缚而独立发展，进入了"自觉时代"。这种"自觉"是与在文学中发现"自我"、认识"自我"的价值、追求个性解放和自由相联系的。这种自觉意识的觉醒，表现为由"言志"向"缘情"转化，重视诗歌"吟咏情性"的特点。曹丕在《典论·论文》中提出"诗赋欲丽"①，陆机《文赋》中主张"诗缘情而绮靡"②，都表明了从建安到魏晋，文学在内容和形式上都出现了"新变"，内容上重缘情，形式上重辞藻华美。到了晋代，诗文创作对形式的讲求更进了一步。"晋世群才，稍入轻绮，张潘左陆，比肩诗衢，采缛于正始，力柔于建安，或析文以为妙，或流靡以自妍，此其大略也。"（《明诗》）至南朝宋，在追求辞藻华丽方面又往前跨了一大步，在辞赋的写作上，由于日重骈俪，出现了骈体文；在诗歌的创作上，由于山水诗的兴起，出现了"俪采百字之偶，争价一句之奇，情必极貌以写物，辞必穷力而追新"（《明诗》）的现象，更加助长了创作上的"追新"。到了南朝齐永明年间，这种"追新"的风气在音韵层面得以进一步强化，产生了"永明声病"说。"永明体"诗歌也应运而生。这种把人为的"声律"自觉地运用于五言诗的写作中，是诗歌发展史上一个新的转折点，恰如《梁书·庾肩吾传》所言："齐永明中，文士王融、谢朓、沈约始用四声，以为新变。至是转拘声韵，弥尚丽靡，复逾于往时。"③ 这种以"追新"为时代主潮的现象，使得文学的教化作用日趋淡薄，引发了深受儒家传统影响的批评家的不安与不满，转而进入理性思考，刘勰便是其中之一。成书于南齐之末的《文心雕龙》，正是针对齐梁文坛"去圣久远，文体解散，辞人爱奇，言贵浮诡，饰羽尚画，文绣鞶帨，离本弥甚，将遂讹滥"（《序志》）的现状而作出的思考。面对这一现象，一方面，刘勰站在儒家的立场，要求"矫讹翻浅，还经宗诰"（《通变》），以此来补"新变"之偏、救时俗之弊；另一方面，刘勰也深受时代新潮的影响，主张"望今制奇"和"酌于新声"（《通变》）。这种半是不满、半是接受的态度，使其在建构文学观时整体上呈现出立足于"正"、辅之以"变"的面貌。

综上，以"正变"为代表的美学思想是中国古代贡献给世界美学的丰厚遗产。"遗产并不意味着过时，相反，却意味着事业血脉的延续，是新的事业发展的起点"④，如何对待这一遗产，是我们当下需要认真思考的问题。对此，刘勰将"正变"美学思想化用于文学活动当中，所建构出的"正变"文学观，为我们作出了很

---

① 萧统编，李善等注：《六臣注文选》，北京：中华书局，1987 年，第 967 页。
② 同上，第 312 页。
③ 姚思廉撰：《梁书》（第三册），北京：中华书局，2000 年，第 690 页。
④ 李健：《中国古代感物美学》，北京：人民出版社，2021 年，第 454 页。

好的示范。面对《周易》中看似繁琐复杂的"正变"思想，刘勰采取了化繁为简的方式，紧扣"正""变"辩证统一这一本质内核，并以此为基，顺应齐梁文坛"追新"之主流，对"正""变"立场加以适当改造、整合，进而为己所用，在促进"正变"美学思想发展的同时，建构"正变"文学观，以此来满足于时代需求。

中国古代堪舆学理论中的环境美学思想

石长平 *

内容提要：

中国古代堪舆学理论蕴涵着丰富的环境美学思想资源，其中的环境大致可分为宅第环境和自然环境两大类。龙、穴、砂、水、格局气象和林木一起构成了环境六要素，是环境美学的重要考量对象。堪舆学理论中的环境美学形态主要包括山水自然环境美、环境艺术美、环境伦理美和环境生态美等。这种环境美的价值作用的敞显形式较多，主要可以概括为功利诉求、心境感染、艺术参照、道德隐喻和哲理遐思等。对堪舆学理论中美学蕴含的发掘解释，对于当下保护和友好利用生态环境具有现实意义，同时也为现代环境理论的建构提供了美学依据，丰富了现代环境美学思想，拓宽了中国当代美学的研究疆域。

关键词：

堪舆理论；环境美学；美的形态；价值敞显

一、堪舆学理论与环境美学思想

中国古代堪舆学也称风水学，是探究人与"天道"（自然规律）、人与自然相契合的学问。《宅经》认为，"天道"的存在与运作乃"作天地之祖，为孕育之尊，顺

---

* 石长平，男，1968 年生，河南南阳人。博士，华北水利水电大学中原美学与美育研究中心教授。研究方向：美学与文学理论。

之则亨，逆之则否"。① 堪舆学理论因借自然资源，"以人之意逆山水之意，以人之情逆山水之情，"② 以人心巧契于天心，是观照山川自然，细心审辨选择，营建美好适宜居所的一种环境理论。作为中国传统文化的重要构成部分，在堪舆理论中，融合了中国古代哲学、美学、心理学、地理学等诸方面的学术思想和文化内涵，其中所蕴含的美学思想相当显明，而环境美学意蕴尤为丰富。

环境美虽然早就为人所感受和认识，但环境美由感性认知到理性认知并形成一门独立的环境美学学科却比较晚。环境美学研究的主要对象是人类生存环境的审美要求，环境美感对于人的生理和心理产生的影响和作用，进而探讨这种影响和作用对于人们身体健康等的影响。③ 关于环境美学的重要学术著作多产生于 20 世纪末，主要有美国学者柏林特的《环境美学》、芬兰瑟帕玛的《环境之美》、加拿大学者卡尔松的《美学与环境》以及中国学者陈望衡的《环境美学》等。这些著作阐释了环境和环境美学对于人类的价值与意义，从理论高度为自然复魅，也为从堪舆学理论中发掘环境美学思想提供了理论启示和指导。环境美学让人们认识到保存优美原始、健康良序的自然环境对人类赖以生存的自然界以及生命个体的重要性，既要让自然环境能长远地为人和一切生物提供必要的物质生存基础，又要为人们提供优美舒适的栖息环境。因而，环境美学的基本问题是人与自然的关系问题，自然对于人具有资源和家园两种意义。④ 而家园就与人产生了审美关系，加拿大学者艾伦·卡尔松说：在自然中为了实现严肃的、适当的审美欣赏，它也必须通过自然史知识和自然科学知识在认知层面上加以塑造。⑤ 从理论上认识并在实践中实现对自然的审美，这也正是中国古代堪舆学理论贯穿人道与天道相统一的思想，进而结合自身的功利诉求而赋予自然环境以美学价值的原因所在。

需要辨明的是，由于人们经常使用"生态环境"一词，从而使得"生态"与"环境"两个概念相互混淆甚至相互替代，因而也使得环境美学与生态美学相混淆。实际上，两者既有区别又有联系。生态美学是以自然生态作为美学的具体研究对象的一门学科，它是在新的经济发展与文化背景下产生的新美学思想或生态审美观。而环境美学主要研究的是人与生存环境之间的审美关系问题。由于两者的基本研究对象都是大自然，其相关的理论认知是可以放在地理美学的大范畴里面的。堪舆学属于现代意义上的地理学，堪舆学美学在很大程度上就是地理学美学。在地理学美

---

① 《宅经·序言》，王玉德等注解，北京：中华书局，2011 年，第 25 页。
② 管辂：《管氏地理指蒙》，济南：齐鲁书社，2015 年，第 93 页。
③ 陈望衡：《环境美学是什么》，《郑州大学学报》2014 年第 1 期。
④ 同上。
⑤ 艾伦·卡尔松：《自然与景观》，陈李波译，长沙：湖南科技出版社，2006 年，第 9 页。

学的学科体系范畴之中来理解环境与生态这一对概念，刘成纪的辨析较为合理。他认为，生态美学和环境美学代表了人作为自然生命个体对自然生态进行审美观照的不同维度。环境虽然是自然对象，但明显以人为中心，以人的可居性体现其价值，它是自然对主体的人的一种"环绕"，或者指由周围事物对人的环绕所形成的一个境域。生态美具有自我完成的独立性，侧重对自然的存在的本性研究，而环境美要进一步凸显其为人而在的功利价值——对有利于人生存的自然环境的美的判断，侧重自然与人的现实生存的关系，属于美的价值论。①

堪舆学理论正是把自然作为对主体的人的一种"环绕"，着重的是周围客观存在物对人的居所（阳宅和阴宅）环绕所形成的境域的研究。由于以人的生存和发展为中心来研判环境的审美价值，因此，堪舆学中所蕴含的环境美学思想在形而上的层面是生命哲学或生命美学，在主体素养的层面是人的生存智慧，这种智慧应用在住宅居所上，就是因借形势来营造适宜的审美生存环境。因而，在本质上，堪舆学是融合儒道佛三家生命哲学的学说，这是它的理论渊源。中国儒家生命哲学主张"天人合一"，所谓"与天地相似，故不违"。《中庸》说："能尽物之性，则可以赞天地之化育；可以赞天地之化育，则可以与天地参矣。"② 讲究天道人伦化和人伦天道化。道家是自然主义生命观，通过敬畏万物达到"天地与我并生，而万物与我为一"的境界。佛教在人与自然环境的关系上，则表现出慈悲为怀的生态伦理精神和与万物同寂的环境意识。"自古名山僧占多"，实际上，不仅是僧人诵佛讲经的寺庙，从儒学讲修的书院、道家修道的道观的地址选择，就可以见出其对人的生存与环境审美要素之间关系的重视。堪舆学的发展历程正是在这些理论的启发影响中成型成熟的，它吸纳浸润了儒道释三家思想之精粹，蕴涵其中的环境美学思想和生态伦理正是上述生命哲学、生命美学与生存智慧等基本观念的贯彻和体现。

二、堪舆学理论中的环境要素

堪舆学理论有"地理五诀"（龙、穴、砂、水、向）之说，是日常风水学说中五个重要的考量对象。这其中，"向"作为方位，不具备实体美的特质，而其他几个是构成堪舆学主要的环境要素。除此之外，尚有格局气象和林木，它们一起构成了风水环境六要素，亦即龙、穴、砂、水、林木、格局气象，而环境之美也就在这

---

① 刘成纪：《重新认识中国当代美学中的自然美问题》，《郑州大学学报》2006年第5期。
② 朱熹：《四书章句集注》，北京：中华书局，1983年，第32页。

些要素上具体体现出来。

其一，龙（龙脉）。龙即山脉，因为龙妖娇活泼，奔腾逶迤，于是堪舆学就有了对山或山脉这样的形象比喻。《管氏地理指蒙》说：指山为龙兮，象形势之腾伏……借龙之全体，以喻夫山之形。① 由于山川地脉起伏不定变化万千，因而与龙的姿态情状相似而得以冠名，所以，堪舆学上的龙是指蜿蜒而至的群山峰峦、气脉流贯的山体。"龙"有走向，更分吉凶。吉龙为光肥圆润、秀美雄伟的山脉，这样的龙称为"真龙"，是优美或壮美的，因而是吉利的。凶龙为崩石破碎、歪斜臃肿、枝脚瘦小的山脉，这样的龙称为"老龙""死龙"，是丑陋的，因而是不吉利的。

其二，砂。"砂者，穴之前后左右山也。"② 也就是居所周围的小山，是相对于大的龙脉而言的。"砂"是构成居所环境的重要因素之一。堪舆学中代表四方的四神兽来命名穴场周围的砂山：前朱雀，后玄武，左青龙，右白虎。《曲礼注》云：朱雀、玄武、青龙、白虎，黄帝陵之风水砂山意象四方宿名也。③ 堪舆学原则是尽可能恰当利用周遭山峦地形进行营建。一个美好的环境除了要有靠山之外，左右两侧还应有起护卫作用的砂山，形成合围形势，使整个宅地呈现兜抱形状，以求达到更好的挡风聚气作用，同时让居住者在心理上产生可依可靠的安全感。

其三，水。《管子·水地》指出："水者，地之血气，如筋脉之通流者也。"④《周易阴阳宅》认为，水者，龙之血脉。穴外之气，龙非水送，无以明其来；穴非水界，无以明其止。⑤ 在《葬书》中说："风水之法，得水为上，藏风次之。"⑥ 不同的水质所聚到的气也有不同，水质清明、味觉甘甜为美为吉，水质浑浊幽暗、味觉苦涩为丑为凶，会影响到人们的身心健康。同时，水有水形，水质构成了静态美，而水流则构成了动态美。水流要源远流长，"其来无源，其去无流"，要弯曲环绕，绵延无尽，既看不到源头，又看不到出口。而水流的形态则是动静相结合的美，明净清澈，屈曲有情。同时，水要与周遭环境相得益彰，才能构成理想的审美环境，"水以山为面，以亭榭为眉目，以渔钓为精神，故水得山而媚。"⑦

其四，"穴"与明堂。"穴"是"气"随着山川峰峦而聚集的点，是建房筑屋

---

① 顾颉主编：《堪舆集成》（第一册），重庆：重庆出版社，1994年，第134页。

② 钦天监：《周易阴阳宅》，北京：中国华侨出版公司，1990年，第115页。

③ 徐善继，徐善述：《地理人子须知》，北京：世界知识出版社，2011年，第568页。

④ 管仲：《管子》，吴文涛、张善良编著，北京：北京燕山出版社，1995年，第297页。

⑤ 钦天监：《周易阴阳宅》，第126页。

⑥ 郭璞：《四库存目青囊汇刊·青囊秘要》，郑同校，北京：华龄出版社，2017年，第23页。

⑦ 郭思：《林泉高致》，北京：中国纺织出版社，2018年，第47页。

的中心位置，和"明堂"一起，构成人们选择适宜居住的地点，"穴"前的平坦之处叫做明堂。两者是"点"与"面"的关系，在整体上是一体的。穴有富、贵、贫、贱之分，富贵之穴优美、雄伟，贫贱之穴周边的砂山粗略硬挺，缺少秀丽。人们所追求的所谓的富贵吉祥穴，一般来说都具备两个特征：一是穴地处于山环水绕的风水格局之中，如金城汤池，坚固牢稳，一切恶风都难以掠穴而过；二是左右拱卫的山峦要与穴地的风水气度相得益彰。总体上说，生机盎然、和谐明亮是其应该具有的环境特征，也就是说有生气之美、和谐之美和朗丽之美。

其五，林木。林木也是堪舆学关注的重要环境因素，郁草茂林是其基本要求，具有荫护地脉、藏风聚气的作用。郭熙《林泉高致》说：山以水为血脉，以草木为毛发，得草木而华。① 林木花草是一处环境"生气"盛旺的具体表现。《周易阴阳宅·阳宅纳气》认为：树长林茂，烟雾团结，吉气钟灵故也。倘使伐木拆木，屋风吹气散，其败立至。② 原因是草木的茂盛与枯萎是"生气"有没有、旺不旺的重要标志，林木可以藏风化煞，与周边的山水一起构成相对封闭的合围。树木浓郁可使屋宅掩映其中，藏而不露，安静优雅，构成桃花源似的理想居所。林木有两种，一是天然的，原本就存在的原生态茂林修竹；一是后天人工种植的，目的是弥补空疏，改变原有环境，以获得理想的环境。这些林木或因地制宜，或着意种植，在风水中起到美化周遭、藏气纳祥乃至挡风化煞的作用。堪舆学非常重视风水树林的利用和营造，《阳宅会心集》中的"种树说"认为："村乡之有树木，犹人之有衣服，稀薄则怯寒，过厚则苦热，此中道理。如四应山环局窄，阳气不舒，不可有树以助其阴，即或堂局宽平而局外有低山环卫者，亦不可种树，惟有背后左右之处有疏旷者则密植以障其空。"③《周易阴阳宅》也说："乡居宅基，以树木为衣毛，盖广陌局散，非有树障，不足以护生机。"④ 对此作了明晰的说明。堪舆学对花材树种的选择、棵数多少也极为讲究，除古人喜好的"梅兰竹菊"四君子外，对桃、桂、槐、松等也相当偏爱，这些植物形态挺拔，气味芬芳，陶冶情操，利于健康身心。《相宅经纂》和《阳宅十书》等阳宅经典大都主张宅周植树要东植桃杨，南植梅枣，西栽栀榆，北栽杏李，认为门庭前喜种双枣，四畔有竹木青翠则纳祥进财，大吉大利。同时，风水林木按其种植的位置和形式，可以分为抵煞林、龙座林和下垫林等，其作用各有不同：中门有槐，富贵三世，宅后有榆，百鬼不近，有"青松郁郁竹漪漪，色光容容好住基"的审美追求，民间也有"前不种杨，后不种柳"之说。同时，孤树、

---

① 郭思：《林泉高致》，第 49 页。

② 钦天监：《周易阴阳宅》，第 156 页。

③ 林牧：《阳宅会心集》卷上"种树说"，嘉庆十六年刻本。

④ 钦天监：《周易阴阳宅》，第 187 页。

弯腰树、臃肿树都是构成美好环境的忌讳，禁止栽种生长。"青山绿水"一向被认为是美好环境，山上有修竹茂林乃谓之"青山"，如果没有林木，"青山"就成了"穷山"，就失去审美价值了。

其六，格局气象。"气实生形"，内在的生气之美表现在山水草木等自然物上，从而使其具有特有的气度局势，从而呈现出郁郁勃勃的茂盛之美、绵绵延延的娇柔之美、平平明明的淳淡纯朴之美、浩浩汤汤的宏伟浑穆之美、坦坦荡荡的俊朗秀润之美、气势宏阔的雄秀伟丽之美、恬静冲淡的清畅温雅之美等。当然，还包括堪舆理论所讲的帝王之气、平和之气、祥瑞之气等，这些生气，类分很多，但所表现的都是生意盎然、积极昂扬的生命之美。《雪心赋·论山水本源》说："气当观其融结，理必达于精微，体赋于人者有百骸九窍，形于地者有万水千山，自本至根，或隐或显，胎息孕育之玄妙，形神变化之无穷，生旺休囚之玄机，流蓄运行而不息，地灵人杰，气化形生。"①《望气篇》说："凡山紫气如盖，苍烟若浮，云蒸霞蔚，四时弥留，皮无崩蚀，色泽油油，草术繁茂，土香而腻，石润而明，如是者，气方钟未休。"② 这是气和而物谐的论说。《青乌先生葬经》说："地有佳气，随土所生；山有吉气，因方而止。气之聚者，以土沃而佳；山之美者，以气止而吉。"③ 因此，风水就是使天、地、人之气相和合的理论，"风水理论的一切具体措施也就是围绕如何寻生气之凝聚点，如何迎气、纳气、聚气。通过对宇宙天地之气的迎合、引导和顺应，使人体之气与之产生和谐，从而有助于改善居住环境，保证人类的身心健康及后世的昌盛。"④

三、堪舆学理论中的环境美学思想：美的要素与美的形态

中国古代的环境概念大致可分为宅第环境和自然环境两大类，在堪舆学理论中，实际上都把居室环境安放在自然环境中，是自然环境决定了居室环境而不是相反，因此在很多堪舆学典籍中，环境美学思想都表现在住宅周遭的自然环境上。因而，需要明确一下堪舆学中自然环境美的要素——"四美"。堪舆学所论及的"四美"，是指山水排列顺序、明堂形状、土壤质地颜色等自然环境的美，实际上是上述风水环境六要素在形体状态上的呈现，其在另外一种表述上明确了堪舆学理论中的环境

---

① 卜应天：《雪心赋》，上海铸记书局，1919 年（民国八年）卷一，第 1 页。
② 郭璞：《四库存目青囊汇刊·青囊秘要》，第 37 页。
③ 同上，第 19 页。
④ 冯媛华：《风水与环境》，《四川环境》2004 年第 6 期。

美学思想。

四美之一是罗城周密。《地理五诀》指出："罗城者，罗列星辰也。分金、木、水、火、土。周密者，八方丰满也。"① 所谓罗城周密，是指居所四面八方的龙砂罗列丰满，左右有山峦如同仓库旗鼓，前面有案山如玉几排列，就像天子坐朝，将军居中军大帐一样罗列周围，形成保卫之势。其二是左右环抱为美。左右环抱指的是龙虎砂水绕穴而生：重重龙虎，层层护卫，绕抱穴前，皆为环抱。左右环抱，顾我向我，秀丽有真。其三是秀水朝堂。朝堂前面有秀美的河水环绕聚积，四面有秀水就是禄水、官旺之水，是富贵吉祥的象征。其四是气旺土肥为美。堪舆学认为，周边龙脉山势磊落起伏，重叠奔涌而来，有势有勇。脱煞变换，化石成土。尖圆方正，气雄势壮。土色滋润，红黄五色。土为气之母，土肥则气壮，气壮验土肥，故云气旺土肥。② 所谓气旺土肥，指的是择地土色滋润，五色为最佳。土是气之母，土肥则气壮。这四者就是堪舆学环境美中的"四美"，环境美的几种形态主要集中表现在它们身上。

堪舆理论中的审美形态主要体现在"形势派"的经典著作中，著名的如管辂的《管氏地理指蒙》、郭璞的《葬书》、杨筠松的《撼龙经》、卜应天的《雪心赋》、黄妙应的《博山篇》、缪希雍的《葬经翼》、王君荣的《阳宅十书》、徐善继弟兄的《地理人子须知》、蒋大鸿的《水龙经》等。这一派别注重对风水环境在空间形象的勘察上，重视寻龙、点穴、察砂、观水、取向，其理论是根据地形地貌、水流情态来判断居处的美丑凶吉。对山水形势与人文和自然之美有机结合的追求，渗透着明显的审美意识，呈现出丰富多姿的环境美学思想。堪舆学理论中环境美的形态，主要包括山水自然环境美、环境艺术美、环境伦理美和环境生态美等几种。

其一，山水自然环境美。亦即山形山势、水形水势所表现出来的自然美。在古人那里，山水是美的概念的具体呈现，山水是最大最高的美。在古代画论中所讲的"法自然"，就是认为自然山水是绘画艺术美之母、之师。自然美，即指的是自然风物所具有的美，自然美的主要特点侧重于形式方面，以自然物原本所具有的感性形式唤起人对于美的感知。自然的某些属性特征的客观存在（如色彩、线条、形体、状貌、声音、气味等），是形成自然美的必要客观条件。堪舆学所勘查寻找的理想宅居，无不以自然山川河流所天然形成的优美风景场地为追求，它深刻反映了自古以来汉民族崇尚自然美的社会审美心理。

在堪舆学理论中，就山形而言，按照金木水火土五行，可以把山分为园、直、

① 赵九峰：《地理五诀》，西安：陕西师范大学出版社，2011年，第119页。
② 同上。

曲、锐、方诸象，大都要求在形状上体态端正、均衡和谐。对那些端庄秀丽、挺拔雄伟的称之为吉祥之山、秀美之山、雍容华贵之山等，山和水都要求有屈曲生动、环抱有情等形式美的特点。具体体现在龙真、砂秀和水抱等方面。

龙脉要真。所谓的真，就是山脉要真正像龙的形象一样才是美好的。《地理五诀》认为：龙必要真。山的走势如同君臣辞楼下殿、将军穿帐过峡。束气起顶，端圆方正，形状如蜂腰鹤膝、仓库旗鼓、文笔衙门，有秩序地罗列峡中，缠护重重，迎送往叠，屈曲活动。左右大水，环抱有情，即是真龙，亦即美好的山势山形。龙分富、贵、贫、贱四类。贵龙宛转雄壮，左右迎送，气壮土肥；富龙左右多仓库箱柜之形状，虽然送迎无多，但自身丰满，好水环绕；贫龙肢干蠢粗，结穴处水背流、砂背走；贱龙的龙脉左右缺少卫护，有劫煞、翻花等恶相；顽龙蠢粗硬直、臃肿顽顿；凶龙则暴逆乖戾。① 总之，龙脉要求挺秀华贵、气象伟岸、气势非凡。

砂要秀。《地理五诀》认为：何为砂秀？左旗右鼓，前帐后屏。左缠右护，带仓带库。执圭执笏，文笔高耸。枕靠端然，朝对分明，为秀砂。秀砂之象，以山水环绕、林木参差、岗峦重叠之地为美妙。所谓旗鼓、圭笏等形象，要各肖其形，各象其物。案山、朝山的形态要求"近案贵于有情""但以端正圆巧、秀美光彩、平正整齐、环抱有情为吉""贵于秀丽"。② 一句话，就是清丽秀美。

水要抱。《地理五诀》注：何为水抱？上有开，下有合。玉带金城，三合皆为环抱。千里来龙，千里绕抱。百里来龙，百里绕抱，谓之水抱。山环水抱，便是绝佳景致。因此，龙有水则少、则兴、则聪明秀丽。水绕为城曲曲过，家有余金衣食裕。八千朝拱一千流，秀气财源满局收。③ 此外，还有金钗水、排衙水、天梯水、玉阶水、九曲水、田源水、仓板水等，都是以其具体形态来表达其曲折有致的形态之美。

其二，环境艺术美。"大地艺术"如今已然成为了中西方美学界的一种共识，与西方人造自然艺术不同，中国古人是以艺术眼光来观察山水的，堪舆学对固有的生态环境所构成的龙、凤、虎、龟、梅花乃至元宝、乌纱帽等吉祥物形状视为大地艺术，进而在营居造墓中运用艺术思维来进行实践。郭熙《林泉高致》说："山，大物也，其形欲耸拔，欲偃蹇，欲轩豁，欲箕踞，欲盘礴，欲浑厚，欲雄豪，欲精神，欲严重，欲顾盼，欲朝揖，欲上有盖，欲下有乘，欲前有据，欲后有倚，欲下瞰而若临观，欲下游而若指麾，此山之大体也。"④ 把山水当作艺术形象来看待。堪

① 赵九峰：《地理五诀》，第 116、162 页。
② 同上，第 116 页。
③ 同上。
④ 郭思：《林泉高致》，第 46 页。

舆学从来就是和中国古代山水画理论联系深刻，吸收融合了山水画论思想，用生动的艺术形象来比附形容山水形态，在理论中呈现大量的比象美。

比象。比有比喻、比拟、比况、比类的意思，象是指天地万物之形状相貌。堪舆学对山水地形的比象，是为了形象地比附说明山水所呈现出来的艺术形象，体现了天地之美与人相对应的思想感情。如《葬经》中"玄武垂头，朱雀翔舞，青龙蜿蜒，白虎驯俯"。① 龙有牙笏龙、宝盖龙、金钟龙等，砂有文笔砂、库柜砂、纱帽砂和印盒砂等，水有天梯水、金钗水等，金钟、纱帽和天梯等都是艺术美在自然环境中的一些具体表现形式。如前所述，在堪舆学中，山被称为龙、龙脉，《管氏地理指蒙》说："指山为龙兮，象形势之腾伏……借龙之全体，以喻夫山之形。"② 由于山脉变化状态万千，因而以龙名之，这就是比象。同时，根据山脉的起伏形态概括为很多种龙的形态，如回龙：形势蜿旋，回首舐尾；腾龙：形势高远，险峻耸立，如仰天大壶；降龙：形势耸秀，峻峭高危，如从天而降；生龙：形势拱辅，生动活泼；飞龙：形势奋翔，如雁腾鹰举；卧龙：形势蹲踞，如虎屯象驻。③ 莫不因势象形，比喻贴切。砂的具体名目也大多是以其形像命意。如文笔砂，文笔是贵人所用之物，主出富贵之人。库柜砂是比类库、柜，取形之外，还有金库钱柜之意。印盒砂和纱帽砂，比况官印和乌纱帽，主贵，寓意有官宦之兆。旗鼓砂，旗鼓就是旌旗金鼓，都是军用器物的形状，主家中出武将军。

在论证明堂时，《地理五诀》认为，藏风聚气为管气。夫地之明堂，如衙署大堂前之拜台也。明堂外有罗城、四维、八干，如队伍也。堂前面有拜台，台后有大堂等，台前左为吏部、户部、礼部，右为兵部、刑部、工部，这里的龙砂、虎砂恰似朝廷六部，俨然朝廷气象。④ 这些取象大都生动贴切，呈现出比象之美。在堪舆学理论中还有很多诸如此类的比象，形成了大地环境艺术美。

其三，环境伦理美。这种美是一种象征意义上的美。中国古人喜爱梅、兰、竹、菊，把它们称为"四君子"，这固然与其优美的姿质相关，但更在于梅的冰雪傲骨、兰的秀质清芬、竹的高风亮节、菊的卓尔不群等文化蕴含，与人的品性、气节、兴趣雅尚有着深刻的文化关联或心理对应，从而具有特定的象征意义。人们对其欣赏不只是限于它们原本的形、色等自然属性，而更多着重其特有的文化内蕴和隐喻意义。在堪舆学理论中，环境伦理美主要是比德之美和秩序之美。

首先，比德之美。堪舆学理论重视三纲五常、四美十恶等伦理逻辑，山水形状

① 郭璞：《四库存目青囊汇刊·青囊秘要》，第25页。
② 管辂：《管氏地理指蒙》，第24页。
③ 亢亮，亢羽：《风水与建筑》，天津：百花文艺出版社，1999年，第79页。
④ 赵九峰：《地理五诀》，第115页。

也分出善良、富贵、凶恶、贫贱等。山的形状、水的质地形态与人的德行之间构成了一定的对应关系，如五行与五德的关系是：木主仁、金主义、火主礼、水主智、土主信；居住地如果有体态端庄的山，人必定光明磊落，如果有蠢粗硬直、歪斜崩裂的山，必定出愚蠢粗卑、奸险邪恶之人等，即所谓"砂如刺面，家多凶悍。砂如提箩，乞丐为多"。《地理五诀》指出：地理之道与人同，人有三纲五常、四美十恶，地理亦然。人有三纲：君臣、父子、夫妻；地理有三纲：气脉为富贵贫贱纲，明堂为砂水纲，水口为生旺死绝纲。人有仁、义、礼、智、信五常；地理也有五常：龙、穴、砂、水、向。人有四美：音、味、文、言；地理也有四美：罗城、左右、官旺、气旺。①《地理人子须知》说："曰脉者何也？人身脉络，气血所由运行，而一身之禀赋系焉。凡人之脉，清者贵，浊者贱，吉者安，凶者危。地脉亦然。善地理者，审山之脉而识其吉凶美恶，此不易之论也。"② 这些都是从伦理道德的维度来论说，具有明显的伦理美特征。

其次，秩序之美。堪舆理论中所内蕴的环境美学思想视环境为人类社会中的集合体，山和水构成了众多有生命意识的有机个体，因而追求"长幼有序、尊卑有别"的人伦之理。如龙脉分出太祖山、少祖山和父母山，建筑物讲究建造次序和布局，要求旁边山形水势的前呼后拥、朝拜揖让，左右拱卫保护。另外，堪舆学理论中所包含的环境道德观念、环境道德情感等一系列主观内省的伦理性内容，也表达着人们对环境伦理美的追求。

最后，环境生态美。在日常审美观念中，美好的自然风景总是以生态优良为前提来表现的。在环境生态美中，主要是生态平衡美和生态质地美两种。堪舆经典都详细论述了得山得水的人居环境应藏风纳水，还必须注意水的流向、距离水的远近；对山的走向和山势高低的合理顺应，避风向阳；周边林木花草的疏密高低等，讲究"土厚水深，郁草茂林"，追求周边生态构成之间相辅相补、和谐平衡的美。关于生态质地美，不少堪舆典籍对土质标准都有要求：土欲细而坚，润而不泽，裁肪切玉，具备五色。如果干如穴粟，湿如刲肉，水泉砂砾，则为不美。对于山岭的表层也有要求：皮无崩蚀、色泽油油、土香而腻、石润而明等，这正符合现代环境学上的地质检验原则，包含了丰富的生态环境美学观念。堪舆学对水的质地、形态、深浅、流速等的要求都符合生态美的基本特征，对水的追求是：水质地要流泉甘冽、清明纯净、味觉甘甜；流速要不急不滞，"洋洋悠悠，顾我欲留"，体现出长流不息、气长不泄的特点。

---

① 赵九峰：《地理五诀》，第 111 页。

② 徐善继，徐善述：《地理人子须知》，第 41 页。

堪舆学认为"风水宝地"都具有良好的自然生态景观，体现着生态和谐之美，树木荣盛，山有生气，因而良好的环境所在必定生物繁茂、利居宜人。《葬经翼》说："凡山紫气如盖，苍烟若浮，云蒸蔼蔼，四时弥留，皮无崩蚀，色泽油油，草木繁茂，流泉甘冽，土香而腻，石润而明。如是者，气方钟而未休。"① 具备这种良序生态景观的就是营造住宅的好地方。在这个意义上，生态平衡美和质地美是相互统一的。

四、环境美的价值敞显形式与环境美学思想的当代意义

人于环境而言不是被动的，而是能动的，堪舆学理论就是要让人按自己的审美需要选择并建设环境。有学者认为，在居住的意义上，环境可分为宜居、利居和乐居三个层面。宜居，是就生存的可能性而言，重在生态环境的适宜性；利居，是就人的利益的可发展性而言；乐居是就生活的品位和质量而言。② 乐居或雅居是一种精神境界和理想情怀，而对堪舆学而言，居所只有两种理想的审美境界，那就是宜居和利居。宜居的第一个层面是适宜居住，这更多是在客观层面而言的，在这个环境中，依山傍水，背风向阳，生活适宜。宜居中再高一个层面是安居，亦即居住平安，主要指环境对人的生命和财产的保全和庇护，追求平安为福。利居也有两层意思：吉利和昌旺。《宅经》载《三元经》认为，地善即苗茂，宅吉即人荣。③ 对人的生存和繁衍有利，对事业的发展有利，这就是环境美的价值彰显。堪舆学理论中的理想审美环境是融天地人于一体，蕴涵着相生相克的稳定结构，是宜居、利居和乐居的统一，人居此处而心安气顺，身康体泰，家和业兴，是环境美的最佳境界。

对宜居、利居和乐居的不同层面的追求，使得堪舆学中环境美的价值或美学功用的敞显形式显示出多样化，主要可以概括为功利诉求、心境感染、艺术参照、道德隐喻、哲理遐思等。

中华民族在进入现代社会之前长期处在原始的农桑文明阶段，以天为尊、以地为本，劝课农桑，以道德为理，以山水虫鱼鸟兽花木为友，以安居利居为生存理想，这是古人基本的生活状态和精神追求。福、禄、康、寿是人最一般的心理诉求和生活理想需求，更是汉民族传统的生存追求。在人们意识深处，认为堪舆学在实践上可以帮助实现这样的需求，因为人们一直相信，居所风水的好坏直接影响到人的运

---

① 郭璞：《四库存目青囊汇刊·青囊秘要》，第 37 页。
② 陈望衡：《中国古代环境美学思想体系论纲》，《武汉大学学报》2019 年第 4 期。
③ 《宅经》，第 77 页。

势、健康、财富、家庭、学业、事业等，官员求仕途、商贾求财富、细民百姓求平安吉祥，都是功利诉求的表现，这也契合马斯洛的需求理论。堪舆学中的环境美学思想就寄寓在这种对良好生活状态和美好未来的功利期许之中。

由于人们都会把大地视为有形的艺术品，常常用龙虎龟鹤等祥瑞动物来赋形比喻山岭河流，这就有了大地艺术参照意识，并在此山水环境中获得心境感染。在他们看来，人与山之间有着异质同构的关系：人贵体质强健，山贵起伏有力；人贵五官端正，山贵星峰成形；人贵貌俊神朗，地贵山清水秀；人贵鼻直口方，山贵脉明堂正等。以山水形状的秀美尊贵来隐喻兆示居住此地的人的俊健显贵，使之获得心理暗示和心境感染。

道德隐喻和哲理遐思并非一般人所需要，主要是士绅阶层对寓所庄园的审美要求。他们在未曾做官时、或赋闲时、或隐居时，对于自己居所环境常常会有独特的要求，使宅第环境符合自己的志向抱负或地位身份。以独特的居住环境来彰显其环境美的价值，实质上是一种名大于实的功利诉求。郭熙在《林泉高致·山水训》中解释过君子爱山水的缘由："君子之所以爱夫山水者，其旨安在？丘园养素，所常处也；泉石啸傲，所常乐也；渔樵隐逸，所常适也。"① 人们隐居深山幽谷，或郊区庄园，如诸葛亮的卧龙岗、陶渊明庐山脚下的五柳住所、王维的辋川和邵雍的安乐窝那样，寄情山水，寄傲林泉，每日观澜听雨，看流云松涛。娱乐情志，在此环境中获得其所追慕的道德隐喻和哲理遐思。

那么，堪舆学理论中环境美学思想具有什么样的当代意义呢？其显明的意义表现如次：首先，对于当下保护和友好利用生态环境具有现实意义。在当下经济发展中关于"金山银山"与"青山绿水"的轻重取舍引发争议时，厘清古代堪舆理论的本源，阐发古人基于天人合一的生命哲学思维所传达的环境美学思想，可以使人们了解体悟祖先们的生存智慧，更好地理解人与自然之间互存共荣的密切关系，有利于加强人与自然和谐相生的观念，提升环境保护意识，对建设生态城市和美丽乡村具有直接的应用价值。

其次，为现代生态主义哲学和现代环境理论以及生态建筑学提供了美学依据和思想资源。堪舆学中的环境美学思想应当成为建构现代生态主义哲学的组成部分。堪舆理论是中国古代生态文化的重要构成部分，它认为人是自然的有机组成部分，人的行为也应当与"天道"一致，顺应天道而达到"天人合一"的至善境界。人的生存居住环境是人在自然中栖息的场地，"凡人所居，无不在宅""故宅者，人之

---

① 郭思：《林泉高致》，第17页。

本。人以宅为家，居若安，则家代昌吉。"① 因此，人因宅而立，宅因人得存，人宅相互依存扶持。古人通过堪舆理论对和谐吉昌的住宅的追求，是尊重顺应自然，实现与自然环境共存共荣的生活方式。蕴含其中的生态智慧和环境美学思想，为现代生态主义哲学和现代环境理论提供了美学依据和思想资源。当下人们对建筑环境、建筑外观以及室内装饰的审美追求更加重视，环境美学可以提供理论支撑，引导居住生活的审美化。而传统堪舆理论在现代环境和建筑学理论的支持下，也会获得更好的阐释和传承发展。

最后，研究阐发堪舆理论中所蕴涵的丰富的环境美学思想，可以拓宽当代中国美学的研究疆域。论证堪舆学中的环境美学思想，阐明其哲学渊源是"天人合一"的生命哲学，其理论本质是人类对生存境界的审美追寻，发掘阐明堪舆学理论中蕴含的对称均衡、屈曲有情、生气律动、局势和谐等基本美学原则，以及所具有的山水环境美、环境艺术美、环境伦理美等美学形态，同时揭示其中的美学观点与现代环境学等学科之间的关系，阐释堪舆学中环境美学思想与现代美学的学理关系。这既是对中国文化史的丰富，更是对中国美学史的丰富。作为中国古代美学的有机组成部分，堪舆理论中蕴含的环境美学思想能够与其他传统美学思想一起，在历史维度和当代视阈中敞明自我，这对于建设具有中国特色的美学、推进中国当代美学的繁荣发展都具有积极意义。

---

① 《宅经·序言》，第9页。

比较艺术学视阈下的文学与电影研究：
跨媒介、文本化与电影阅读理论

李　斌　何梦珂*

内容提要：

　　作为艺术活动的载体，媒介属性和媒介变迁对于艺术特征、艺术发展等具有重要影响。基于媒介视角，跨艺术比较研究并不局限于不同艺术形式之间的简单比附，也蕴含着媒介转换、互补、互动等活动。就电影艺术而言，自诞生之日起便不断与其他艺术形式进行比较，以寻找电影的同源或者前身。其中，文学与电影之间的比较研究展现了电影研究由视觉化转向文本化的过程，展示了艺术交流过程中的媒介互动，促成电影语言、电影符号、电影阅读等新理论的建构与发展，体现了比较艺术学的跨学科、跨艺术、跨视域等跨越性特征。

关键词：

　　比较艺术学；文学与电影；电影语言；电影文本；电影阅读

　　随着媒介技术的发展，跨媒介传播与多媒介互动成为社会主流。从媒介视角看，每一种艺术形式都具有独特的艺术特征、表达规范和表现能力。而在新的媒介环境中，艺术活动往往形成新的艺术表达方式与审美趋势，并且时刻处于互相"比较"之中。那么，我们该如何看待这种艺术媒介之间的互动与转换？我们该如何分析不断衍生的新艺术现象和艺术行为？学者诺埃尔·卡罗尔（Noel Carroll）在《理论化

　　* 李斌，男，1989 年生，江苏连云港人。文学博士，成都大学文学与新闻传播学院副教授，主要从事比较艺术学、数字文学研究。何梦珂，成都大学文学与新闻传播学院研究生。本文系成都大学文明互鉴与"一带一路"研究中心一般项目"'一带一路'背景下莱恩·考斯基马数字文学理论在中国的接受与传播"（项目编号：WMHJ2021C03）阶段性研究成果。

活动影像》（Theorizing the Moving Image，1996）中曾总结出艺术媒介特征研究的两个基本要素：一是内部构成要素，即媒介与该媒介艺术形式之间的既定关系；二是外部构成要素，即媒介与其他艺术形式或其他媒介形式之间的关系。其中，前者强调艺术的内部媒介特征和艺术表现，后者强调不同艺术之间的媒介互动与艺术交流。事实上，卡罗尔的观点非常契合于比较艺术学的基本理念，使艺术研究摆脱艺术形式桎梏，寻找不同艺术之间的共通性与差异性。在比较研究视野下，现有学科体系中的任何一门学科都不是完全独立的，都与其他学科存在交叉与融合，艺术学亦然。因此，"跨越性"（尤其是跨越不同艺术门类）是比较艺术学的重要基础和学科特征。

自诞生之日起，电影艺术便不断被用来与其他艺术形式进行比较，以寻找哪些艺术可以视为电影的同源或者前身，例如电影与戏剧、绘画、音乐以及文学等。之所以会出现这种情况，主要原因在于电影具备有别于传统艺术的特殊媒介属性和艺术表现。作为一种新兴艺术形式，电影不可避免地被用来与传统艺术形式进行比较。本文将基于比较艺术学视角，以文学与电影比较研究为切入点，分析电影研究打破学术等级制度的具体策略，梳理电影研究从视觉化分析向文本化研究的转向历程，以探讨比较艺术学的跨学科、跨艺术、跨视域等跨越性特征。

一、跨媒介与平等性：文学与电影比较研究的等级制度与瓦解

谈及文学与电影之间的关系，"电影改编"往往令人印象深刻。作为电影艺术发展的重要基础之一，学术界热衷于探讨"电影改编"，尤其是文学改编"忠实度"等问题。这就导致文学与电影比较研究过程中长期存在如下"矛盾"，即"文学"常被视为更优越的艺术形式，电影则低"文学"一等，学术研究长期坚持以"文学"为标杆衡量电影艺术，导致电影艺术的部分特性无法被有效分析，从而影响了电影研究的发展。但同时，电影作为一种综合性艺术，基于特殊的媒介属性和艺术特色，聚集视觉、听觉等多种特质，艺术表现更为多样，艺术特征更为鲜明，审美体验更为丰富，深受观众喜爱。

那么，这种"矛盾"是如何形成的？文学艺术何以在比较研究过程中获得优势地位？电影怎样才能获得与"现实"情况相符的学术地位？面对这种情况，学者罗

伯特·斯塔姆（Robert Stam）经过系统分析总结出以下四点原因①：一是历史局限。文学拥有更久的发展历史和更深的读者基础，在读者心中具有天然优越性；二是对立思维。基于"反—有形论/贱身论（Anti-corporeality）"，学术界认为电影多以图像展示为主，缺少心灵感悟，常被视为"肤浅的艺术"；三是文化偏见。包括图像恐惧症（Icono phobia）和语词迷（Logophilia）等，体现学术界对于视觉艺术的文化偏见；四是认识误区。如"设备神话（The myth of facility）""机器主义（Apparatusism）思维""寄生性（Parasitism）"等，认为电影只是机械复制，无法构成艺术。例如，学者卡米拉·艾略特（Kamilla Elliott）就曾指出电影改编的"双重不足"：一方面，电影改编不如小说，改编只是拷贝原作；另一方面，电影改编不如电影，因为改编不代表纯粹的电影②。由此可见，学术界对于电影艺术的偏见是根深蒂固的。

不过，正如学者李倍雷所言："比较艺术学的目的，就是建立平等对话机制。"③ 事实上，文学与电影拥有不同的媒介属性和技术载体，具有不同的艺术风格。参照延伸理论、补救理论、环境理论等媒介理论可以发现，作为两种媒介形式，文学与电影并非对立。就媒介特征而言，电影媒介在视觉、听觉等方面形成对传统文学活动的有效补充。而文学作为电影艺术发展的重要基础之一，在电影叙事、审美等方面影响深远。因此，在比较艺术学视阈下，文学与电影作为两种独立的艺术形式拥有平等的学术地位，彼此相互影响。其中，电影艺术具备典型的跨媒介特征，成为比较艺术学研究的重点之　。

二、电影研究的文本化与突破：叙事性、承继性与互动性

在文学活动中，基于印刷和语言文字的"文本"是文学阅读和学术分析的重要基础，相比之下，电影作品主要用途是"观看"，这就导致文学常被视为文本性艺术，而电影则被视为视觉性艺术。那么，为何在"视觉化"的电影艺术领域会呈现"文本化"趋势？经过梳理发现，主要源自以下两点原因：一是学术研究寻求新突破，二是电影艺术叙事性特征愈发明显。在文学与电影比较研究过程中，文学始终保持"优越性"，二者之间的等级关系影响电影艺术的学术地位。同时，文学改编

① 罗伯特·斯塔姆：《电影改编：理论与实践》，刘宇清、李婕译，《北京电影学院学报》2015 年第 2 期。

② Kamilla Elliott. *Rethinking the Novel/Film Debate*. Cambridge University Press. 2003. p. 27.

③ 李倍雷，赫云：《走向世界的比较艺术学》，《文化艺术研究》2010 年第 1 期。

长期主导文学与电影研究，忽视电影本身的艺术特征。在这种情况下，电影研究的文本化趋势不仅提高了其学术地位，使基于电影艺术形成相对规范的、科学的和独立的学术研究实践，也使得在比较艺术学视阈下能够有效开展文学与电影之间的平行研究。

（一）电影艺术的文本化：叙事性与符号化

类似于"文学文本"，"电影文本"使文本分析和叙事研究成为可能。那么，作为视觉艺术的电影如何才能被视为"文本"？学术界认为，"电影文本"概念成立的基本前提在于承认电影语言的客观存在。例如，学者丹尼艾尔·阿里洪（Daniel Arijon）就将注意力放在电影剪辑上，认为剪辑能体现电影独特的语言表现方式①。相比之下，学者克里斯蒂安·麦茨（Christian Metz）基于符号学理论，将整个影片视为一个语言系统，把句法理论（如蒙太奇和长镜头等）作为电影的文本理论，认为电影是"想象的能指（Imaginary signifier）"，从而建构了独特的电影符号和语言体系。其中，"想象"是精神分析学用语，主要基于拉康的人格构成理论。"能指"是结构主义语言学用语，指代某种表现手段。"想象"和"能指"的结合体现了克里斯蒂安·麦茨将精神分析和语言学方法相结合的意图，通过将整个影片视为"电影文本"构成"能指"，以实现把"电影"当成"语言"进行研究的目的。

在电影艺术的"文本化"过程中，符号学、形式主义等理论发挥重要作用。例如，随着符号学介入，电影研究在导演的美学风格和美学实践之外，开始关注电影的内容解读，并就此形成电影符号学、电影语言学等新课题。与此同时，在电影研究的文本化和合法化过程中，形式主义所推崇的科学方法与电影艺术的技术属性不谋而合。于是，在电影研究领域出现了根纳季·卡赞斯基（Gennadi Kazanski）的"电影学（Cinematology）"、鲍里索维奇·彼得罗夫斯基（Mihail Borisovich Piotrovsky）的"电影诗学（Cinepoetics）"等研究领域。一定程度上，形式主义对于"文本"的重视促使"电影文本"被研究者普遍接受。

显然，电子或虚拟文本的文本性必然不同于传统印刷文本。"叙事学"作为文学研究领域的重要概念，通常专注于语言文字和文本内部结构，主要研究文本的叙事方式、方法和技巧等。相比于文学文本，电影文本作为典型的复合型文本，集合了文字、画面、声音等复合元素，拥有更加多元的叙事方式，从而形成了电影艺术相对独特的叙事特征，也为电影叙事差异化研究奠定基础。简单而言，文学作品利用语言文字构建叙事风格，而电影艺术则通过声音、镜头、剪辑、画面等表情达意。

---

① 丹尼艾尔·阿里洪：《电影语言的语法》，陈国铎、黎锡译，北京：北京联合出版公司，2012 年，第 2 页。

这就使得电影叙事研究在文学叙事理论基础上，更加注重影像的叙事功能。而这种比较研究契合了"比较艺术学"的基本理念，即进行有效的跨艺术种类、跨艺术样式和跨艺术体裁等比较研究。

例如，学者西摩·查特曼（Seymour Chatman）基于"文本"和"叙事"两个视角，将文学与电影视为平等的学术研究对象，探讨故事话语和叙事特征。他在研究过程中坚持从广义"叙事学"出发探讨不同媒介的叙事特征和叙事结构。尤其是针对"小说"和"电影"的叙事研究，对于"故事"与"话语"两个概念进行区分和论证，探讨文学和电影在叙事层面的关联性与差异化。具体而言，就是基于叙事理论，从"故事"和"话语"两个层面分析文本的叙事结构和叙事特征，建构逼真性、偶然性、话语顺序、话语空间、故事空间等概念，统筹一切具有叙事特征的艺术形式，从而打破文学与电影的对立，成为比较艺术学研究的"典范"之一。

长期以来，"叙事"作为文学文本的专属，在理论建构和比较研究过程中具有天然优势。随着电影艺术不断演进与发展，在视觉、听觉等媒介属性基础上，电影的故事性、叙事性越来越强。在研究过程中，电影不再简单等同于文字的"视听化"，学术界开始关注"电影文本"独特的叙事特征，并基于比较研究丰富传统叙事理论。从艺术互动层面看，文学与电影之间的对立关系得到缓解，等级关系得以打破，两种艺术形式之间的共通性和差异性被关注与研究。正基于此，作为比较艺术学研究的重要领域之一，文学与电影艺术之间的比较研究得以有效开展。

（二）比较艺术学视阈下的文学与电影：承继性与互动性

在文学与电影比较研究过程中，一直存在类似疑问：到底是文学影响电影还是电影影响文学？在文学改编与文学优越性等因素影响下，文学对于电影艺术的影响被广泛认知。不过，随着电影文本化研究不断深入，电影艺术获得独立且平等的学术地位，基于文学与电影的平行研究得以开展，电影独特的媒介属性和艺术特征不断被挖掘，文学与电影之间的比较研究摆脱内容、形式等方面的简单比附，开始更多关注两种艺术形式之间的互动交流。

例如，学者罗伯特·斯塔姆指出："通过将文艺复兴时期引介的视觉感知符码（单眼透视、消失点、景深感、准确的比例）与19世纪文学中的主流叙事符码结合，古典剧情片习得了现实主义小说的情感影响力及其叙境的声望，延续了小说的社会功能和美学制度。"[1] 这不仅展现出电影艺术的承继性特征，也凸显了电影与其他艺术形式之间的关系。著名导演大卫·格里菲斯（D. W. Griffith）称自己从查尔

---

① 罗伯特·斯塔姆：《电影理论解读》，陈儒修、郭幼龙译，北京：北京大学出版社，2017年，第117页。

斯·狄更斯（Charles Dickens）那里借用了叙事交叉剪接法；谢尔盖·爱森斯坦（Sergei M. Eisenstein）在文学作品《失乐园》（*Paradise Lost*）中发现了焦距变化，在文学作品《包法利夫人》（*Madame Bovary*）中发现了交叉蒙太奇，并将这些现象称之为"电影手段的文学前身"①。此外，让·爱泼斯坦（Jean Epstein）将"作者"观念运用至电影创造者，将电影技术与文学手法相比较，赋予电影艺术家与作家、画家同等的社会和学术地位。其中，"作者论"作为一种方法论，使电影研究的焦点由故事、情节、主题等内容转移至创作技巧、艺术风格等方面，从而提高了电影创作者的学术地位，使电影成为体现独特风格、个人思想和意识形态的独立艺术形式。正如罗伯特·斯塔姆所评价的那样：作者论"使电影进入文学的体系，并且在电影研究的学术合法性上扮演了重要的角色"②。由这些例证可以看出，电影手法、电影研究与其他艺术形式尤其是文学艺术关系密切。

审美功能的承继性、艺术手法的借鉴以及理论观点的挪用等体现出文学对于电影艺术的影响。与此同时，电影艺术在发展过程中不断被认可和接受，其对于文学发展和文学研究的影响也引起重视。学者基思·科恩（Keith Cohen）在《电影与小说：交流的动力》（*Film and Fiction：The Dynamics of Exchange*，1979）一书中总结出四种"电影手段"：一是描述物理对象（the depiction of physical objects，电影既可以使我们以新的方式观察具体事物，又可以通过我们的欣赏而赋予它们生命）；二是时间扭曲（temporal distortion，电影在时间上可以随意跳跃或后退）；三是观点（point of view，电影可以破坏或增加我们看待行动的观点）；四是不连贯性（discontinuity，电影可以随意破坏叙事顺序、空间和时间的连续性）。在他看来，这些电影特有的艺术特征对于文学活动（包括创作风格、作品语言、叙事特征等方面）具有重要影响。

不过，他的学术研究有些名不副实，尤其是将电影手段和文学叙事进行简单比附，没有真正体现"互动交流"的内涵。正如学者桑德斯（J. G. Saunders）所言：作者（基思·科恩）并没有清楚表达他是否试图证明如果电影没有发明，那么这些小说家就不会如此写作，或者电影语言分析只是为他们审视自己的小说作品提供一种有效方式。③ 客观来看，基于历史局限，基思·科恩的学术研究确实存在不足，但这无法掩盖他对于开拓文学与电影研究思路的贡献。不可否认，电影艺术改变了媒介环境，并最终影响文学活动。不知不觉间，文学作品中开始出现了"电影"意

---

① 罗伯特·斯塔姆：《电影理论解读》，第 41 页。

② 同上，第 113 页。

③ J. G. Saunders. "Review：Keith Cohen, Film and Fiction：The Dynamics of Exchange." *The Review of English Studies*, Vol. 33, No. 131 (1982)：p.367.

象，出现了"看电影"的叙事情节，越来越多的故事发生在"电影院"，文字描述的现场感、画面感越来越强……这些实际上都体现了电影对于文学发展的影响，也验证了基恩·思科学术研究思路的正确性。

三、电影文本研究与电影阅读理论：电影语言与意义传达

美国学者大卫·鲍德维尔（David Bordwell）曾提出"宏大理论（Grand Theory）"，指代"抽象的思想体"，代表各种学科理论和学术规则的聚合体，如解构主义、精神分析、符号学等理论与电影研究的结合等。他指出，这种"宏大理论"虽然为电影研究开辟新路径，但也使"对电影的研讨被纳入一些追求对社会、历史、语言和心理加以描述或解释的性质宽泛的条条框框之内"[①]。事实上，鲍德维尔的"宏大理论"恰好体现出比较艺术学研究的关键之一，即在比较研究过程中如何避免一味趋同以及如何把握艺术边界、特色和独立性。同时，这也体现出在比较艺术学研究过程中"差异性"研究的重要性。

同样，在文学与电影比较研究过程中，学术界基于研究现状也已经开始反思电影形式研究和文本分析的局限性。不可否认，从文学术语中借鉴的"文本"一词提高了电影的学术地位，使针对电影艺术的科学分析成为可能。但是，随着研究深入，文本分析的局限性逐渐凸显：一方面，在后结构主义理论、文化研究等学术实践影响下，文本中心地位受到挑战，学术地位有所下降，这使得电影文本分析也受到影响。另一方面，文本分析忽视了电影艺术的内容、镜头、语言、情境等特色，使电影研究趋于形式化、机械化。例如，学者雅克·奥蒙（Jacques Aumont）和米歇尔·马利（Michel Marie）就曾在文章中列举了有关电影文本分析的四点不足[②]：一是文本分析的局限性，即仅限于叙事电影；二是文本分析忽视电影文本的整体性；三是文本分析忽视影片的生动性，通常将影片"木乃伊"化，只是生硬的分析；四是文本分析忽视电影的语境特征。

那么，如何才能在比较研究中保持电影艺术的特色，充分发掘电影的艺术特征，形成相对独立的学术研究体系？通过文学与电影比较研究可以看出，一味借鉴文学研究理论的做法并不可取。基于比较艺术学理念，不同艺术形式之间的比较研究应

[①] 大卫·鲍德维尔、诺埃尔·卡罗尔主编：《后理论：重建电影研究》，麦永雄等译，北京：中国社会科学出版社，2000年，第5页。

[②] 雅克·奥蒙、米歇尔·马利：《当代电影分析》，吴珮慈译，南京：江苏教育出版社，2005年，第113—115页。

该是互动交流的。简单而言，就是既要寻求艺术共通性，同时也要深化艺术差异性。因此，电影艺术研究开始寻求突破，从形式研究回归内容研究，试图摆脱电影形式分析的桎梏，在电影内容分析上开辟新领域。尤其是对于电影达意方式的重视，使电影研究逐步形成一套有别于其他艺术形式的达意理论。就学术发展而言，这种学术实践实际上是在努力摆脱文学研究的影响，更多从电影艺术本身建构理论体系。

（一）电影阅读理论与电影语言

在电影达意研究过程中，逐渐形成特殊的"电影阅读"理论。对于"阅读"而言，依然容易让人联想到文学阅读。一般情况下，对于电影艺术多用"观看"形容欣赏过程。但我们无法忽视这样的事实，即每个人对电影画面和电影内容的理解都不同。尤其是拥有丰富电影观影经验和高度视觉文化素养的人，对于电影往往会有更多、更深刻的理解。而这类人常被视为掌握"电影语言（the language of film）"。针对这种情况，学术界提出一些概念，如"cine-literate（电影识别能力）"和"cineliteracy（电影文化修养）"等。其中，"literacy"与文字相关，指代"识文断字"能力，代表文字修养。"cineliteracy"作为"cine"和"literacy"的结合，分别承载了电影和文字修养的内涵，主要强调对于电影的阅读和理解能力。因此，"电影阅读"主要是指了解电影的艺术特征和内涵，解读形象画面，从而更好理解和欣赏电影，体现电影研究和电影观众的客观需求。

正如前文所言，克里斯蒂安·麦茨等学者认为电影拥有独特的"语言"功能，并尝试利用语言学或文学的方法分析电影。但学者詹姆斯·莫纳柯（James Monaco）却认为这类研究效果不佳，因为电影和文字语言并不对等，并将这种"不对等"具体到以下两个方面：一是电影镜头与词无法对等。词是涵义的最小单位。但镜头有时间长度，在特定时间段内包含连续不断、不同数量的图像。而且，即使"单一画面"或"画格"同样无法构成电影涵义的基本单位。每一个画面或画格都包含无数潜在的视觉信息。二是电影镜头与句子无法对等。虽然"电影镜头"和"句子"都可以作"陈述"，但此处"镜头"并非胶片技术层面的"镜头"，电影甚至不能将内容区分为如此容易控制的单位。由此可见，对于"电影"与"语言"的简单比附是无效的。

简单而言，"电影语言"虽然具备类似于语言的传播功能，但是不同于通常意义上的"语言"。它不是字词、短语、语法等，甚至不属于语言体系。因此，詹姆斯·莫纳柯等学者认为应该从符号学角度将"电影语言"视为一种特殊的符号系统。在这种情况下，掌握"电影语言"就能够破译这套符号系统，从而理解电影内涵。

（二）电影阅读理论与意义传达

那么，电影如何实现意义传达？克里斯蒂安·麦茨在《电影表意泛论》一书的序言中曾指出电影符号学面临的中心问题，即"电影如何表示连续、进展、时间的间断、因果性、对立关系、空间的远近等"①。从阐释学视角看，电影的文本解读过程代表意义生成过程。作为开放文本，电影的意义具有不确定性。正如学者斯图亚特·霍尔（Stuart Hall）所言：意义不是传送者传送的，而是接受者制造的，而意义的生成是一个单方面过程。② 因此，对电影的字面意义往往存在误解。换而言之，对于同一部电影，不同知识背景、不同历史时代、不同文化环境、不同认知层次的观众将会产生不同的理解。例如，知名影片《党同伐异》（Intolerance：Love's Struggle Throughout the Ages ，1916）和《公民凯恩》（Citizen Kane，1941）等在上映时并未普获好评，甚至有不少批评声音和舆论攻击，票房惨淡。但随着时代发展，观众渐渐理解作品所具备的社会意义，最终使两部作品进入伟大电影作品行列。

在这种情况下，电影如何被"阅读"？学者詹姆斯·莫纳柯认为，相比于传统"语言"，电影艺术拥有独特的达意方式。于是，他将电影"阅读"研究的关键定位于电影符号系统达意方式研究，并指出电影存在的三种达意方式："外延""内涵""转义"。

首先，"外延"是指电影的画面和声音像文字语言一样具有外延含义。但与语言文字不同，电影的外延不需要努力辨认。"因为电影可以向我们提供一个极其接近现实的近似物，所以传达出文字或口语极少能传达的准确的知识。"③ 也就是说，电影影像特征等可以传达更准确的物质信息和外延特征。

其次，"内涵"是指超出语言外延的丰富含义。对于电影而言，"内涵"主要源自以下三方面：一是文化环境。在电影中，某一个场景、镜头或形象，在不同的文化环境中可能会呈现不同的内涵。例如，"白玫瑰"和"红玫瑰"分别作为约克王室和蓝开斯特王室的象征，在影片《查理三世》（Richard III ，2016）中，"玫瑰花"作为意象出现其内涵远远超过花朵本身。二是特殊手段。电影制作者在表现某一形象或事物时，往往会有一些特殊选择，如拍摄角度、摄影机机位和移动、色彩度、背景、镜头等，这些都是构成电影内涵的特殊手段。例如，电影《公民凯恩》在影片开头和结尾使用了完全相反的镜头设计。影片开头的镜头运动路线在结尾被

---

① 克里斯蒂安·麦茨：《电影表意泛论》，崔君衍译，北京：商务印书馆，2018 年，第 3 页。

② 斯图亚特·霍尔：《编码与解码》，载罗钢、刘象愚主编：《文化研究读本》，北京：中国社会科学出版社，2000 年，第 345 页。

③ 詹姆斯·莫纳柯：《怎样读解一部影片》（四），周传基译，《世界电影》1986 年第 4 期。

颠倒过来，代表开启的故事空间最终闭合，观众回到起点，故事也随之回到原点。三是标志力量。"标志"是电影中的重要符号体系。例如，在电影中，"温度计""汗水"等标志通常在向观众传达"热"。作为重要达意方式，"标志"符号具有非随意性和非同一性。前者主要是指"标志"通常拥有约定俗成的内涵，该标志出现在画面中时，观众可以瞬间明白它所传递的内容。后者主要是指不同标志的内涵不同，每个标志都传达一些独特的含义，而且同一标志在不同环境和不同表现手法下，含义可能不同。

最后，"转义"作为电影媒介传达含义的重要方式，是连接内涵和外延的关键。在语言学领域，"转义"是指词语有固有意义而转换替代出另外的意义。就文学研究而言，"转义"意指"转换措词"或"意义变化"，通过逻辑转换赋予符号新的逻辑关系或含义。如果将电影看作符号系统，那么"转义"对于整个系统的运行十分重要。从外延和内涵角度看，电影符号系统是静态的。"转义"使动态阅读电影成为可能，从而获得更多含义。例如，电影《摩登时代》（Modern Times，1936）中有这样两组相邻的镜头：镜头一展现羊群争先恐后冲出羊圈；镜头二展现下班时段工人争先恐后走出工厂。这两组独立的镜头本身都有自己的内涵和外延，但作为连续的画面展示，在达意层面发生"转义"，从而传达出工人如羊群的含义，以展现工人阶级的社会地位、生存状况等。

对电影镜头语言的深入分析使观众可以从影片细节中获取更多信息，完成对影片人物、情节和内涵的理解。正如在文学鉴赏中文本细读使读者发现更多细节、获得更多阅读审美体验一样，在电影阅读过程中，对于电影语言、镜头、情节、画面、场景、色彩、剪辑、声音等特殊细节和手段的关注将会获得更丰富的观影体验，同时也形成了独特的电影达意理论。学者詹姆斯·莫纳柯的研究为理解电影内涵提供了重要理论依据和支撑。在此过程中，我们既可以发现文学达意理论的影响，包括理论借鉴、概念转借等，也可以发现电影艺术独特的媒介属性、艺术特征和达意方式，尤其是一些语言文字无法实现的艺术表达和达意手段，对于电影研究具有重要意义。而对于电影元素、电影手段、电影内容等要素的关注也使得电影艺术文本化研究发生理论转向，逐步由形式分析走向内容分析，形成独具特色的理论体系。

结　语

近年来，新文科建设正在不断拓展传统学科"论域"，实现学科的"价值重塑"和"交叉融合"。相比于传统学科建设，"新文科的内核在于打破学科固有限制、强化学科交叉融合、适应时代发展需求"①。在比较艺术学视阈下，文学与电影艺术得以摆脱文字与画面、书写与视听等媒介属性限制，走向学科融合。电影研究者像文学阅读一样，通过文本细读、结构分析和达意研究等方式，洞悉电影的叙事特征和艺术特色。而在这一过程中，学术界也渐渐形成文学与电影互动研究的基本思路。简而言之，电影研究采用文本分析，突出语言、结构、达意等文学研究视角；而文学研究则利用画面、镜头等电影术语开展分析。这种思路不仅充分体现出电影和文学作为两种艺术形式独特的媒介属性和媒介特征，也展现出两种艺术形式之间的媒介互动与艺术交流。而这些艺术互动与比较研究凸显了比较艺术学研究对于跨学科、跨艺术、跨视域等跨越性的重视，以及对于艺术共通性与差异性的认知，有利于助推新艺科建设。

---

① 李斌：《新文科背景下比较文学学科的挑战与机遇》，《新文科教育研究》2021 年第 4 期。

自然·时空·体验——大地艺术的禅宗美学表现

曹晓寰 *

内容提要：

　　20 世纪 60 年代末，大地艺术在美国产生。大地艺术的直接源流是稍早出现的偶发艺术、激浪派、极简主义，这些运动不同程度地反映出禅宗美学意味。作为这些运动间亲缘性基础的禅宗，与 20 世纪禅宗西传及"禅学热潮"背景密切关联。禅宗的"自然"观、"空""悟""不二之法"内容，创造性地反映在大地艺术中，大地艺术在自然观、时空观、体验性方面有着明显的禅宗美学表现。

关键词：

　　大地艺术；禅宗美学；自然观；时空观；体验性

　　学界谈到大地艺术，多是在介绍作品的基础上分析作品如何创作，具有怎样的形式和风格，以及对后来的景观设计、园林设计、环境工程产生了怎样的影响。然而，深刻地了解大地艺术这些是不够的，艺术创作是在诸多历史运动、事件中开展的，它既是历史事件，又是作用于历史的事件，因此，需要将其放入特定背景中进一步考察。

　　禅宗作为东方文化的典型代表之一，对文化历史发展的影响经久不衰。自 20 世纪中期以来，禅宗以美学上的纯粹主义、非教条的灵性获得西方的关注和认可，50、60 年代在美国形成一股"禅学热潮"（Zen Boom）。从禅宗汲取创作灵感的大地艺术以大地为载体，创作了一系列无目的、非理性、自然而然的作品，这些作品在令人感到匪夷所思的同时不禁思考：作为边缘价值观的禅宗给大地艺术带来怎样的启

　　* 曹晓寰，女，1984 年生，河北石家庄人。文学博士，佛罗里达国际大学国际与公共事务学院博士后，从事文艺美学研究。

示？大地艺术有着怎样的美学表现？

一、大地艺术源流

大地艺术（Land Art）20 世纪 60 年代末产生于美国，随后波及其他国家，指的是艺术家利用大地元素在大地上进行创作的艺术①。大地艺术主张回归自然、建立与自然的紧密联系，由此引发了关于艺术与自然、人类与自然、景观与环境、艺术与生活等思考。

大地艺术的兴起主要通过三次展览：1968 年 10 月在纽约道恩画廊举办的土方工程展览（Earth Works）；1969 年 2 月在伊萨卡的怀特艺术博物馆举办的大地艺术展览（Earth Art）；1971 年 2 月在波士顿艺术博物馆举办的艺术元素：土、气、火、水展览（Earth，Air，Fire，Water Exhibition）。大地艺术家归类则十分模糊，首次参展的 14 位艺术家分属不同流派，如偶发艺术的克莱斯·奥尔登堡（Claes Oldenburg）、激浪派的瓦尔特·德·玛利亚（Walter De Maria）、极简主义的罗伯特·莫里斯（Robert Morris）和迈克尔·海泽（Michael Heizer）。具有不同风格和思路的艺术家聚在一起，为相似的主题进行创作交流，这些语境复杂、彼此牵扯的创作构成了大地艺术的雏形。

偶发艺术家克莱斯·奥尔登堡以远离画廊、博物馆的姿态，抵触了艺术评论家克莱门特·格林伯格（Clement Greenberg）提倡的精英艺术。他的主要作品有：《在商店的日子》（*Store Days*，1961）、《印第安人》（*Injun*，1962）、《自体》（*Autobodys*，1963）、《电影院》（*Movie house*，1965）等，60 年代末创作的《宁静的公民纪念碑》（*Placid Civic Monument*，1967）侧重对大地元素的表现，为大地艺术成为一种独立形态提供了前期基础。大地艺术家罗伯特·史密森（Robert Smithson）有同样观点，他表述过："一件艺术作品，一旦置于一间画廊，它便失去了能量，与外面的世界失去联系，变成一个被搬来搬去的物件和躯壳。"②

激浪派艺术家德·玛利亚倾向于表达雕塑的戏剧性舞台效果，他 60 年代末创作的作品《钉床》（*Beds of Spikes*，1968）、《地屋》（*Earth Room*，1968）在激浪派特点之外展现出一种大地艺术的冲动。70 年代初创作于新墨西哥西部地区的《闪电原野》（*The Lightning Field*，1971）将雕塑的范围延展至大地，呈现出鲜明的大地艺术

---

① Earth Art，Earthworks 也指大地艺术，大地艺术还被译为地景艺术、土方工程。

② 特里·巴雷特：《为什么那是艺术：当代艺术的美学和批评》，徐文涛等译，南京：江苏凤凰美术出版社，2018 年，第 408 页。

风格，该作品由 400 根不锈钢金属杆组成，这些直径 2 英寸、高 20 英尺 7.5 英寸的金属杆以 220 英尺间隔排列，形成一个巨大的矩形网格阵，天晴时，矩形网格阵反射阳光，阴雨时，矩形网格阵接引雷电，作品表达了自然的神圣和不可侵犯性，同时传达出一种人类与自然共生的诉求。

极简主义艺术家罗伯特·莫里斯在 60 年代末侧重表达对雕塑与环境的依存关系，体现在作品《无题：蒸汽》（*Untitled：Steam*, 1967）、《每天变化的连续性形式》（*Continuous Project Alerted Daily*, 1969）中。而 70 年代初创作的作品逐渐突破了极简主义对场地雕塑的限制，使艺术表达的范围更为广阔，具有了典型的大地艺术风格，作品《天文台》（*Observatory*, 1971）由两个同心土丘组成，外部直径为 71 米，三个 V 型跨度开口被一条沟隔开，该作品在实用性之外将视野投射到了遥远的景观甚至星球运行中。这一风格为大地艺术家南希·霍尔特（Nancy Holt）创作《太阳隧道》（*Sun Tunnels*, 1973）、查尔斯·罗斯（*Charles Ross*）创作《星轴》（*Star Axis*, 1976）提供了艺术先例。

观念艺术家约瑟夫·博伊斯（Joseph Beuys）倡导社会雕塑观，并将生态视野融入其中。1982 年 7 月 19 日在"第七届卡塞尔文献展"开幕式上，约瑟夫·博伊斯开展了为环境保护进行的《7000 棵橡树》（*7000 Oaks*）计划，并在弗里德里希广场种下第一棵橡树。约瑟夫·博伊斯还被看作激浪派艺术家、行为艺术家，但他的这一计划却具有大地艺术的特质。反过来说，大地艺术也具有观念艺术、激浪派、行为艺术的某些特质。

在汲取了偶发艺术、激浪派、极简主义和观念艺术的多重养分后，大地艺术将创作发展至整个自然领域，以自然为媒介，将人与自然关系的探讨视为艺术探索的新疆域，产生了众多广为人知的大地艺术作品。例如，迈克尔·海泽的《被移开/被放回的巨石》（*Displaced/Replaced Mass*, 1969）、《城市》（*The City*, 1972）；克里斯托和珍妮-克劳德夫妇（Christo and Jeanne-Claude）的《包裹海岸》（*Wrapped Coast*, 1969）、《山谷垂帘》（*Valley Curtain Project*, 1970—1972）；罗伯特·史密森的《断圈/螺旋形山》（*Broken Circle/Spiral Hill*, 1971）、《浮岛游览曼哈顿岛》（*Floating Island to Travel Around Manhattan Island*, 1970—2005）；德·玛利亚的《垂直地球公里》（*The Vertical Earth Kilometer*, 1977）、《纽约地球室》（*The New York Earth Room*, 1977）、《破碎公里》（*The Broken Kilometer*, 1979）。那么，构成这些运动间亲缘性基础的依据是什么呢？又是在怎样的背景下得以发展的呢？

二、"禅学热潮"与禅宗美学

艺术不是封闭的,对艺术现象的分析不应脱离对特定历史与文化背景的分析。20 世纪中期以来的偶发艺术、激浪派、极简主义、大地艺术频频出现与禅宗相对应的部分,说明导致其与传统决裂的原因不仅源于对自身文化的质疑,也源于禅宗的启示。

两次世界大战、越南战争、纳粹集中营、冷战政策、麦卡锡主义等历史现实,使美国年轻一代产生了一种幻灭、迷惘的情绪,为了寻求一种新的信仰以摆脱困境,他们开始了由西方到东方的探索。禅宗的价值观正好为当时的时代所需求,正如美国学者伊哈布·哈桑(Ihab Hassan)所说:"对西方本身的极度厌恶比对其历史和文明的否定更深刻地动摇着它的基础。当这股极度厌恶的情绪在狂欢闹饮式的毁灭中找不到圆满的归宿时,就转向佛教禅宗、另类形而上学或群居杂交。"①

日本学者铃木大拙(Daisetz Teitaro Suzuki)翻译并撰写了多部禅学著作,20 世纪 50 年代在哥伦比亚大学讲授《华严哲学》和《禅的哲学与宗教》课程,并成立了"纽约禅宗研究协会",由于他熟悉西方哲学、心理学理论,能够从禅的内部解说禅,使禅宗思想易于被西方人理解,从而获得了广泛传播。学者里克·费尔兹(Rick Fields)指出西方对禅宗高涨热情的根本原因在于铃木大拙的演讲和教学。受到铃木大拙影响的美国学者阿伦·瓦兹(Alan Watts)是将禅宗传播到美国的关键人物,1953 年起他在旧金山 KPFA 电台介绍禅宗思想,1957 年出版了《禅之道》一书,该书对禅作了全面阐述,加深了西方读者的兴趣。此外,日本学者铃木俊隆(Shunryu Suzuki)、久松真一(Hisamatsu Shi'ichi)、柳田圣山(Yanagida Seizan)等人从不同侧重点为禅之传播作出了努力。

在此背景下,美国掀起了一股"禅学热潮",并最先反映于艺术领域。尤其主张"生活、学习和艺术的一体化"教育理念的黑山学院,直接将禅宗导入美国前卫艺术,并进行了大量与禅宗相关的艺术实验。实验作曲家约翰·凯奇(John Cage)是黑山学院的教师,1936 年他被南希·罗斯(Nancy Ross)的演讲《禅宗和达达》吸引,50 年代成为铃木大拙禅学课堂的听众。约翰·凯奇由禅宗而来的理念对偶发艺术、激浪派、极简主义艺术家产生了影响,为艺术家提供了新思路,这其中许多艺术家正是后来尝试大地艺术的那一批人,鉴于此,美国学者亚历山大·门罗

---

① 哈桑:《后现代转向》,刘象愚译,上海:上海人民出版社,2015 年,第 42 页。

（Alexandra Munroe）在论文《佛教和新前卫艺术：凯奇禅，垮掉禅和禅》中将"凯奇禅"视作一种文化现象，美国学者芭芭拉·罗丝（Barbara Rose）也评价道："凯奇影响了一代年轻的美国人，他强调结构上的随机性，对环境的开放态度，艺术与生活的重新融合，以及基于他对禅宗佛教的欣赏基础上的某些关于自然和过程的东方价值观。"①

然而，禅宗的传播归根结底发生在西方语境下，它与西方的诸多思潮与运动存在着一定的耦合。第一，反文化运动。"反文化"（Counterculture）由美国学者西奥多·罗斯扎克（Theodore Roszak）在《反文化的形成》一书中提出，指对资本主义社会主流文化和价值观的反叛。反文化倡导远离社会、回归自然，这无疑为增进人与自然的亲密联系提供了支持，而禅宗作为异质文化一开始就被用来对抗主流文化，且禅宗主张亲近自然的观点与其可谓殊途同归。第二，存在主义思潮。存在主义哲学家马丁·海德格尔（Martin Heidegger）将理智视为人与自然离裂的根本原因，因而倡导客体经验与直觉感受，在这一层面上与禅宗强调切身体验的观念有所类同。第三，知觉现象学。法国哲学家莫里斯·梅洛-庞蒂（Maurice Merleau-Ponty）强调知觉的重要性，在《知觉现象学》中提倡以知觉感知来取代逻辑分析，这一观点与禅宗的某些观点发生了契合。第四，印第安原始宗教的神秘主义。印第安信奉"万物有灵论"，禅宗主张"天人合一"，质朴的宇宙观和世界观构成两者间的相似性，共同抵抗了西方自文艺复兴以来所推崇的"人是万物之灵"观点。

可见，西方语境下的禅宗是多元文化交错互动的结果，是西方人对西方文化过于理智化和形而上学哲学的反叛，并非真正意义上禅宗的历史现实本身，甚至在铃木大拙向西方传播禅宗时已进行了一层改造。亚历山大·门罗认为："美国禅宗的知性根源是现代日本哲学的京都学派。这一学派的哲学家以西田几多郎的著作为基础，为西方提供了基于东方的逻辑，尤其是日本禅宗的一种替代方法"②，这种"替代方法"主要通过在西方哲学术语中定义"空"或"无"（Emptiness or Nothingness）等概念。由此，西田几多郎及他的追随者们如铃木大拙、久松真一创造了一种大众化、世俗化、美学化的理论，省略了禅宗作为宗教在历史上、学理上的复杂性，为禅宗融入美国文化提供了便利。禅宗在阐发世界观、认识论和方法论时显示出的美学意味，成为大地艺术家进行创作的主要灵感来源。

第一，"空"。禅宗的思想基础是大乘空宗。"空"源于"缘起论""三法印""万法皆空"思想。在禅宗看来，"空"是"因缘和合"的暂时存在，是一种运动

---

① Barbara Rose. *Claes Oldenburg*, New York：Museum of Modern Art, 1970, p. 34.

② Alexandra Munroe. *The Third Mind*：*American Artists Contemplate Asia*, 1860—1989, New York：Guggenheim Museum, 2009, p. 27.

的、不确定的组合方式，这一方式体现在"三法印"命题中，即"诸行无常""诸法无我""涅槃寂静"，以此表明一切事物之间相互依存、互为因果，"空"还体现出"空"无自性的内涵，道信禅师与弘忍禅师初次见面时有一段关于"空"的对话。道信禅师问曰："子何姓？"答曰："姓即有，不是常姓。"师曰："是何姓？"答曰："是佛性。"师曰："汝无姓邪？"答曰："性空，故无。"①

第二，"悟"。当印宗法师请求慧能开示五祖教导时，慧能说："五祖没有传我什么特别教导，只强调见性的功夫。"② 为了实现开悟"见性"的目标，禅宗肯定了"无念、无相、无住"的心之作用，迷与悟在一念之间，故"见性"靠顿悟，顿悟作为对事物本性的一种直觉察照，更为强调体验性，因此，与分析或逻辑的知识系统相对立。英国哲学家克拉克（John James Clark）认为 20 世纪中期西方渴望找到阐述宇宙、人生、艺术的新见解，而"禅宗以其对自发性的强调，提供了顿悟这一途径，在当时极具吸引力"。③

第三，"不二之法"。当印宗法师请求慧能开示五祖教导时，慧能接着说："凡能加以指谓的任何东西都是二法，而佛法是不二之法。"④ 所谓"不二"，就是非此、非彼、非一切，在禅宗看来，一切分别、相对的观念都是迷失，因此避免把事物、现象割裂开只看它的某一面，雪窦禅师的"一有多种，二无两般"的观点就是对"不二"的概括。"不二"的目的在于化解和超越各种对立，为此，禅宗发展了"不立文字""绕路说禅"等策略，用以应对心性、禅悟的无法言说，铃木俊隆禅师指出："对实相的所有描述，都是对'空'之世界的有限表达。"⑤ 可以说，于禅不可说中，回到了"空"与"悟"。

禅宗的"空""悟""不二之法"等内涵在 20 世纪中期的西方艺术界得到了回应，一些大地艺术家对其进行了美学转化，从而创作出具有独特美学表现的作品。大地艺术不仅促成了宗教、哲学与艺术的关联，且加深了东西方异质文化的紧密性。

---

① 阿伦·瓦兹：《禅之道》，蒋海怒译，长沙：湖南美术出版社，2018 年，第 123—124 页。
② 铃木大拙：《禅与生活》，刘大悲译，上海：上海三联书店，2013 年，第 61 页。
③ 克拉克：《东方启蒙：东西方思想的遭遇》，于闽梅等译，上海：上海人民出版社，2011 年，第 153 页。
④ 铃木大拙：《禅与生活》，第 61 页。
⑤ 铃木俊隆：《禅的真义》，蔡雅琴译，海口：海南出版社，2009 年，第 49 页。

三、大地艺术的美学表现

大地艺术直接以大地为载体进行创作，其艺术实践与禅紧密关联。铃木大拙在谈论大地与禅时表述："肉体作为一种'个在'，与别的各种'个在'是对立的。在诸'个在'中，和'肉体的个在'关系最紧密的是大地。"[①] 美国学者威廉姆·马帕斯（William Malpas）认为大地艺术阐发了禅宗的某些特质，如"自然/本性"（nature）、"自发性/本然的"（spontaneity）、"当下"（the "here and now"）、"变换"（change）、"空"或"无"（emptiness or void）、"顿悟"（satori）[②]。大地艺术对禅宗的创造性转化使其具有了独特的美学表现，主要体现在自然观、时空观和体验性三个方面。

一、自然观

除继承佛教思想外，禅宗还不断地撷取道家中的"道""无""自然"等观念。《庄子·齐物篇》记载"天地与我并生，而万物与我为一"，禅宗延续了该观念，认为人与自然相互依存、相互转化、没有对立、只有合一，所以禅宗有"青青翠竹，皆是法身，郁郁黄花，无非般若"的说法。与禅宗的合一观念不同的是西方的二分法，自柏拉图以来，西方就坚持主体意识与客观世界的二分方式，造成了人与自然、灵与肉、超越与世俗的种种分裂。然而随着工业革命带来的能源危机、环境污染等问题，人们逐渐发现，人不仅不能完全征服自然，且常常受到自然的威慑，自然问题成为西方文化危机的一种。以环境保护为主旨，1970 年 4 月 22 日，美国举办了首次"地球日"活动，对传统"人类中心主义"的观念进行了反思，人们开始意识到环境污染的后果，主动参与到环保运动中。

艺术作为人类精神世界的投射，伴随着人与自然和谐共生的理想而走入了自然。作为大地艺术的先驱之一，罗伯特·史密森秉持这一理想，同期创作了标志性的大地艺术作品《螺旋形防波堤》（*Spiral Jetty*，1970），它建造于犹他州大盐湖罗泽尔角，由自然的风景和人工的堤坝构成，使自然景观与艺术景观得以融合。螺旋形防波堤 1500 英尺长、15 英尺宽，中心离岸 46 米远，占地面积近 10 英亩，由岩石、盐晶、泥浆、红色海藻组成，简洁的逆时针螺旋形状酷似一个无尽头的螺旋，作品通过物质融入湖中的过程以及对自然空间的无限延展，试图凭借艺术的力量弥合自

---

① 铃木大拙：《禅百题》，欧阳晓译，杭州：浙江大学出版社，2018 年，第 11 页。

② William Malpas. *Land Art in the U. S. A.*，Maidstone：Crescent Moon Publishing，2008，p. 98.

然与工业之间的矛盾，唤起观者对人与自然、工业与环境的多重思考。

大地艺术家认为人与自然互照相通，因而摒弃了西方"人类中心主义"看待自然的方式，采取了东方"天人合一"的自然观。大地艺术以远离画廊、博物馆的态度进行创作，在自然中探寻艺术的边界，试图消融艺术与自然、人与自然之间的界限，呈现出禅宗美学意味，正如学者马帕斯的分析："自然在禅宗和道家文化中占主导地位，在大地艺术中亦如此。道家和禅宗总是鼓励'师法自然'，并且与宇宙相联系。在禅宗和道家文化中自然是老师，大地艺术亦如此……禅宗和道家文化的意象也是大地艺术的石头、山脉、河流、水、花。"①

二、时空观

在西方传统中，时空是绝对的，时间无限向前，不可循环，空间具有广延性，却依然有限，这种绝对的形而上学观点在 20 世纪遭到了来自学界的诸多反驳。美国过程哲学家怀特海（Alfred North Whitehead）指出，现实实体与永恒客体并非二分，而是一种具有生成性、变化性的过程。禅宗的"空"认为一切事物处于因缘和合的运动中，没有绝对的对立和二分。同样是"空"，在西方看来是一种彻底的虚无，是不存一物的消极空间；而禅宗的空是生机勃勃的，是"空故纳万境"的积极空间。在"空"之基础上，禅宗弥合了时间与空间的虚空性、二分性，使时间与空间不再对立，例如，西方认为绝对对立的短暂与永恒在禅宗看来不是对立的。禅宗对时空的超越态度还体现出"悟"的内涵，"悟"之前的时空与之后的时空并未发生变化，变化的只是一念本心。

大地艺术主张积极的时空观，一定程度上源于禅宗的启示，体现在创作上，是关注有意义的"空"及过程中的无常、变化，并对短暂的永恒进行大胆探索。查尔斯·罗斯耗时一年创作了作品《阳光聚合/太阳燃烧》（*Sunlight Convergence/Solar Burn*，1971—1972），每一天罗斯都在工作室房顶上将一块木板朝向一面向阳的棱镜，棱镜聚合阳光后在木板上留下记录，天晴时留下的耀斑，阴天时留下的空白，使光的痕迹被记录在以一年为单位的 366 块木板上，作品通过变幻的光、流动的时间、木板上的痕迹与空白，给人以遐想空间。克里斯托夫妇创作于加利福尼亚的作品《飞篱》（*Running Fence*，1976），通过特定空间内对光的捕捉，将作为理性概念的时间转化成了感性审美的艺术表现，引发了人们关于时间与空间的思考。

德·玛利亚是极简主义的实践者，1965 年前主要创作极简主义艺术，1965 年开始倾向于表达雕塑的舞台效果，1968 年后创作的作品展现出大地艺术的风貌。例如，他在莫哈韦沙漠上创作的《一公里长的画》（*Mile-Long Drawing*，1968），是将

---

① William Malpas. *Land Art in the U. S. A.* , Maidstone：Crescent Moon Publishing, 2008, p. 99.

两条平行相隔 12 英尺的粉笔线延伸了一公里，作品完成后存在不久便消失在风沙里，与此相似的还有他次年创作的《内华达州图拉沙漠中的线路》（*Line in the desert of Tula，Nevada，1969*），作品迅速改变样貌甚至消失，其目标在于借助自然的时间进程强调其短暂性。安迪·高兹沃斯（Andy Goldsworthy）以艺术的方式介入自然，他常常置身于雪原、林地、溪流等自然环境中，利用冰、雪、石、沙、泥等自然中的寻常元素，以及结冰、日照、起雾等自然现象为灵感进行创作，突出自然的变化与万物的短暂，这样的作品被其称为"短暂的作品"（Ephemeral Works）。他在《泥浆墙雕塑》（*Clay Wall Sculpture，1998*）中将泥浆涂到墙面，随气温变化，泥浆干裂形成一条泥状河流，作品将时间流动进行了审美加工，体现出自然界生长、消亡的规律，好比冰雪消融亦是自然在生灭流转中的一种永恒，传达出短暂即永恒的时空观。

这些艺术形式以短暂存在印证了当下永恒，以变幻无常弥合了绝对对立，通过艺术家自身对客观世界的关照而具有了深刻的美学意味。正如铃木大拙认为的："禅打开人的心眼而得见那周行不息的伟大奥秘；它打开人的心量，在一弹指间领受时间的永恒和空间的无限。"[1]

三、体验性

自文艺复兴以来的艺术注重作品的形式感、逻辑性和完整性，大地艺术则转而关注创作过程，认为体验重于静止、过程重于结果。这一理论基础与 20 世纪中期西方对禅宗的兴趣密切关联，禅宗对"自发性""悟"的强调让不少艺术家获得了新见解。"悟"作为见性途径，使人经由瞬间的觉悟进入一个更为广阔的世界，在这个世界里，一切微不足道的事物都充满了意义，由于"悟"无法用知性和逻辑去理解，这就突出了个体的"自发性"和内在体验性。

大地艺术家对"自发性"加以发挥，使内在体验与自然之间建立了沟通的桥梁，赋予了艺术以新的审美意味。罗伯特·史密森曾在数日漫游中找寻创作位置，直到有一天经由心灵感应与大盐湖建立了神秘联结，于是大盐湖成为他开展创作的灵感源泉，他曾描述这一心灵历程："当我注意这个位置，它映出的地平线像一股不动的旋风，那扑动的光使风景似乎在抖动……这种旋转的空间显示出创作《螺旋形防波堤》的可能性。在这时，任何思想、任何观念、任何体系、任何结构、任何抽象都被撕得粉碎。"[2] 艺术评论家罗萨琳德·克劳斯（Rosalind Krauss）在《现代雕塑的演变》中引用了这段话，她肯定了知觉在其中发挥的作用，认为罗伯特·史

---

[1] 铃木大拙：《禅学入门》，林宏涛译，海口：海南出版社，2012 年，第 24 页。

[2] Ellen H. Johnson. *American Artists on Art from* 1940 *to* 1980，Boulder：Westview Press，1982，p. 171.

密森的灵感获取是一种典型的禅学或知觉现象学的方式。

那些处于高山、峡谷、沙漠、海岸的大地艺术作品，在自然中自由地矗立着、延伸着，给人带来纯粹的体验。美国学者霍尔姆斯·罗尔斯顿（Holmes Rolston）谈及自然的审美价值时描述："雁阵中有一只大雁暂时离群，也许更能引起诗人的激动；在冬日天空的映衬下，棉白杨树的轮廓于其总体的匀称中有很多的不对称之处，但这却使它更具吸引人的魅力……艺术家描绘出来的理想之物，在某种意义上便仍是自然的杰作。"① 阿伦·瓦兹谈及禅与艺术时也表述："所有人皆曾偶然捕获这些时刻，正是在那样的时刻，他们抓住了那种对世界的生动一瞥，这一瞥灼热地投向那记忆内部现成的碎片：秋晨薄雾中树叶燃烧的味道、日光照射下鸽子背着雷云的飞行、黄昏里望不见的瀑布的声响，或森林深处某个无名之鸟的一声啼叫。"②

此外，西方采取主客观世界二分的思维方式，导致了概念和现象上的种种对立。禅宗的"不二之法"主张去除对概念和逻辑的依赖，以超语言、超逻辑的方式消弭种种对立，"不二"思维促成了禅宗看待问题所采取的独特角度，产生了"烦恼即菩提""须弥入芥子"等悖论性命题，这些命题蕴含了"去知"的深刻内涵。迈克尔·海泽的《双重否定》（*Double Negative*, 1969—1970）是这一思维方式的视觉显现，该作品位于内华达州奥弗顿附近的莫阿帕谷，共 1500 英尺长、50 英尺深、30 英尺宽，移置的岩石和泥土达 24 万吨，开凿的两条沟渠横跨峡谷两侧，作品呼应了作为文学性解释的"双重否定"，暗示出双重否定的不可能性，与此类似的是罗伯特·史密森的作品《位置不确定——非位置》（*Site Uncertain—Nonsite*, 1968），他对"位置与非位置"有过辩证的思考：

位置	非位置
1. 开放的极限	封闭的极限
2. 系列的点	一列的物质
3. 外在坐标	内在坐标
4. 削减	附加
5. 不限定确实性	限定确实性
6. 信息传播	信息掩盖
7. 反射	反映
8. 边缘	中心

---

① 霍尔姆斯·罗尔斯顿：《哲学走向荒野》，刘耳等译，长春：吉林人民出版社，2000 年，第 134 页。

② 阿伦·瓦兹：《禅之道》，第 229 页。

9. 物理性的地点　　　　　　　　　　　抽象的非地点
10. 多　　　　　　　　　　　　　　　—①

简言之，迈克尔·海泽的《双重否定》是对"负"空间的肯定，罗伯特·史密森的《位置不确定——非位置》是对重叠空间的肯定，这些作品对二元对立的超越与禅宗的"不二"思维有异曲同工之妙。大地艺术对体验性、过程性、非逻辑性的探寻，将艺术从僵化的形式中解脱出来，突破了现代主义艺术传统。

四、结语

作为审美领域一场重要运动的大地艺术，其自然观、时空观、体验性等美学表现，一定程度上源于对禅宗思想的汲取，这与 20 世纪中期以来美国的"反文化"运动及"禅学热潮"背景密切关联。然而，禅宗自身来源多元，在西方国家的传播过程中门径众多，且经历了"改造""重构""调和"等处境，因而大地艺术只是在美学表现层面与禅宗具有一定的可比性和相似性，与历史的禅宗本身已相差甚远。

大地艺术重新审视艺术的内容和形式，主张艺术探索过程中的无限可能性，在形式和理念上均呈现出对现代艺术的批判，具有了后现代艺术的具体表征，如大地艺术代表罗伯特·史密森明确坚持"后现代""后画室"② 立场。大地艺术作为后现代艺术运动的中坚力量，加速了西方艺术发展的进程。

实际上，大地艺术产生的 20 世纪 60 年代正是现代与后现代的分界，一些学者如丹尼尔·贝尔（Daniel Bell）、阿兰·图海纳（Alain Touraine）、让-弗朗索瓦·利奥塔（Jean-Francois Lyotard）都主张以 60 年代作为后现代历史阶段的起点。此后，"后现代主义""后现代的""后现代性"等集体被划归到"后现代"这一总体性概念里，关于后现代的理论研究在 70 年代开始雨后春笋般地出现，伊哈布·哈桑提出了"不确定性"，雅克·德里达（Jacques Derrida）提出了"延异"概念，吉尔·德勒兹（Gilles Deleuze）和费利克斯·瓜塔里（Felix Guattari）提出了"根茎"概念等，这些探讨反映出作为一种文化思潮的后现代对现代的整体反叛。而哲学的、认知领域的后现代主义首先起始于文化的一个独特领域，即审美领域，具体地说，是由艺术领域蔓延开来的。

---

① Ellen H. Johnson. *American Artists on Art from* 1940 *to* 1980, Boulder：Westview Press, 1982, p. 170.

② Andre Causey. *Sculpture Since* 1945, New York：Oxford University Press, 1998, p. 180.

从"艺术的过去"到爱的人文伦理
——对保罗·考特曼教授的访谈

保罗·考特曼＊ 刘 宸＊＊

内容提要：

保罗·考特曼教授在黑格尔美学研究以及莎士比亚文学研究方面建树颇丰，他的著作为当代人文学科的跨学科研究树立了良好的榜样。这篇访谈以黑格尔美学命题"艺术的过去"为切入点，辨析了当代学界将"过去论"误解为"终结论"的原因，探讨了艺术何以被历史地看待、艺术的意义与价值何以被当代人感知以及"艺术过去"之后何以反思艺术等相关美学话题。考特曼教授还以莎士比亚作品为例，梳理了艺术与哲学在不同历史语境中的抗争关系，以此展示跨学科研究方法的巨大优势。最后，面对艺术业已丧权的当代世界，考特曼教授将论域从美学扩展至人文伦理学，试图以"作为人类自由的爱"为核心概念，揭示出人与世界源源不断的对于"相互性"的要求，同时探究超越地方传统的普遍之爱何以彰显人文伦理研究的普遍性。

＊ 保罗·考特曼（1970— ），现任纽约社会研究新学院比较文学教授、通识教育主任、哲学与新人文学院联合院长，著有《一种场景政治》（2008）、《莎士比亚的悲剧性境况》（2009）、《作为人类自由的爱》（2017，中译本将于 2024 年由南京大学出版社出版）、《论艺术的"过去性"：黑格尔、莎士比亚与现代性》（复旦演讲集，2023）等，编有《谈莎士比亚的哲学家们》（2008）、《艺术的坚持：早期现代性之后的审美哲学》（2018）、《黑格尔美学中的艺术》（2019）等，他也是斯坦福大学出版社《源头：人文学科中的一阶问题》系列丛书的编辑。考特曼曾在复旦大学、汉堡新学院、科隆大学、东京大学、维罗纳大学与东皮埃蒙特大学担任访问教授。

＊＊ 刘宸，男，1995 年生，上海市人。复旦大学中文系文艺学博士生，纽约社会研究新学院访问学者。研究方向为当代西方美学。本文系复旦大学文科专项博士生国际访学资助项目"从黑格尔到拉康：精神分析视角下的艺术过去论"（编号：HSS202201）的阶段性成果之一。

关键词：

艺术的过去；黑格尔；莎士比亚；作为人类自由的爱；人文伦理

刘宸：考特曼教授您好！很荣幸您能接受我的采访。您在黑格尔哲学研究以及莎士比亚文学研究方面建树颇丰；您的著作打破了美学理论与文学批评的界限，为人文学科的跨学科研究树立了良好的榜样。祝贺您的"复旦演讲集"《论艺术的"过去性"：黑格尔、莎士比亚与现代性》顺利出版，也期待您的专著《作为人类自由的爱》（*Love as Human Freedom*）以中文版问世，相信未来会有更多中国读者了解您的理论。

根据我对您文章和专著的阅读，黑格尔在《美学讲演录》中提出的重要命题"艺术的过去"（pastness of art）是您理论研究的核心关切。您对此的精彩解读主要集中在黑格尔"艺术哲学"的体系性要求、艺术自我发展的内在逻辑以及人类相互理解的基本需求上，这对解释文本原义以及探索黑格尔美学的当代价值是颇有洞见的。然而，无论是在中国学界还是在西方学界，"艺术的过去"长期以来饱受争议，经常被误解为"艺术终结论"（end of art）。黑格尔《美学讲演录》在多数情况下使用"解体"（Auflösung）或"消逝"（Verschwinden）来表述（象征型、古典型）艺术的"过去"，只有在浪漫型艺术的最终阶段才难得使用"终结"（Ende）一词。因此，如何辨析、理解这些关键概念将影响我们对黑格尔文本的解读。请问您为何选择"过去"（pastness）作为您对黑格尔语境中艺术境况的理想描述？麻烦解释您对"艺术的过去"的理解。非常感谢！

保罗·考特曼：你的问题关乎《美学讲演录》文本的语言以及黑格尔的选词问题。我选用的"pastness"概念由英译者 T. M. 诺克斯（T. M. Knox）翻译自荷托（Hotho）版《美学讲演录》中的"Vergangenes"一词。德语原文是"...ist und bleibt die Kunst...für uns ein Vergangenes."（……艺术现在和将来都是……对我们来说过去的事了）。而且，正如你注意到的，黑格尔还使用了其他暗示性的词语来表述艺术的"过去"。例如，黑格尔认为古典艺术经历了"解体"（Auflösung），而在晚期浪漫主义艺术那里，他使用的是"衰落"（Zerfallenheit）。当然，我们处理的不是黑格尔本人的讲义，而是黑格尔学生的听课笔记，这必然会引发诸多文本和语言的问题。我在别处讨论过荷托与海曼（Heimann）译本的差异，在此暂且不做赘述。

值得一提的是，正如伊娃·格伦（Eva Geulen）指出的："艺术的终结（end of art）这一表述既没有出现在《美学讲演录》中，也没有出现在黑格尔《百科全书》

或《精神现象学》关于艺术的其余论述中。"① 我认为，不管是对黑格尔而言还是对艺术而言，"终结"这个概念的使用，比起揭露黑格尔文本本身的内容，更多地反映了当今世界对黑格尔理论的吸纳，也反映了人们当下对于艺术重要性问题的焦虑。

另外，在黑格尔的文本语境之外，需要说明的是我为什么专注于"艺术的过去"（而非"艺术终结论"）。这基于几方面的原因。首先，我同意黑格尔的观点，我们应当把艺术看作过去的事物，也就是说，我们应该历史地看待艺术。艺术既不是"去历史的"（ahistorical），也不是社会历史文化现实的简单反映。艺术是理解历史、理解生死、理解我们要如何生存与毁灭以及理解过去和现在的方式。

其次，正如黑格尔强调的，只有当艺术成为过去时（只有当艺术被历史地看待时），我们对艺术的敬仰才会增强。艺术的过去与一种"哲学—科学式"的对艺术的欣赏紧密相关。因此，黑格尔说："所以艺术的科学在今日比往日更加需要，往日单是艺术本身就完全可以使人满足。今日艺术却邀请我们对它进行思考，目的不在把它再现出来，而在用科学的方式去认识它究竟是什么。"②

当然，一种对黑格尔"艺术的过去"的常见解读是，艺术的意义对我们这些"现代人"来说已经淡化了，也许这就是你提到的"中西学界对'艺术的过去'的种种误解"。我认为，黑格尔的意思恰恰与此相反。当艺术（像宗教一样）可以被历史地看待或被视为某种"过去的事"时，艺术的意义（就像宗教的意义一样）才会比以往任何时候都更加活跃、更可企及（available），但同时也最为脆弱，面临着被忽视、被低估、被否定的危险。因此，艺术的过去并不是其意义消逝的标志，而是其意义的强化。黑格尔认为："就它的最高的职能来说，艺术对于我们现代人已是过去的事了。"③ "已是"（bliebt）这个词也很重要。艺术仍然是过去的意义、价值与要求穿越时光涌向我们的方式，尽管它们或许仍未在当下得到承认或实现。

值得思考的是，这些要求是如何被感受到，或是如何被集体担负起来的。例如，我想到的是，在什么意义上艺术哲学的时代也同时是博物馆的时代。为了满足我们当下文化的需求，我们这个时代将艺术品保护和珍藏起来。艺术品被收集起来，留作研究或欣赏之用。我还想起莎士比亚《暴风雨》的结尾，普洛斯彼罗既没有销毁

---

① Eva Geulen, *The End of Art*: *Readings in a Rumor after Hegel*, Trans. James McFarland, Stanford University Press, Stanford California, 2006, p. 9.

② G. W. F. Hegel, *Aesthetics*: *Lectures on Fine Art*, trans. T. M. Knox, volume. 1, Clarendon Press, Oxford, p. 11. 中译参考黑格尔：《美学》第 1 卷，朱光潜译，北京：商务印书馆，1979 年，第 15 页。

③ 同上。

或烧掉他的魔法书与工具，也没有将它们保存起来以备收藏。相反，他让它们"淹没"在历史的洪流中，使它们"蒙受海水的变幻，化为富丽而奇异之物"。关于艺术的过去性（或过去的物质性、观念性残留物），还有什么比五六十年前发生在中国的事更有意义、更值得集体思考的呢？我提出这些例子是为了激发更多的思考，而不是为了展示这些问题已经一劳永逸地得以解决。即便如黑格尔所认为的那样，艺术品不再是我们敬仰/敬奉的对象，即不再能通过崇拜来维持或承担崇拜之功用，这也完全不意味着我们会对艺术品（作为物质对象、作为死去的自然）的命运无动于衷。相反，艺术留存下来的过去性能否在文化中得以延续，以及它如何延续、是否应当延续，这都将是"现代性"所面临的不可避免的开放性问题。

刘宸：如您所言，"艺术的过去"对"现代性"提出了许多开放性问题，它们既召唤着当代理论的回应，也要求我们从经典作品中汲取灵感。在您的"复旦演讲集"中，您颇具独创性地通过莎士比亚作品《暴风雨》介入黑格尔"艺术过去"的论述。这一视角将黑格尔提出"艺术过去"的演讲情景与《暴风雨》结尾普洛斯彼罗告别他的艺术（魔法）的戏剧场景联系了起来，既揭示出黑格尔哲学的戏剧时刻，又阐发出莎士比亚戏剧的哲学时刻。请问，莎士比亚作品对于理解黑格尔美学的优势何在？这样的跨学科研究方法在如今的人文学科领域中可供借鉴吗？

保罗·考特曼：在我看来，要想理解任何一位哲学家关于艺术的论著，就必须了解他所关注的艺术家和艺术形式，这是毋庸置疑的。例如柏拉图与荷马、亚里士多德与索福克勒斯、尼采与瓦格纳……

黑格尔对莎士比亚的兴趣从他的早期作品中便显现出来，一直延续到 19 世纪 20 年代柏林的《美学讲演录》。我所谓的"早期作品"不仅是指黑格尔早年在《基督教的精神及其命运》中对莎士比亚《麦克白》的精彩评论，还指黑格尔流传下来的几乎最早的文本——他在大约 15 岁时自己改写的莎士比亚的《凯撒大帝》。而在《美学讲演录》中，黑格尔把莎士比亚作品视为人类艺术实践的巅峰。因此，如果以某种特定的"学科的"方法去研究黑格尔或莎士比亚，而不把他们的作品放在一起研究，这就不是很好的方法。

但我认为，你这个问题的关注点不在于我们是否应该把莎士比亚和黑格尔并置在一起，而是这样研究有什么好处。在你提及的"复旦演讲集"中，我更加详细地讨论了这一点。黑格尔与莎士比亚的比较研究有很多优点，我在此不能一一列举，但我想借此机会着重谈谈由你的问题所引发的另一个具体的问题，即艺术与哲学的

关系问题，这将有助于理解为何莎士比亚作品对解释黑格尔"艺术的过去"有所
裨益。

正如我刚才提到的（即了解一位哲学家的艺术论述必须了解他所关注的艺术家
与艺术形式），如果对荷马史诗或阿提卡悲剧（Attic tragedy）缺乏了解，就无法研
究柏拉图《理想国》中的关键段落。在柏拉图的那个时代，一方面是史诗与悲剧，
另一方面是哲学，正处于一种竞争关系中。在那时的希腊，两者正在活跃地、有力
地竞争谁能成为将文化与智慧代代相传的方式。所以对柏拉图来说，艺术并不是
"过去的事"，而是哲学的主要对手，因为诗歌和悲剧既是希腊教育的形式又是其内
容。因此，柏拉图不得不直接对抗、质问、抗争荷马史诗（正如他以苏格拉底之名
在《理想国》或《伊安篇》中所做的那样），以此确立哲学自身的权威。

但是，到了黑格尔和莎士比亚那里，艺术与哲学的关系发生了变化。黑格尔认
为，莎士比亚的作品（无论是以表演还是文本的形式）对现代世界或早期现代英国
来说，不再是一种活跃且核心的传承智慧的方式。当然，黑格尔知道莎士比亚对莱
辛（Lessing）时代之后的"德意志"文化具有深远的影响，但他并不认为莎士比亚
在传播和扩散知识层面的影响可以取代他自己的大学演讲或与之匹敌（同样，也不
能与现代的科学教育相匹敌）。

然而，黑格尔却将他对莎士比亚的哲学式理解视作那个时代播撒智慧的重要方
式，这种理解包含但不限于理解莎士比亚的巨大影响。这是因为，黑格尔认为艺术
哲学对人类的自我理解同样至关重要。他将对于艺术的哲学研究看作一种在本质上
是历史性的研究，而把莎士比亚作品称为艺术自身历史发展的顶点。这便是我对你
的问题（以莎士比亚解释"艺术的过去"优势何在）的基本回答。

刘宸：确实，作为人类实践与相互理解的重要方式之一，艺术曾在很长一
段时间内承担着理解世界、理解自我的崇高使命。然而在现代性（乃至后现
代）的语境中，这种使命在哲学、宗教、科学、历史等众多解释范式的影响下
逐渐式微。如今，我们可以通过艺术哲学使艺术中可供分享的智慧代代相传，
而艺术作品本身却难以达到这样的目的（往往也不以此为目的）。在您的新著
《作为人类自由的爱》中，您尝试通过"爱"这一解释范式，在当下语境中重
新阐发艺术的价值。在您看来，自由的爱为我们理解艺术的过去增添了何种新
意？这种爱（以及爱的解释范式）能否跳出西方语境或以自由理性个体为核心
的文化而被共享呢？

保罗·考特曼：在《作为人类自由的爱》中，我主要关注"爱"的文学—诗学

表征。这可以说是文学史上最具生成性（generative）的主题，它并不局限于所谓的"西方语境"，而在世界各地的众多文学传统中均有体现。所以，请允许我先回答这个问题的第一部分，简单谈谈两个迥然不同但又彼此关联的实践之间的关系：性爱（sexual love）与文学—诗学活动。

并非所有爱的形式都必然包含诗性的创造活动。例如，家庭的虔诚之爱或"对于死者的爱"（love of the dead），它们往往在无言的仪式、无声的悲鸣或公式化的言谈手势中付诸实践。相比之下，性爱中的人们则需要为他们的感受或体验寻找一种语言，就好像寻找语言也是体验本身的一部分，即使这需要爱人们发明新的词汇或言说方式，甚至依靠异域的词汇。可以肯定的是，爱人间的争吵、忏悔或许会呈现出某种公式化的特征，但如果爱的宣言在爱人自己看来都只是公式化的（不够"真挚"），那么爱本身的力量与结果就会被削弱。换句话说，性爱似乎需要、呼唤并生成一种富有创造力的诗学活动（言说方式），并要求人们承认这种言说方式使新的事物可理解、可信赖，从而激发人的信仰。正因为性爱催生出一种对他人言说的新方式，所以它在文学—诗学的历史中具有生成性的力量。

现在转到问题的第二部分，我想首先澄清"西方语境"或"自由理性个体"这样的提法。我认为它们忽略了一些重要的复杂性，而这些复杂性值得更多的讨论。一个"基于自由理性个体"的社会的说法并不适用于前现代语境，而这一历史语境对我在《作为人类自由的爱》中提出的论点很重要。

让我们从阿拉斯代尔·麦金泰尔（Alasdair MacIntyre）和他的中文译者万俊人之间富有启发性的交流开始谈起。[1] 在麦金泰尔对万俊人的回应中，他指出，"亚里士多德的道德主体概念……与现代西方特有的个体观念不一致"。[2] 简而言之，诸如"西方"或"中国"这样的宽泛描述掩盖了各个传统中重要的历史性发展。的确，我认为麦金泰尔正确地论证了，亚里士多德主义与儒家思想在道德主体性的问题上比万俊人所认为的更为接近。并且，正如麦金泰尔指出的，"儒家观点以实体性的现实为基础，它似乎可比人们通常认识到的更为深入地解释个体"。[3] 在任何情况下，我担心简化后的"西方"或"中国"概念会掩盖这些重要的、值得考究的复杂性。

在我的书中，我非常想挑战在丹尼·德·霍日芒（Denis de Rougemont）和其他

---

① 参见 *Chinese Philosophy in an Era of Globalization*，Ed. Robin R. Wang, State University of New York Pres, 2004。

② *Chinese Philosophy in an Era of Globalization*，Ed. Robin R. Wang, State University of New York Pres, 2004, p.154.

③ Ibid.

作家的推崇下流行起来的观念，即性爱在某种程度上独属于西方世界或欧洲的后罗马文学传统。"性爱是种地方风俗或特定于某种文化的实践"这一观念，我认为是错误的，甚至是荒谬的。正如我在书中所论证的，重要的是思考"lovemaking"如何成为历史的产物以及它对历史有何影响，而不是把它看作自然物种本能性的事实。在《作为人类自由的爱》中，我的论述主要以欧洲和美国的文献资料为主（但也不局限于它们），只是因为这些资料和文本传统是我感觉我有能力讨论的。然而，正如我在已经出版的"复旦演讲集"中试图说明的那样，我认为人文伦理的探究在其目标上必然是普遍的。

例如，我从《作为人类自由的爱》的中文译者那里了解到，当代英文术语"lovemaking"（或"做爱"）在中文中没有很好的对应词。出于这个原因，我鼓励译者将该术语保留在原文中，并加上一个解释性的注脚，就像外国文本的英译本在没有很好的对等概念的情况下通常将其留在原文中那样。再次重申，所有的人文伦理研究都是比较性的。当我们选用一个词而不是另一个词，我们就隐晦地（有时也是明确地）表示，这个词能够道出所有相似词汇中需要被理性表达的东西，即使引入或采用一个新词来表达也是如此。当然，就像"lovemaking"这个术语一样，我所采用的任何词汇都来自我所熟悉的语言传统，或者来自我能流畅运用的语言。但我想要通过这个词表达的，实际上是一个隐晦的普遍性判断，即人文伦理的研究可以表达一些真而合理的东西。在此我将这种隐晦性点明。

你提出的这个问题促使我阐明了这个观点。除此之外，我的著作的中文翻译，以及中国学生、学者与我们这些生活、工作在中国之外的人所进行的对话，它们给了我阐明这一观点的机会（即人文伦理的普遍性）。这让我们有机会意识到诸如"lovemaking"和"自由"这些异样的词汇，以及对"作为人类自由的爱"进行辩解和论证的异样模式，或许也能为中国的实践和信仰提供一种有利的批判性视角。在这些语境中，讨论社会实践（不管中国还是外国）的普遍问题以及真理与普遍正义的话题是非常紧迫的，甚至是不可避免的。我们或许终究会发现，一套特定于某种文化的、地方性的信仰与价值观，并不只是地方性的。或者换句话说，对跨越文化传统的实践和信仰进行检验（这种检验可以在哲学对话中进行，也可以在实在的性爱关系中进行），为我们提供了一个区分什么是"地方性的"意义和什么可能是"普遍的"意义的契机。

刘宸：有些观点认为，您讲述的故事是将爱的"现代性"看作自由，您会怎样回应这样的说法呢？

保罗·考特曼：一些读者抱怨道，我在《作为人类自由的爱》这本书中致力于讲述"爱的权威对性支配与性繁殖构成挑战"的故事，从而"呼吁建立一种体制，以支持一种有别于性之权威的特定生活方式"。他们认为我由此将这种叙事视为一种"无须辩驳的"（irrenounceable）发展，并将这种发展看作是现代性之"进步"的证据。①

然而，在《作为人类自由的爱》中，我避免将爱与"现代性"或"进步"联系起来。② 事实上，我想拒绝将我的解释与"时代的前进之箭"（Time's Forward Arrow）那类黑格尔主义混为一谈。我只想以一种粗略的黑格尔方式，"在思想中把握我们自己的时代"，从而论述为何爱既能实现又能解释重大的历史发展（比如基于性别的劳动分工是如何消解的，可靠而有效的妇女节育措施是如何出现的），得以批判性地解释这些历史发展的合理性。因此，当我说"只有在'lovemaking'已经主观且客观地得以实现的历史节点上，性支配才能被战胜或臣服于批判"时，我也在谈论我提出的这种对爱的特定解释的可能性条件。我的确认为刚才提及的历史变化是"真实且巨大的"，③ 但我看不出这种观点是如何促使我宣称这种变化是"无须辩驳的"。我们的自我教育可以是累积性的，而不是获得"一劳永逸"的教训。

如果有人在道德和文化上只有对那种基于支配与承认之等级形式的爱情关系才能感到自在（例如在某些宗教、家庭或部落的传统中），那我又该如何回应他呢？

如同社会学、政治学或历史学观察所描述的那样，并非所有社会都承认我在书

---

① 参见阿尔贝托·希亚尼（Alberto Siani）对我书的回应以及我对希亚尼的答复。载 Vol7, No.1（2021）：Love Matters, Hegelian Patterns. A Symposium on Paul Kottman's "Love as Human Freedom", Odradek. 我将在下文引用我的回应。

② 希亚尼提到了我在 2018 年接受的一次采访，当时我用了"进步"一词。然而，我的目的是拒绝使用"进步"这一术语来表述我的观点。以下是我在那个采访中说的："与其把我们这个时代看作是由痛苦的过去进步到幸福的'目的论的'（teleological）结果，不如说，我们的时代境况就像爱人们那样（至少在世界的某些地区是如此），是一种脆弱的社会成就，它本身是动态的，远未稳定下来。如果说，某种特定的爱的自我教育（作为变动不居的实践）对我们发展到今天这一步起到了关键的作用，并且如果这种自我教育是累积性的话，那么可以说，我们从不能获得什么一劳永逸的教训。历史变化则可能会是周期性的。"参见 https：//southwritlarge. com/articles/interview-with-paul-kottman/.

③ Paul A. Kottman, *Love as Human Freedom*, Stanford University Press, Stanford California, 2017, p. 2.

中所捍卫的爱的权威。① 然而，我试图将爱解释为"超文化的、非本地的"，② 即不单单把爱视为一套产生于特定道德或文化体制的实践，而是把它看作一种对意义所遭受之深刻威胁的回应方式，这种方式"对任何事物的可理解性而言都是必需的"。③ 我尝试指出，当我们试图以思想来把握当下时，前面提到的那种社会学或历史学的描述是非常匮乏的。

还有些人对我的解释提出挑战，认为一个将爱情关系视为"基于支配与相互承认的等级形式"的人或共同体或许不同意我下面这个观点："爱的权威……威胁到了他们自身理解与把握现实的意义"。④ 例如阿尔贝托·希亚尼（Alberto Siani）质问道："我们有什么依据可以确定，相比于性支配和性别等级制度，爱可以构成一种更先进的、普遍来说更理想的权威性来源呢？"

如果希亚尼的问题是，在什么逻辑推论或非历史性道德的基础上，"我们能确定爱构成了一种比性支配和性别等级制度更高级、普遍来说更理想的权威来源？"那么我认为这是个错误的问题。或者说，这至少不是我在《作为人类自由的爱》中旨在回应的问题。我认为，在思想上把握我们这个时代，就是要将解释生活方式的可能性从非历史的，或者说上帝之眼（God's eye）的视角中剥离出来，却仍能保留当下可被理解（intelligible）的可能性。

希亚尼继续追问："为什么我们不能根据考特曼所提供的相似的论据，用另一本名为《作为人类自由的父权制》的书来回应他呢？"

但是，《作为人类自由的爱》的一个主要目的正是表明，基于性别的性支配形式应该被理解为人类自由得以艰难实现的一部分。因此，希亚尼提议的书名已经是我论述中固有的（也是核心的）一部分了，例如下面这段：

"性支配应该被理解为人类通向自由进程中的一个糟糕时刻。我认为只有在'lovemaking'已经主观且客观地得以实现的历史节点上，性支配才能被战胜或臣服于批判。我们仍在从历史的角度研究人类通向自由意味着什么以及需要什么。"⑤

---

① 我在《作为人类自由的爱》第 2 页上承认了这一点并指出，这些语境本身可对爱之权威的发展作出回应。我写道："面对世界各地持续不断的暴力、赤裸裸的偏见、社会危机、倒退的政治与体制的压迫——都是针对刚刚提到的爱之发展的回应……"

② Paul A. Kottman, *Love as Human Freedom*, Stanford University Press, Stanford California, 2017, p. 95.

③ Ibid.

④ 参见 Alberto Sian 对《作为人类自由之爱》的回应：https：//odradek. cfs. unipi. it/in-dex. php/odradek/article/view/164。

⑤ Paul A. Kottman, *Love as Human Freedom*, Stanford University Press, Stanford California, 2017，p. 157.

　　"冒着过度简化的风险，"希亚尼写道，"我认为《作为人类自由的爱》仅仅反映了一种以相互性、互相承认/认同等方面为中心的自由观念"。然而，我的目的恰恰是要提供一种对于爱的解释，这种解释并不把争取承认/认同放在首位，或将爱仅仅定义为互相承认。我的论点是，就像性支配或性繁殖一样，"lovemaking"回应了我们对自身与世界境况之意义把握遭受的威胁。我写道，"性支配与性繁殖失去了体制上的权威性""因为它们不再能解释我们所理解的世界"。① 正是在这种解释失败过后，"lovemaking"才获得了批判性的动力和规范性的权威，而后才产生了一种我所谓的新式的、开放的"对相互性的要求"。这也就是说，爱并不表达或发源于某种逻辑的或非历史性的对相互性或相互承认的要求。相反，爱产生/生发/创造了对相互性的要求，"对于相互性和对等性的要求通过'lovemaking'而发挥出来"。②

　　最后，希亚尼批评我没有更加明确地依赖黑格尔的观点，即"现代意义上的爱是植根于主观自由权的"。然而，与希亚尼对黑格尔的理解相反，我不认为主观自由权的中心地位足以解释爱的权威，我也不认为爱的权威派生于"至高无上的理性合法性"。

　　我更倾向于扭转这种思路。正如在我的解释中显现的那样，爱的权威本身就是解释和实现主观自由权的一部分（而不仅仅是其结果或表达），同时也是解释和实现客观体制性条件的一部分，例如亲属关系或政治生活的转变。

　　刘宸：非常感谢您的回答，我受益匪浅。在过去这几年，疾病的全球化干扰了人们的日常生活，致使爱人们分隔两地，亲朋好友难以团聚。这样的危机时刻给我们提供了重新反思我们对自我与世界之意义把握的契机，它呼唤着"lovemaking"的实现以及"对相互性的要求"。因此，对作为人类自由的普遍之爱的人文伦理研究在我看来是相当应景的话题。除了"lovemaking"之外，艺术在某种程度上也表征着联结人与人、人与世界的"相互性"，那么在您看来，这几年的疫情又给艺术的人文伦理功能造成了什么影响呢？

　　保罗·考特曼：对于你在纽约新学院访学期间和我进行的这场访谈，我感到非常高兴。你的最后一个问题包含两个部分：一是关于艺术、"lovemaking"与相互性；二是关于艺术与疫情。

① Paul A. Kottman, *Love as Human Freedom*, Stanford University Press, Stanford California, 2017, p. 162.
② Ibid, p. 121.

215

就第一个问题，我想说两点。首先，正如我在其他地方所写的，① 我不认为艺术可以一劳永逸地满足人类事务中源源不断的对于相互性的要求，因为这将假定艺术形式具有某种历史豁免权，即它不受表面上所表现的东西（对于相互性的开放性要求）影响。这种假定至少可以说是非艺术的。正如我在那篇文章中所说："一种更为辩证的思考进路必须考虑到，艺术不仅体现了现代世界对于相互性、对于自我与他者之理解的日益复杂的要求，更要考虑到艺术记录、接受了其历史发展中……一个日益复杂的现代世界抛给我们的任何新要求……能够承担人类事务中相互理解这一要求的形式变得如此多样、不同，以至于它们抗拒在艺术中被客观具象化，而艺术作品本身也以某种方式记录了这种抗拒……艺术现在对我们如此重要，因为'艺术的过去'是我们所拥有的最珍贵的信使，把历史上对于相互性的要求传达给我们，展现出满足或未能满足相互性的要求分别会是怎样的情形。"②

现在，请允许我借用你所说"联结人与世界"提出一些我自己关于后艺术的审美形式的问题。在此，我想到的不是"美术"的历史，而是流行的、商品化的审美形式，例如流行音乐、电影、抖音视频、时尚、"设计"以及世界各地当代生产形式中普遍过度的审美化特质。关于这点，我们可能会问的一个问题是：如果人类所做的一切在当下都在某种程度上必然可被"审美地"感知（而不仅仅是有用的或可被消费的），那么审美形式的生产和道德内容的共享之间是否还存在着任何可供辨别的关系？

换一种问法，如果当今全球化生产中最卓越的/首要的形式是审美化的商品，那么这种形式是否与可传播的道德内容（"联结人与世界"）有任何必然的联系？或再换一种问法，如果文化的目标是制造审美奇观（就像在无处不在的宣传中，或者在"文化的色情化"中那样），那么是否我们所做的一切都有能力去重塑我们的道德生活？在普遍审美化的压力之下，有任何确凿的伦理合法性能幸存吗？这是一个古老的问题，至少和柏拉图在《理想国》（596d—597e）中对模仿和镜子的忧虑一样古老，但现在，这个问题可能比以往任何时候都在全球范围内更加难以避免。

转到你关于"疫情如何影响艺术的人文伦理功能"的问题，我想展开刚才所说的内容，将你的问题解释为此：是否要付出一场灾难（一场战争、一场瘟疫或暴行的激增）的代价才能使人们获得一种伦理视角，以解释例如"在文化的色情化或文化宣传中生活意味着什么"这样的问题。如果的确如此，一场灾难就够了吗？

---

① Paul A. Kottman. *Hegel and Shakespeare on the Pastness of Art*, in The Art of Hegel's Aesthetics: *Hegelian Philosophy and the Perspectives of Art History*, eds. Paul A. Kottman, Michael Squire, Fink Wilhelm GmbH + Co. KG, 2018.

② Ibid.

鉴于疫情的影响，我最近写了一篇关于马克斯·韦伯（Max Weber）"志业演讲"（Politik als Beruf，Wissenschaft als Beruf，《政治作为志业》《学术作为志业》）的文章。① 这两篇演讲距今已有一个世纪了。韦伯提出一个让学生们震惊的说法，他认为，在他所谓的"祛魅世界"（一个没有道德伦理合法性的现代世界）中，政治和学术是仅存的人类志业（Beruf）。他似乎断言，伦理问题关注的是实践的本质与合法性，就好像它会问我们："为什么有人这样做而不是那样做？"然而，韦伯忽略了另一个伦理问题（或许亚里士多德或孔子谈到过），即："一个人应该如何生活？"此处的问题并不是"什么可以用来证明这样做而非那样做是合理的"，相反，我们能否通过行动本身由内而外地为我们所做的一切辩护？亚里士多德对此回答道：通过德性（Arete）。

当代哲学家在"德性伦理学"这一领域中为此提供了一条思考进路。对他们来说，活得糟糕，意味着被剥夺了具有美德或德性的生活，从而缺乏幸福感（eudaimonia）。非人为因素造成的疼痛或疾病是有害的，贫穷和饥饿也如此，未受教育、被虐待或被凌辱也是一样。换言之，即使不能说出每种情况下的"好"到底是什么，也有可能察觉到"坏"是什么。因此，将一种生活方式诊断为"坏"可能是一种在伦理上重新定位我们自身的方式，即使我们可能不清楚到底什么是好。这样想吧，若是你没有因为新冠而卧病在床，我便不会知道怎样的生活对你来说才是"欣欣向荣"的生活。然而，只要我们开始谈论或表现得好像罹患新冠对生活来说是坏的，我们就会看到可能的改善。就算我们未曾见到"好"的情况或"终极目标"，我们也可以开始对糟糕的生活进行补偿。

尽管如此，我依旧认为，这场疫情表明在"德性伦理学"的范畴内理解好与坏仅能在一定程度上帮我们应对可能面临的威胁。我们或许还需要另一个术语或概念：恶（Evil）。

恶是一个现代概念，是一个源于英语的单词。莎士比亚的作品在这个概念上仍为我们提供了有效的指示。在那个时代，"恶"与"恶棍"（villain）这两个词经由他的作品得到了更广泛的传播。恶棍早上醒来，开始工作，他们散布谎言，导致数百万人患病、死亡。他们追求自己的目标，具备我们认为德性（Arete）才有的特质——坚韧、智慧、洞察力、谨慎的冒险精神、毅力。他们有条不紊地捕捉着他人的缺点与失败。我们可以说，恶棍在一个祛魅世界中体现了德性的另一种可能形式。尽管德性的这种形式试图摧毁所有其他美德，但它不啻为学术与政治之争中的别样

① Paul A. Kottman, *Dark Times*, *Again*：*The Limits of Weber's Vocation Lectures*, *a Century Later*：*Charisma and Disenchantment*：*The Vocation Lectures*, *Max Weber*, Social Research：An International Quarterly, Johns Hopkins University Press, Volume89, No. 2, Summer 2022, pp. 339—350.

志业。恶是德性（美德）的反常形式，它使理性的给予与接受不能富有成效地进行，故而破坏了以此生活的可能性。于是，恶贬低了知识与学术的价值。然而值得重视的是，恶并不必然抹杀政治。事实上，恶的行为有能力将政治转移为一个日渐膨胀的肿瘤，然后渗透到我们生活的每个领域，将政治偶尔呈献给我们的寥寥无几的祝福变成诅咒。诚然，在铲除恶的时候不可避免地存在着寻找替罪羊的风险。但是，对抗并谴责恶与替罪不同，这一事实上的差异很重要。

刘宸：感谢您的回答，我受益匪浅。

保罗·考特曼：谢谢你。

Contents

Foreword

This Magazine Features

Special Manuscript on the Centenary of Mr. Jiang kong yang's Birth

Western Aesthetics

English Abstracts

This Magazine Features

On the Construction of "Chinese Literary Theory"
—Starting from Wang Guowei,
Zhu Guangqian and Zong Baihua

Chen Bohai

(Institute of Literature, Shanghai Academy of Social Sciences)

Abstract:

The slogan of "constructing 'Chinese literary theory' with modern perform-ance" was raised in the great debates on the "modern conversion of classical liter-ary theory" at the turn of the century, which stimulates more intensive discus-sions now. In fact, a group of well-known scholars in modern China, such as Wang Guowei, Zhu Guangqian, Zong Baihua, etc. , have already marched on this path and obtained certain experience and achievements. Thus, examining their a-chievements and learning lessons from their experience will be of great help in pro-moting the work and making it gradually mature.

Key words:

Resources from the Tradition; Contemporary Awareness; Sino-Foreign Com-bination; Bringing forth the New through the Old

Special Manuscript on the Centenary of Mr. Jiang kong yang's Birth

Review Jiang Kongyang's Outstanding Contributions to Aesthetics —Commemorating the 100th Anniversary of Dear Mentor

Cao Junfeng

(Heilongjiang Provincial Academy of Social Science)

Abstract：

Professor Jiang Kongyang has been engaged in aesthetic studies for years, and his research covers almost every field of aesthetics. In this paper, we analyze Prof. Jiang's contributions to aesthetics in two aspects, one is the ontological issue of aesthetics, the other is the origin and development of aesthetic activities. To the former aspect, Prof. Jiang gradually formed the idea that the so-called 'Beauty' is not a kind of physical existence after years of in-depth research. Beauty is neither a thing nor the nature of a thing. What really exists in beauty is the appreciation activity that people engage in. The real object of aesthetic research should be appreciation activities. If we always dwell on the non-existent nature of beauty and other issues, it will be as fruitless as grasping the air with our hands. To the latter aspect, Prof. Jiang believed that mental abilities and activities are produced and developed through the process of productive labor and social life, during which people's appreciation on the form of things and spiritual pleasure (non-material pleasure, as well as the aesthetic pleasure) are also initiated. In short, Jiang's contributions make the long-standing aesthetic issues clear and discernible.

Key words：

Aesthetic Ontology；Appreciation Activity；Origin of Aesthetic Activity

The Transcendence of Two Scholar Generations
—From Practical Aesthetics to Practical Ontological Aesthetics

Yao Junxi

(School of Media and Communication, Shanghai Jiao Tong University)

Abstract:

Practical aesthetics was a main school in the great discussion of Chinese aesthetics from 1950s to 1960s, which had an important influence on Chinese aesthetic theory development. Importantly based on Marxist practical theory category, theory of practical aesthetics systematically constructs the theoretical system, and forms the aesthetic theoretical thoughts with Chinese characteristics. Early practical aesthetics was mainly discussed and developed by Mr. Li Zehou and other scholars, and then under the efforts of Mr. Jiang Kongyang and other scholars, theory of practical aesthetics was enhanced into a new stage. On this basis, Mr. Zhu Liyuan systematically discussed and put forward practical ontology aesthetics. On one hand, Mr. Zhu Liyuan's practical ontology aesthetics theory is the inheritance and development of Mr. Jiang Kongyang's practical aesthetics theory. On the other hand, it is the transcendence of past practical aesthetics thoughts. With the efforts of two scholar generations, the theory of Chinese practical aesthetics had been transcended.

Key words:

two scholar generations; practical aesthetics; practical ontological aesthetics; transcendence

Jiang Kongyang's Practical Aesthetics and His Thinking Effect

Luo Man

(College of Literature, Harbin Normal University)

Abstract:

Jiang Kongyang's Practical Aesthetic ideas play an important role in connecting the past with the future. His ideas have a reflection on the exploration of aesthetics in the 1950s and there is also aesthetic extension in the 1980s, based on synthetic unity, his ideas analyse Contemporary Aesthetics further from the Perspective of Inheritance, Criticism, and Reconstruction. It not only reflects the reflective aesthetics with the logic of changing thinking, but also forms a comprehensive and unified systematic aesthetics and an open aesthetics that is full of vitality. His penetrative thinking and unique insights into aesthetics, provide us with a new aesthetic perspective and thinking path, and cast the "Jiang Kongyang's Aesthetic Effect" in the Development of Aesthetics in the New Century.

Key words:

Practical Aesthetics; Jiang Kongyang; Contemporary Aesthetics; thinking, effect

Western aesthetics

The Self as the Other: The Construction and Evolution of the Theory of the Unconscious in Schelling's Aesthetics

Zhang Wenying

(the Department of Directing, Shanghai Theatre Academy)

Abstract:

Schelling's theory of the unconscious is of great significance in the history of western aesthetics. Schelling's early thinking on the Absolute basically establishes the framework of his theory on unconsious. In the philosophy of nature, Schelling defines the unconsciousness as the noumenon of nature and integrates it into the "self" as a transcendental being of consciousness. In transcendental philosophy, Schelling distinguishes two kinds of unconsciousness—"below" and "over" consciousness. So the unconscious completes its evolution from natural unconscious to personal unconscious. In art, the unconscious is substantiated at the three levels—artistic activities, artists and works. Schelling changes his mind in his later philosophy. He not only directly faces the irrational attributes of the unconscious and its fundamental position in the Creation of the Absolute, but also deepens the decisive role of the unconscious in shaping personality, seeing aesthetic issues from a broader perspective. The "unconscious" in Schelling's aesthetics, as an endogenetic "other" that constitutes the "self", is a positive force that brews infinite possibilities towards life, love and creation and promotes individuals to act.

Key words:

Schelling; the unconscious; nature; the self; freedom

An Interpretive Analysis on Relationship between Transcendental and Empirical Attributes of Kantian Aesthetics

Wang Xiaomin, Yang Jiangang

(Centre for the study of literary and aesthetic, Shandong University)

Abstract:

For a long time, transcendental attributes of Kantian aesthetics was emphasized and interpreted excessively. It must be stressed that we should attach great importance to empirical attributes of Kantian aesthetics. Transcendental attributes of Kantian aesthetics don't conflict with its empirical attributes. These two different aspects can be complementary to each other through social function of aesthetic judgment, fine arts, wholesome cognitive ability of aesthetic subject and ethical religion.

Key Words:

transcendental attributes; empirical attributes; aesthetic judgment; fine arts; common sense

Aesthetic Autonomy and Art Autonomy
—Analyzing from the Role of Aesthetic in Art

Xu Tingting, Liu Xuguang

(College of Liberal Arts, Shanghai University)

Abstract:

Although "beauty" and "art" sometimes overlapped in ancient times, they were still developing independently. It is the "aesthetic" consciousness established in modern times, which taking "aesthetic" rather than "beauty" as the way to judge "fine art". So the category and the concept of "fine art" were estab-lished. It is in the inclusion relationship between "aesthetic" and "art", art, based on its own characteristics, promises to "aesthetic" the conditions for the applica-tion of self-discipline rules, which also proves the possibility of "art autonomy". Since then, "aesthetic" rules have become the conscious requirement of "art", "Aesthetic autonomy" becomes the basis of "art autonomy".

Key words:

Fine art; aesthetic; art autonomy; Kant

From Methodological Solipsism to Interpretive Community
—A Description of Wilhelm Dilthey's Hermeneutics and the Reform of Epistemology

Zhang Zhen

(College of Liberal Arts, Yunnan University)

Abstract:

Wilhelm Dilthey established the foundation of epistemology of spiritual science as his lifelong philosophical mission. In his early thoughts, the epistemology of spiritual science is based on psychology. This psychological basis emphasizes the priority of individuality as epistemic subject, thus presenting a thinking direction of methodological solipsism, and causing the poser of objectivity. In order to demon-strate the objectivity of the knowledge of spiritual science, Dilthey introduced her-meneutics into the discussion of the epistemological basis of spiritual science and tried to solve this epistemological problem through the objectivity of understanding and expression. However, as long as the spiritual science is still based on psychol-ogy, it cannot get out of the methodological solipsism dilemma inherent in its psy-chological position. In his later thoughts, through the concept of Objective Geist, Dilthey reinterpreted the Spirit category of spiritual science and the connotation of its objectivity, and reconstructed the hermeneutic basis of his spiritual science, and then set the interpretive community as epistemic subject at the epistemological level, thus breaking through the dilemma of methodological solipsism.

Key words:

Wilhelm Dilthey; Hermeneutics; epistemology; methodological solipsism

Tragedy and Trauerspiel: Different Strategies of Lukács and Benjamin in Dealing with the Dilemma of Modernity from Their Theory of Drama

Li Guocheng

(School of Liberal Arts, Nanjing University)

Abstract:

Lukács and Benjamin's dramatic theories share a similar understanding of the predicament of modernity. They both emphasize that the departure of God has led to a loss of meaning in the world and explore the existential experiences of individuals in this state. In Lukács' "The Metaphysics of Tragedy," he argues that the human longing for meaning in a meaningless world serves as the metaphysical basis of tragedy. In Benjamin's "The Origin of German Trauerspiel," he asserts that Trauerspiel portrays the grief of individuals who have lost a sense of meaning in life. However, they employ different strategies to confront this predicament: Lukács finds meaning within the historical context of the proletariat and human emancipation, and thus replaces the expression of existential crises in tragedy with reflections in novels that embody this historical tendency. Benjamin, on the other hand, believes that the concept of allegory, which lies at the core of Tragicomedy, not only describes the fundamental characteristics of this fallen world but also holds critical and redemptive potential for it.

Key words:

Lukács; Benjamin; tragedy; Trauerspiel; Allegory

On the Spatial Theology in Medieval Age

Lu Yang

(Department of Chinese Fudan University)

Abstract:

Taking the supernatural revelation as its own Telos, theology always closely links with the discussion of space. St. Augustine preluded the medieval spatial theologyin his Confession by searching the origin of both time and apace in the conclusion that God created the world by the Word, and there was neither space nor time before His creation. In his Summer Theologica, Thomas Aquinas argued further that the world existed only by God's will, which was the cause of former. As a truly Thomist, no wonder Dante let Aquinas host the sphere of Sun in his Paradiso, in which the white rose demonstrated the ultimate beauty finally in the Empyrean, the highest heaven.

Key Words:

Medieval age; space; St. Augustin; St. Thomas Aquinas, Dante

Ancient Chinese Aesthetics

The Spirit of Song Academic and Aesthetics of Northern Song from the perspective of western theory

Li Changshu

(Nanjing University Literature School)

Abstract:

Song Dynasty is a turning point of ancient Chinese society, among which the spirit of Song Academic created by the scholars in the Northern Song Dynasty is the most important. Facing the accumulated history, how to find a new way to create new ideas is an urgent problem for the scholars of the Northern Song Dynasty to solve. This involves Hermeneutics, which is not only an existing thought in ancient China, but also an important academic school in the West. Starting from their own reality, the scholars of the Northern Song Dynasty took the practical application of the world as the "pre-concept". Through exploration, creation, doubt and discussion, they creatively explained the achievements of the predecessors, transformed the historical documents into the current discourse, and constructed the unique Song study. Aesthetics of the Northern Song Dynasty belongs to the Song school in a broad sense and is closely connected with the spirit of Song School. Similarly, through the acceptance and interpretation of the predecessors, the scholars in the Northern Song Dynasty made a new appearance in literature, poetry, Ci, calligraphy, painting and so on, which created another peak in the history of ancient Chinese aesthetics and had a far-reaching impact on the history of Chinese aesthetics thereafter.

Key Words:

Western theory; Hermeneutics; The Spirit of Song Academic; Aesthetics of Northern Song

Liu Xie's Literary Theory of "Zheng Bian" and its Theoretical Value

Li Jian, Yang Liu

(School of Humanities, Shenzhen University)

Abstract:

The theory of "Zheng Bian" is one of the core ideas in Chinese classical aesthetics, which has long been established and has had a profound impact on the development of literature in later generations. On the basis of studying the aesthetic ideas of "Zheng Bian" in *the Book of Changes*, Liu Xie constructed a literary theory of "Zheng Bian". He pointed out that the development of literature has a mutual change between simplicity and magnificence with the development of the times, advocating that the development of literature should not only change the old content, but also pursue the right path as its ultimate goal. For literary creation, he advocated abandoning the erroneous views of his predecessor and only learning the correct content, emphasizing the need to always adhere to the right path while pursuing new changes. In addition, at the level of literary criticism, he proposed that literary works should adhere to the right path in connotation and can change in form. He emphasized that in the face of different literary works, the standard should be whether they conform to the orthodoxy, while carefully considering the new changes that arise. The relatively stable and systematic "Zheng Bian" literary theory constructed by the use of existing ideas has set a good example for us to effectively achieve the creative transformation and innovative development of traditional Chinese excellent ideas, and to construct contemporary Chinese literary theory with contemporary characteristics. Therefore, Liu Xie's approach of reducing complexity to simplicity, focusing solely on the core, and adapting to the mainstream of the times and changing the discourse in a timely manner have reference value for us.

Key words:

Liu Xie; Wen Xin Diao Long; Zheng Bian; literary theory; theoretical value

The Idea of Environmental Aesthetics In Ancient Chinese Geomancy Theory

Shi Changping

(North China University of Water Resources and Hydropower Central Plains Aesthetics and Aesthetic Education Research Center)

Abstract:

The ancient Chinese theory of geomancy contains rich resources of environmental aesthetics. The environment in geomancy can be roughly divided into two categories, namely, residence environment and natural environment, and the six elements of environment, including dragon, point, sand, water, weather pattern and forest, are important objects of environmental aesthetics. The aesthetic form of environment in the theory of geomancy mainly includes natural environmental beauty of landscape, artistic beauty of environment, ethical beauty of environment and ecological beauty of environment, etc. The value of this environmental beauty is manifested in many forms, which can be summarized as utilitarian appeal, state of mind infection, artistic reference, moral metaphor and philosophical reverie, etc. The interpretation of the aesthetic implications of kanji is of practical significance for the protection and friendly use of ecological environment nowadays, and also provides an aesthetic basis for the construction of modern environmental theory, enriches modern environmental aesthetic thought, and widens the research frontier of contemporary Chinese aesthetics.

Key words:

theory of kanji; environmental aesthetics; the beauty form; value exposure

Contemporary art theory

Literature and Film Studies from the Perspective of Comparative Art: Cross Media, Textualization and Film Reading Theory

Li Bin, He Mengke

(School of Literature and Journalism & Communication, Chengdu University)

Abstract:

As a part of artistic activities, media attributes have an important impact on the characteristics and development of artistic. Based on a media perspective, cross-art comparative research is not limited to simple comparisons between different art forms, but also encompasses activities such as media transformation, complementarity, and interaction. Since its inception, film has been continuously compared with other forms of art in order to find their origins or predecessors. The comparative study between literature and film demonstrates the process of film research shifting from visualization to textualization, reflecting the media interaction and function in the process of artistic communication, promoting the construction and development of new theories such as film language, film symbols, and film reading, and reflecting the interdisciplinary, artistic, and cross visual characteristics of comparative art.

Key words:

Comparative Art Studies; Literature and Film; Film Language; Film Text; Film Reading

Nature, Time and Experience:
The Zen Aesthetic Expression of Land Art

Cao Xiaohuan

(School of International and Public Affairs, Florida International University, USA)

Abstract:

Land art emerged in the United States in the late 1960s. Its direct sources are the earlier movements of Happening, Fluxus, and Minimalism, all of which to some extent reflect Zen aesthetic meaning. Zen, which serves as the basis of affinity between these movements, is closely related to the background of Zen's transmission to the West and the "Zen boom" in the 20th century. The main contents of Zen's view of nature, emptiness, enlightenment, and the principle of nonduality are creatively reflected in land art. Land art has obvious Zen aesthetic expressions in its approach to nature, its view of time and space, and its emphasis on experientiality.

Key words:

Land art; Zen aesthetics; Zen's approach to nature; Zen's view of time and space; Zen's emphasis on experientiality

Interview

From the Pastness of Art to the Humanistic Ethics on Love
—An Interview with Professor Paul Kottman

Paul Kottman, Liu Chen

(New School for Social Research in New York, Shanghai Fudan University)

Abstract:

Professor Paul Kottman's profound works on Hegelian aesthetics and Shakespeare literature have set great examples for multidisciplinary research in contemporary humanities. This interview begins with Kottman's explanation of Hegel's aesthetic notion "pastness of art". He identifies the reason why contemporary academia misinterprets "pastness" as "end", and then discusses several relative aesthetic topics such as how art can be viewed historically, how its meaning and value can be perceived by contemporary people and how to reflect on art after its pastness. Kottman also takes Shakespeare's work as an example to clarify the resistance relationship between art and philosophy in different historical contexts, so as to demonstrate the great advantage of multidisciplinary methodology. Finally, facing the contemporary world where art has been disenfranchised, Kottman extends the domain from aesthetics to humanistic ethics on "love as human freedom", attempting to reveal the constant demand for "mutuality" between people and the world. He also explores how the universal love which is across cultural traditions can manifest the universality of humanistic ethical research.

Key Words:

Pastness of art; Hegel; Shakespeare; Love as human freedom; Humanistic ethics

本刊稿约

本刊自 2017 年下半年起改为定期出版的集刊，每年 2 辑。将面向美学与文艺理论前沿的基础理论问题，组织专辑、创设栏目、开展争鸣。现向国内国际美学、文艺理论界同仁征稿。稿件内容为：

美学（含中外美学史）；

文艺理论（含中外文论史）；

艺术学（基础理论与艺术史，具体艺术批评和艺术实践研究除外）。

作者可自选题目，不限篇幅，凡有真知灼见者，均为本刊所竭诚欢迎。本刊实行严格的三审制度和匿名审稿制度。

来稿须知：

1. 本刊采用的是首发稿，请勿一稿多投。

2. 来稿请寄电子文本至本刊邮箱：mxys@ fudan. edu. cn；同时请寄一份打印稿给以下地址：上海市邯郸路 220 号复旦大学中文系（西主楼 1505 室）本刊编辑部收；电话：15801906051。我刊审稿期为三个月，三个月后如未录用即自动视为退稿，恕不一一回复。

3. 稿件请注明真实姓名、通信地址、电话、邮箱地址，便于联系。稿件一经采用，即致稿酬，优稿优酬（最高为 300 元/千字）；并赠送样刊 2 本。

4. 稿件格式：稿件采用面末注，每页重新编码；稿件首页正文前附上内容摘要、关键词及英译；作者简介（姓名、性别、出生年月、籍贯、单位职称、主要研究方向）附于首页页末。

5. 本刊已许可中国知网以数字化方式复制、汇编、发行、信息网络传播本刊全文。本刊支付的稿酬已包含中国知网著作权使用费，所有署名作者向本刊提交文章发表之行为视为同意上述声明，如有异议，请在投稿时说明，本刊将按作者说明处理。

复旦大学文艺学美学研究中心《美学与艺术评论》编辑部